Dr. Jacques Vallée, Astrophysiker, Computerwissenschaftler und führender Mitarbeiter früher Computer-Netzwerk-Projekte des amerikanischen Verteidigungsministeriums, gilt als der berühmteste UFO-Wissenschaftler der Erde. Stephen Spielberg hat ihn in seinem Film »Begegnungen der dritten Art« verewigt und von François Truffaut darstellen lassen. Vallée interessierte sich für UFOs, seitdem er Zeuge davon wurde, wie in einem großen Observatorium Computerbänder vernichtet wurden, auf denen Sichtungen unbekannter Flugobjekte aufgezeichnet waren. Seine wichtigsten Veröffentlichungen sind die drei Bände der »Begegnungen«-Trilogie: »Dimensionen«, »Konfrontationen«, »Enthüllungen«.

Jacques Vallée

ENTHÜLLUNGEN

Begegnungen mit Außerirdischen
und menschlichen Manipulationen

Aus dem Amerikanischen
von Jürgen Langowski

Zweitausendeins

Deutsche Erstausgabe.
1. Auflage, Juni 1994.
2. Auflage, November 1994.

Lektorat der Übersetzung Andreas Jonda.
Umschlagentwurf Helene Fischer, Hamburg.
Typographie, Satz und Herstellung
Dieter Kohler & Bernd Leberfinger, Nördlingen.
Gesetzt aus der New Caledonia und leichten Bauer-Bodoni.
Druck Wagner GmbH, Nördlingen.
Einband G. Lachenmaier, Reutlingen.
Printed in Germany.

Dieses Buch gibt es nur bei Zweitausendeins
im Versand (Postfach, D-60381 Frankfurt am Main) oder
in den Zweitausendeins-Läden in Berlin, Essen, Frankfurt, Freiburg,
Hamburg, Köln, München, Nürnberg, Saarbrücken, Stuttgart.

In der Schweiz über buch 2000,
Postfach 89, CH-8910 Affoltern a.A.

ISBN 3-86150-063-9

Für Fred Beckman, der mich drängte,
unter das Bett zu schauen.

Das Netz aus Stein zu lösen, das mich hält,
Zeus könnt' es nicht. Die Menschen, die ich war,
hab ich vergessen. Ich folgte Jahr um Jahr
verhaßtem Mauerweg,
der mir bestellt.
(...)
Im Schatten steht, ich weiß, ein andrer,
dessen Brot es ist, die Einsamkeiten zu vernichten,
die diesen Hades Lichten und verdichten,
mein Blut zu saugen, zu verschlingen meinen Tod.
Wir suchen beide, jeder ganz allein.
Mag dies der letzte Tag des Wartens sein.

JORGE LUIS BORGES
Das Labyrinth

INHALT

DANKSAGUNGEN

Viele Menschen haben dieses Buch möglich gemacht. Zu den wichtigsten Helfern zählen die Personen, deren Arbeit meine Nachforschungen unmittelbar beeinflußte und lenkte: Es sind Forscher wie Joel und Helene Mesnard, Jean-Jacques Velasco, Claude Poher, Roger Chereau, Martine Castello, Linda Strand, Jean-François Boedec, Jenny Randles, Linda Howe, Pierre Guerin, Antonio Ribera, Bettina Allen, Fabio Zerpa und zahlreiche andere Menschen.

Die Recherchen für dieses Buch und das Schreiben selbst waren keine einfache Aufgabe. Wie bei der Untersuchung der Kulte im Buch *Messengers of Deception* fühlte ich mich von dem Material, das ich zusammenstellte, oft abgestoßen. Zweimal gab ich auf – einmal, als ich die Wahrheit über den Fall von Pontoise herausfand, weil ich mich sehr hilflos fühlte, und zum zweiten Mal, als ich entnervt den Hörer auflegte, nachdem mir ein Anrufer vorgeworfen hatte, ich würde (wahrscheinlich von der Regierung?) bezahlt, damit ich meinem Publikum die »entsetzliche Wahrheit« verschweige.

Die Unterstützung, die ich von Janine, meinen Kindern und einigen wenigen vertrauenswürdigen Freunden bekam, half mir, meine Arbeit wieder aufzunehmen. Fred Beckman und Dr. Richard Haines halfen mir immer wieder mit wertvollen Ratschlägen. Robert Emenegger ermunterte und erheiterte mich wie immer mit vielen wundervollen, unglaublichen Geschichten. Bob Weiss und Tracy Torme zeigten mir die Ironie, die in der Besessenheit der Kulte liegt. Dr. Richard Niemtzow und andere Mediziner

waren bereit, mir bei den biologischen Problemen, die sich aus
manchen Berichten ergaben, zu helfen. Mein Agent Ned Leavitt
stand mir wie üblich mit Weisheit und Mitgefühl zur Seite. Viele
meiner Kollegen in Wissenschaft und Wirtschaft schenkten mir
ihre Zeit und Energie, um mir bei Details meiner Recherchen zu
helfen. Dieses Buch hätte ohne ihre Unterstützung nicht fertig-
gestellt werden können.

Emery Reiff meisterte wie immer meinen nicht linearen Stil und
meine undisziplinierte Handschrift bei der Erfassung des Manu-
skripts.

Den Außerirdischen, ob sie tot sind oder leben, gebührt mein
Dank dafür, daß sie diese Phase meines Lebens so interessant
machten – auch wenn sie meinen Versuchen, ihnen zu begegnen,
ausgewichen sind. Vielleicht ist diese Tatsache, wie der verstorbene J. Allen Hynek einmal bemerkte, ein Beweis für ihre Klug-
heit.

PROLOG

Die Männer trugen Drillichzeug. Sie gaben uns winkend zu verstehen, daß wir anhalten sollten. Bob stellte den Motor ab. Der Wind trieb eine kleine Staubwolke an den Fenstern des Oldsmobile vorbei, den wir in Las Vegas gemietet hatten.

Im Lichtkegel der Scheinwerfer konnten wir sehen, daß zwei von ihnen Gewehre hatten. Der dritte blieb am Rand des Weges nahe am Wachhäuschen stehen. Er hatte ein Maschinengewehr. Wir kurbelten die Fenster herunter und versuchten, keine verdächtigen oder schnellen Bewegungen zu machen.

»Haben Sie das Schild nicht gesehen?« fragte einer der Wächter.

»Welches Schild?« fragten wir.

Er schenkte sich die Antwort. Wir hatten eine rechteckige Warntafel gesehen, auf der zu lesen stand, daß der Zutritt zu diesem staatlichen Gelände verboten sei, doch dieses Schild befand sich im Büro eines Fernsehreporters in Las Vegas, und Las Vegas war weit entfernt. Offenbar hatte jemand das Schild als Souvenir mitgenommen. Auf dieser verlassenen Straße hatten wir bisher nichts außer dem Vollmond gesehen, der hinter den kahlen Bergen von Nevada aufging.– Berge, die als Barriere zwischen der wirklichen Welt und dem Luftwaffenstützpunkt Nellis und jenem bestimmten Ort standen, den wir suchten: Area 51, Dreamland.

Gerüchte, die unter den UFO-Forschern kursierten, besagten, daß man eigenartige leuchtende Objekte mit unmöglichen Bewegungen, die der Physik zu trotzen schienen, manövrieren sehen konnte, wenn man nahe genug an Nellis herankäme. Manche Leute behaupteten, diese Objekte seien fliegende Untertassen, die von den Behörden der Vereinigten Staaten gekapert worden seien und die nun getestet würden. Andere glaubten, es handele sich um den Prototyp einer neuen Waffe, wahrscheinlich um ein »remotely piloted vehicle« (RPV), ein ferngesteuertes Flugobjekt. Dies hätte die Fähigkeit der Objekte erklärt, abrupt ihre Flugrichtung zu ändern. Vielleicht handelte es sich sogar um RPVs, die absichtlich fliegenden Untertassen nachgebildet worden waren, um irgendein verrücktes Projekt der psychologischen Kriegführung voranzutreiben. Wir wollten nun wissen, was daran war, denn wir arbeiteten am Drehbuch für einen UFO-Film.

Bob Weiss, unser Produzent, saß am Lenkrad. Die Autorin Tracy Torme betrachtete die Landschaft und prägte sich die Hügel, die Büsche und die Zäune ein.

»Bei Vollmond und mit unseren Scheinwerfern waren wir alles andere als unauffällig«, sagte ich zu meinen Gefährten, während die Wächter unser Auto umrundeten und den Typ, das Baujahr und die Kennzeichen notierten.

»Die haben Infrarotkameras und Bewegungsmelder«, sagte Bob, indem er zu einem hohen Turm neben dem Tor deutete.

In Las Vegas hatte uns niemand eine entsprechende Vorwarnung gegeben. Der Wachtposten war erst vor kurzem eingerichtet worden. Andere, die diese Straße benutzt hatten, waren nicht aufgehalten worden.

»Wem gehört der Wagen?« fragte einer der Wächter.

»Hertz«, antwortete Bob.

»Wohin wollen Sie?«

»Wir wollen nach Rachel.«

Damit schienen sie sich zufrieden zu geben. Rachel ist ein kleiner Ort an der Straße nach Tonopah. Mit seinen Hütten und Wohnwagen, die mitten in der Wüste stehen, ist er für UFO-Forscher und Techniknarren ein Anlaufpunkt geworden.

Die Wächter nahmen uns die Papiere ab und verschwanden in ihrem Häuschen. Durch die erleuchteten Fenster konnten wir sehen, wie jemand telefonierte.

»Die wollen herausfinden, ob wir wirklich zum ersten Mal hier sind«, meinte Bob.

»Was sind das überhaupt für Leute?« fragte Tracy. »Die tragen doch keine Armeeuniformen.«

»Es sind keine Soldaten«, erklärte Bob. »Es sind sozusagen Hilfssheriffs der Luftwaffe. Angeheuerte Wächter von einer Bewachungsfirma. Ich habe selbst schon solche Leute angeheuert, um unsere Drehorte in Hollywood abschirmen zu lassen. Da kommen sie.«

Ein Wächter kam mit einem Klemmbrett zu uns. Blätter mit untergelegtem Kohlepapier flatterten im Wüstenwind. Wir lasen die Anordnung im Schein unserer Kartenlampe. Wir wurden gewarnt, nicht noch einmal einen Fuß auf das Gelände des Luftwaffenstützpunktes Nellis zu setzen. Ich warf einen Blick auf das Maschinengewehr des Wächters und unterschrieb meinen Durchschlag. Meine Freunde taten das gleiche, dann drehten wir um. Zwei Wächter stiegen in einen Jeep und folgten uns bis zur Hauptstraße. Sie hielten sich ein Stück außerhalb der Staubwolke, die wir auf der langen, geraden und unbefestigten Straße aufwirbelten.

Sie vergewisserten sich, ob wir wirklich nach links in Richtung Rachel abbogen. Jeder Versuch, uns auf einem der kleineren Wege davonzustehlen, die in die Hügel führten, wäre zum Scheitern verurteilt gewesen. Außerdem hätte unser Oldsmobile, obwohl er nagelneu war, diese Wege nicht geschafft. Der Wagen hatte ohnehin schon Mühe, die Steigung auf der Hauptstraße zu nehmen.

»Warum bauen die eigentlich Motoren mit zweieinhalb Zylindern?« scherzte Bob, der darauf brannte, die Entfernung zwischen uns und dem Geländewagen zu vergrößern.

In dieser Nacht waren am Himmel keine seltsamen Lichter zu sehen. Als wir an einer Stelle hielten, die den nördlichen Teil des Stützpunktes überblickte, hörten wir nichts außer den leisen Geräuschen der Wüste, und alles was wir sahen, waren die vertrauten Sternbilder, die hin und wieder von treibenden Wolken verdeckt wurden. Wenn in Dreamland tatsächlich fliegende Untertassen getestet wurden, dann wußte man das Geheimnis gut zu hüten.

EINFÜHRUNG

Es mußte so kommen.

Seit mehr als vierzig Jahren verwirrt das Phänomen der unidentifizierten Flugobjekte Hunderttausende aufrichtiger Zeugen, und doch weigert sich das wissenschaftliche Establishment, dieses Phänomen zu untersuchen und leugnet beharrlich sogar die Existenz dieses Geheimnisses. Die Regierungen der wichtigsten Nationen haben unzählige Dossiers über dieses Thema zusammengestellt. Während Militär und Geheimdienste Daten sammelten, wurden viele bemerkenswerte Fakten registriert, wie wir sehr wohl aus den wenigen Bröckchen wissen, die der amerikanischen Regierung mit Hilfe des Freedom of Information Act abgerungen wurden. Dennoch hielten es die Beamten nie für geraten, den Großteil der Akten freizugeben. Deshalb entstand ein Markt für Schwindler, für Scharlatane, für alle, die aus dem Verkauf von Träumen und Täuschungen Kapital schlagen.

Es spielt dabei keine Rolle, daß die wenigen Forscher, die geduldig die Sichtungen analysierten, erkennen, daß wir noch weit von einer Lösung des Geheimnisses entfernt sind; eifrige Gläubige haben elegante Erklärungen aus feinem Garn gesponnen, um Glaube und Dogma dort zu verankern, wo es an Wissen fehlt.

Wie ich in *Dimensionen* und *Konfrontationen* bereits zeigte, gibt es tatsächlich so etwas wie das UFO-Phänomen. Es ist eins der vielen Geheimnisse, mit denen uns die Natur konfrontiert. Meiner Ansicht nach bietet es uns die Chance, unsere Wissenschaft im allerbesten Sinne anzuwenden und uns über Ebenen des Bewußtseins Klarheit zu verschaffen, die uns bisher nicht bekannt sind.

Doch die rasante Zunahme zweifelhaften Materials, das den Blick für das Wesentliche trübt, macht mir Sorgen. Es sollte analysiert und als das bloßgestellt werden, was es ist: Im günstigsten Falle eine gefährliche Täuschung, eine Keimzelle neuer Kulte, die das Licht der Vernunft und den freien Forschergeist ersticken; im schlimmsten Falle der Versuch, die Aufmerksamkeit von der wahren Natur des UFO-Phänomens abzulenken, der bewußte Versuch, die ernsthafte Forschung in den Treibsand der Spekulation zu locken.

Es gab nicht nur einzelne Visionäre, die voller Überzeugung behaupteten, die UFOs kämen von der Venus, von Clarion, von Hoova, Zeta Reticuli oder Hunderten anderer Orte, sondern auch Gruppen, die eine wahre Heimindustrie aufbauten und sich dem »Studium« von Phantasien widmeten – Phantasien, die von Brüdern aus dem All von so unglaublichen Orten wie UMMO oder den Plejaden an uns Menschen mittels Channeling übermittelt wurden. Organisationen mit geheimnisvollen Geldquellen schießen wie Pilze aus dem Boden und bilden in den ganzen Vereinigten Staaten, in Kanada und auf der ganzen Welt örtliche Ableger. Sie hypnotisieren Zeugen. Sie veranstalten Seminare und Konferenzen, sie geben teure Bücher und Videobänder heraus, manche unterhalten sogar eigene Zeitungen. Ihre Aktivitäten vertuschen die wahre Natur des Phänomens und komplizieren dessen Untersuchung. Sie fügen der Verwirrung der aufrichtigen Zeugen, die sich fragen, was sie gesehen haben, und die nach einer helfenden Hand Ausschau halten, einen weiteren verwirrenden Faktor hinzu.

Die Dinge würden nicht ganz so schlimm stehen, wenn die Schwindler nichts weiter als Irre wären. Am Rande jedes Forschungsgebiets, selbst in gut etablierten und anerkannten Disziplinen, gibt es solche Fanatiker – in der Physik sind es die Erfinder von Perpetuum Mobiles, in der Astronomie die Menschen, die glauben, die Erde sei hohl, in der Medizin die unzähligen Kurpfuscher.

Aber das ist noch nicht alles.

Wer eine Weile auf diesem Gebiet gearbeitet hat – wer die von UFOs hinterlassenen Spuren prüfte, wer Zeugen interviewte und versuchte, die tieferen Muster zu finden – ist zwangsläufig über Beweise von einer ganz anderen Sorte gestolpert: Einige der bemerkenswertesten Sichtungen sind in Wirklichkeit komplizierte Täuschungsmanöver, die zu einem bestimmten Zweck sorgfältig eingefädelt wurden. Die Zeugen sind dabei eher Opfer und Instrumente als Urheber des Schwindels.

Wer konstruiert nun solche Lügengebäude und was ist ihr Sinn? Auf diese Frage gibt es keine einfache Antwort, weil die menschliche Phantasie nicht aus einer einzigen Quelle strömt und weil es für die verschlungenen Wege des militärischen oder geheimdienstlichen Denkens mehr als eine Ursache gibt. Beide geben unser Geld aus, um geheime psychologische Experimente durchzuführen, wie die Experimente zur Gedankenkontrolle in den sechziger und siebziger Jahren überdeutlich zeigten.

Da ich mich also in den Berg von Informationen hineingrub, dem die meisten anderen ausgewichen waren, verwundert es nicht, daß mich meine Forschungen in einige unerwartete Winkel führten. In manchen Fällen waren, wie sich herausstellte, private Gruppen beteiligt, die unter phantastischen Täuschungen litten und den ungesunden Drang verspürten, dieselben in der Öffentlichkeit zu verbreiten. Andere Manöver wurden von Regierungsbehörden durchgeführt, die sich mit psychologischer Kriegführung beschäftigten und die natürlich jeden Kommentar verweigerten und sich auf ihre Geheimhaltungsvorschriften beriefen. Eins muß an dieser Stelle betont werden: Manche UFO-Sichtungen sind verdeckte Experimente, bei denen es um die Manipulation des Glaubenssystems der Öffentlichkeit geht. Und manche Fälle haben sich nie ereignet. Die Geschichten über sie, die vielfältigen Gerüchte über abgestürzte Untertassen und verbrannte Außerirdische, waren nicht so sehr die Folge einer Täuschung sondern das Produkt eines Betrugs: Den bereitwilligen Gläubigen wurden vorsätzlich bestimmte Gerüchte aufgetischt, um die wirklichen Fakten zu vertuschen, die nach Ansicht der Verantwortlichen nicht für die Öffentlichkeit und die Wissenschaftler geeignet waren.

In früheren Büchern erklärte ich, daß die Ufologie unter anderem dem »Entstehen von Legenden« gleichkommt und daß sie auch auf dieser Ebene untersucht werden sollte. Ich bezog mich dabei auf die zahlreichen Geschichten über Kontakte mit Außerirdischen, auf eine neue Spielart der Mythologie, die verblüffende Parallelen zu den Begegnungen mit Engeln, Dämonen und Elfen in früheren Zeiten aufweist. Doch die Geschichten, die heutzutage die Runde machen, gehen weit über alles hinaus, was wir aus der üblichen volkstümlichen Überlieferung kennen. Wir hören, daß die Außerirdischen mit ihren Flugmaschinen abgestürzt sind, daß die Leichen geborgen und einer Autopsie unterzogen worden seien.

Im ersten Teil dieses Buches will ich unter dem Titel »Die Bergung der Außerirdischen« eine Reihe der Geschichten schildern, die in den letzten zehn Jahren die Runde machten. Die Berichte stammen nicht etwa von betrunkenen Prospektoren, die in der Wüste etwas sahen, oder von Gaunern, die sich schnell ein paar Dollar verdienen wollen. Ich habe einem General zugehört, dem Leiter einer Behörde der amerikanischen Luftwaffe, der mir von seinen eigenen Kontakten erzählte. Ich habe mit einem ehemaligen CIA-Piloten gesprochen, der mir versicherte, eine große Anzahl Aliens befände sich bereits auf der Erde, um insgeheim mit unseren Wissenschaftlern zusammenzuarbeiten. Ein anderer Mann, ein ehemaliger Geheimdienstoffizier der Marine, erklärte mir, er sei einmal angewiesen worden, drei Admiräle über die Natur des Geheimvertrages zu informieren, den die amerikanische Regierung mit den Außerirdischen, die in unseren geheimsten Militärstützpunkten lebten, geschlossen hätte. Er konnte sogar die Basen benennen und behauptete, er könnte Menschen identifizieren, die die sogenannten Aliens gesehen hätten – doch er rückte nie mit den Namen heraus. In Las Vegas traf ich mich mit Robert Lazar, der mir versicherte, er habe an einem Geheimprojekt der Marine mitgearbeitet, bei dem es darum gegangen sei, das Antriebssystem von neun in geheimen Hangars untergebrachten Untertassen zu analysieren. Doch Robert Lazar erzählte mir auch von eigenartigen Gedächtnislücken und von einer seltsamen Flüssigkeit, die er trinken mußte...

Im zweiten Teil werde ich Sie unter dem Titel »Das Spiegelkabinett« ein Stück weit in den dichten Dschungel auf der Nachtseite der Ufologenwelt entführen. Wir werden die Resultate einiger Untersuchungen von Fällen durchgehen, die Schlagzeilen machten, als sie bekannt wurden, über die jedoch noch nie die Wahrheit berichtet wurde.

Dieses Buch ist der Versuch, in einem interessanten wissenschaftlichen Gebiet das Unterholz zu lichten. Alles ist hier überwuchert von den Ranken und Ränken der menschlichen Phantasie und voll giftiger Blüten unausgeglichener Geister. Doch es ist auch der Versuch, die Wahrheit zu finden: Wie in *Konfrontationen* ähnelt es in gewisser Weise einem wissenschaftlichen Krimi, einer intellektuellen Übung in Gegenspionage. Manche meiner Leser mögen einwenden, daß die fraglichen Täuschungsmanöver eine nur begrenzte Wirkung hatten und nur jener kleinen Gruppe von Eiferern Schaden zufügten, die willens und bereit sind, alles zu glauben, was ihren eigenen Phantasien entspricht. Warum sie nicht einfach ihren Verrücktheiten überlassen? Meine Antwort lautet, daß wir diese frei erfundenen Gerüchte ausräumen müssen, wenn wir hoffen wollen, das reale UFO-Phänomen zu identifizieren und eines Tages vielleicht wirklich Außerirdischen zu begegnen. Und der Schaden, den diese Geschichten anrichten, ist sehr real und hat sogar tragische Folgen: Aufgrund solcher Gerüchte beging der Astronom Morris Jessup Selbstmord, aufgrund solcher Gerüchte verschwendeten unzählige andere Forscher wertvolle Zeit und gefährdeten ihre Karrieren, während sie Phantomen nachjagten.

Im dritten Teil, der den Titel »Das Spinnennetz« trägt, versuche ich aufzuzeigen, daß der rasch wachsende Glaube an Kontakte mit Außerirdischen durchaus den Keim viel gefährlicherer Strömungen bergen kann. Die Tatsache, daß echte UFO-Fälle von Wissenschaftlern ignoriert wurden, die Tatsache, daß sogar die großen Mythologen unserer Zeit wie Joseph Campbell die Augen vor ihnen verschließen, macht das Phänomen in all seiner wundervollen physischen und psychischen Komplexität zu einem naheliegenden Medium, das ungestraft von all den Produzenten alternativer Theologien und den professionellen Manipulatoren des menschlichen Bewußtseins nach Belieben benutzt werden kann.

Alles, was wir heute über das UFO-Phänomen wirklich sagen können, ist, daß es in seinen Manifestationen nicht nur physische Effekte hervorruft, sondern auch auf das menschliche Bewußtsein einwirkt. In der Wissenschaft geht es immer wieder um die Untersuchung solcher Rätsel. Doch die Grenze zwischen dem Glauben an die Realität des Phänomens und der Faszination all jener, die behaupten, es zu kontrollieren oder in engem Kontakt mit ihm zu stehen, ist sehr schmal. Dieses Buch will aufzeigen, wie oft diese schmale Grenze überschritten wurde und welche Konsequenzen die daraus entstehenden Täuschungen haben könnten. Noch wichtiger ist, daß uns das UFO-Geheimnis unsere eigenen Phantasien wie in einem Spiegel vor Augen führt. Es bringt unsere geheime Sehnsucht nach einer Weisheit zum Ausdruck, die in handlichen, schönen Verpackungen leicht anwendbar von den Sternen herabkommt, die uns alle Geheimnisse des Lebens offenbart und die uns letzten Endes sogar verrät, wer wir sind. Im Ausgleich natürlich für einen bescheidenen Preis, für eine leicht aufzubringende spirituelle, soziale und politische Investition.

Warum aber hören wir in diesem Zusammenhang immer wieder, daß wir auf das Recht verzichten müssen, die höheren Wesen, die wir anbeten, zu befragen? Warum haben wir solche Angst, sie zu fragen, wer sie sind und warum sie solches Interesse daran haben, uns zu lehren, uns zu erschrecken oder uns im Namen ihrer höheren kosmischen Ziele um Hilfe zu bitten? Wenn wir eine solche Befragung durchführten, könnten wir durchaus auf die großen Schrecken stoßen, die in dem Gedicht von Borges am Anfang dieses Buches zum Ausdruck kommen: Vielleicht gibt es in diesem Irrgarten überhaupt keine höheren Wesen. Vielleicht gibt es in den Leichenhallen des Pentagon keine kleinen grauen Außerirdischen mit hervorstehenden Augen. Letzten Endes könnte das Labyrinth unserer Erwartungen völlig leer sein. Vielleicht ist ein ganz anderer Ansatz vonnöten, wenn es um das Problem geht, andere Formen des Bewußtseins und auch die UFO-Phänomene selbst, die im Universum existieren mögen, zu entdecken und mit ihnen Kontakt aufzunehmen. Können wir die Träume abstreifen und uns endlich wirklich auf die Reise begeben? Wie wollen wir SIE je erkennen, wenn wir uns immer wieder von der menschlichen Dummheit verlocken lassen, wenn wir immer wieder in die Fallgruben unserer eigenen Täuschungen tappen, und wenn wir, unseren eigenen vorgefaßten Theorien hinterherjagend, eilends jeder falschen Offenbarung glauben, die uns zu Ohren kommt?

Oscar Wilde bemerkte einmal, eine ästhetische Wahrheit sei so beschaffen, daß ihr Gegenteil ebenfalls wahr sei. Vielleicht sind die Wahrheiten über Kontakte mit Außerirdischen, genau wie die Wahrheiten der Metaphysik, die Wahrheiten der Masken.

ERSTER TEIL

DIE BERGUNG DER AUSSERIRDISCHEN

Seltsam ist die Nacht,
wenn schwarze Sterne aufgehen
und wenn fremde Monde durch den Himmel ziehen.
Doch seltsamer noch ist das verlorene Carcosa

> Cassildas Lied, *The King in Yellow*
> 1. Akt, 2. Aufzug
> Robert W. Chambers

Es hat begonnen

Im Mai 1974 bat mich Dr. J. Allen Hynek, ihn auf eine Reise nach Los Angeles zu begleiten, wo die unabhängigen Filmproduzenten Alan Sandler und Robert Emenegger einen Dokumentarfilm drehen wollten. Er sollte ein Teil einer vom Verteidigungsministerium in Auftrag gegebenen Serie werden, die das Ansehen der Behörde verbessern sollte. Die Idee dahinter war, aus der Faszination der Öffentlichkeit von UFOs Kapital zu schlagen und zu zeigen, daß die Luftwaffe offen und freudig der Möglichkeit entgegensah, Außerirdische aus dem Weltall zu begrüßen, auch wenn man sich das letzte Urteil über ihre Existenz vorbehielt. Andere Dokumentarfilme der Reihe, die sich um die medizinische Forschung der Luftwaffe und um wissenschaftliche Durchbrüche in der Raumfahrt drehten, waren geplant, wurden aber nie verwirklicht. Sandler Institutional Films hatte bereits ähnliche PR-Aktionen für die Bank of America und Armand Hammer durchgeführt, und aus diesem Grund hatte man sich für Sandler und Emenegger entschieden. Colonel Coleman, ein Sprecher der Luftwaffe, überwachte die Arbeiten und hielt den Kontakt mit Washington. Während wir den Dokumentarfilm drehten, geschahen mehrere eigenartige Dinge. Als wir beispielsweise bei der NASA wegen der unidentifizierten Objekte anfragten, informierte man Alan Sandler kurz und bündig, daß man kein relevantes Filmmaterial habe. Über die Kontakte nach Washington konnten wir jedoch rasch eine Liste mit Flügen, Daten und sogar den Seriennummern der Aufnahmen erhalten, die die Astronauten gemacht hatten. Mit diesen Informationen gewappnet, konnte Sandler die NASA zwingen, mit uns zusammenzuarbeiten – auch wenn die unidentifizierten Objekte auf den Filmen tatsächlich sehr fragwürdig sind.

Noch interessanter war die Frage der »Kontakte mit außerirdischen Wesen« auf dem Luftwaffenstützpunkt Holloman. Dieses Thema wurde von einem Offizier bei einer Produktionsbesprechung in Washington aufs Tapet gebracht. Sandler und Emenegger bekamen auf recht eigenartige, aber übereinstimmende Weise zu hören, daß es doch nett wäre, wenn sie Material über einen »wirklichen Kontakt zwischen Außerirdischen und amerikanischen Militärs berücksichtigen könnten, wie er sich eines Tages ereignen könnte, oder *wie er sich vielleicht schon ereignet hat*«. Wo? Nun, auf einem großen, einsamen Stützpunkt irgendwo in der Wüste. Beispielsweise auf der Holloman Air Force Base in New Mexico.

Ein Mann namens Paul Shartle, der auf dem Luftwaffenstützpunkt Norton für Sicherheitsfragen und für audiovisuelle Schulungen zuständig war, erzählte Emenegger, er habe den um 1970 aufgenommenen Film über den Kontakt selbst gesehen.

Robert Emenegger beschreibt die Ankunft des Objekts in seinem Buch *UFOs: Past, Present and Future* (New York, Ballantine, 1974) folgendermaßen:

> Es ist ein klarer Tag, etwa 5.30 Uhr. Der Verkehr ist nur schwach, ein Aufklärungsflugzeug ist zum Start bereit. Da klingelt im Tower das Telefon, und Sergeant Mann wird über ein sich näherndes unidentifiziertes Flugobjekt informiert.
>
> Wir wechseln zur Radarstation. Auf dem Bildschirm tauchen mehrere Punkte auf, während der Radarstrahl den Himmel abtastet. Der Bediener schreit fast in sein Telefon: »Ich wiederhole noch einmal – unidentifizierte Objekte nähern sich – Koordinate neunundvierzig – vierunddreißig Grad Südwest – sie wechseln dauernd den Kurs...«

Der Fluglotse schlürft seinen Kaffee und antwortet: »Wahrscheinlich ist da jemand vom Weg abgekommen, ein Zivilflugzeug vielleicht. Halten Sie mich auf dem laufenden.« Er wendet sich an seinen Kollegen. »Fragen Sie in Edwards nach.«

Als das unbekannte Objekt nicht auf die Aufforderungen zur Identifikation reagiert, wird der Kommandant des Stützpunktes informiert, der Alarm auslöst.

Zufällig sind Kameraleute, ein Sergeant des technischen Dienstes und ein Feldwebel vom Fotografenteam des Stützpunktes an Bord eines Hubschraubers unterwegs, um routinemäßige Aufnahmen zu machen. Sie belichten ein paar Meter Film mit den Aufnahmen von den drei Objekten im Himmel über Holloman. Eins der Objekte bricht aus der Formation aus und sinkt herab. Ein zweites Kamerateam, das mit einer Zeitlupenkamera ausgerüstet ist, mit der ein Probeflug gefilmt werden sollte, richtet die Kamera auf das Objekt und belichtet etwa 200 Meter 16mm-Farbfilm.

Die Kameras laufen weiter, während das ungewöhnliche Fahrzeug näherkommt. Es schwebt fast eine Minute lang praktisch lautlos etwa drei Meter über dem Boden und krängt wie ein vor Anker liegendes Schiff. Dann landet es auf drei Landestützen.

Der Kommandeur und zwei Offiziere treffen in Begleitung von zwei Wissenschaftlern des Stützpunktes ein und warten gespannt. An einer Seite des Fluggeräts gleitet eine Luke auf.

Heraus treten einer, ein zweiter und noch ein dritter – anscheinend sind es Männer, die enganliegende Overalls tragen. Vielleicht sind sie nach unseren Maßstäben etwas klein, sie haben eine seltsame blaugraue Gesichtsfarbe, die Augen stehen weit auseinander. Sie haben große, vorspringende Nasen. Sie tragen Helme, deren Aussehen an aufgewickelte Seile erinnert.

Der Kommandant und die beiden Wissenschaftler treten vor, um die Besucher zu begrüßen. Auf nicht akustischem Wege findet ein Austausch statt, und die Gruppe zieht sich rasch in ein Büro im Bereich King I zurück. Dort werden die Besucher in Empfang genommen und bis zum Ende der Mars Street in ein Gebäude im Westteil mit der Nummer 930 geführt. Hinter ihnen steht eine Gruppe verblüffter Soldaten. Niemand weiß, wer die Besucher sind, woher sie kommen und was sie wollen.

Sandler und Emenegger erfuhren, daß es tatsächlich solches Filmmaterial gab und daß es ihnen zur Verfügung gestellt werden könne. Doch die naheliegende Frage wurde von Colonel Coleman nie beantwortet: Handelte es sich bei diesem Film um Schulungsmaterial, um eine Simulation, die für psychologische Tests benutzt werden sollte, oder um einen realen Film von der Ankunft einer fliegenden Untertasse aus dem Weltraum?

Ich war am Rande an diesem Projekt beteiligt, weil der geschichtliche Teil stark auf *Anatomy of a Phenomenon* und *Passport to Magonia* Bezug nahm, doch auf die Produktion selbst hatte ich keinen Einfluß. Diejenigen, die diesen Einfluß hatten, unter ihnen war auch Dr. Hynek, waren über den Empfang in Holloman einigermaßen verwundert. Als sie sich dort meldeten und mit den Filmarbeiten beginnen wollten, reagierte man mit Unglauben: »Sie wollen herkommen? Mit einer Kamera? Wir unterliegen der Geheimhaltung. Wissen Sie eigentlich, wie lange es dauert, bis Sie für alle Ihre Mitarbeiter die Freigaben haben?«

Sandler rief seinen Kontaktmann in Washington an, erzählte ihm von den Schwierigkeiten und machte sich auf einige Veränderungen im Zeitplan gefaßt. »Das bringen wir gleich in Ordnung!« lautete die Antwort. Am nächsten Tag rief Holloman zurück: »Wann wollen Sie mit Ihrer Crew kommen, Mr. Sandler? Um die Freigaben kümmern wir uns dann.«

Bis zum letzten Augenblick hofften Sandler und Emenegger, den Originalfilm zu bekommen, doch er tauchte einfach nicht auf, und im Dokumentarfilm wurden statt dessen, eingeschoben in die Realszenen in Holloman, Animationen und kunstvolle Zeichnungen der Aliens gezeigt.

Erst 1988 erklärte Paul Shartle, daß er den Film gesehen habe. Er habe drei scheibenförmige Flugzeuge gezeigt, von denen eines Schwierigkeiten zu haben schien, so daß es landen mußte. Die anderen beiden flogen davon. Drei Außerirdische kamen aus dem Objekt heraus. In offensichtlichem Gegensatz zum größten Teil der UFO-Literatur, in der die Aliens kleine oder überhaupt keine

Nasen haben, besaßen die grauen Wesen auf dem Film deutlich vorspringende Nasen. Sie benutzten ein als Translator bezeichnetes Gerät. Von seinen Vorgesetzten erfuhr Shartle, daß der Film ein von der Air Force angekauftes fiktives Werk sei, doch in seinen Akten in Norton fand er keine Unterlagen darüber. Außerdem schien der Film, wie er sagte, »zu real zu sein, um als Trainingsfilm zu gelten.« Im übrigen war er ja von Mitarbeitern der Air Force aufgenommen worden, die sich gerade darauf vorbereiteten, einen Beschleunigungstest zu dokumentieren.

Sandler, Emenegger und Hynek fühlten sich, nachdem ihnen die Air Force sensationelle Informationen vor die Nase gehalten und in der klassischen Manier aller Manipulationen im letzten Augenblick wieder entzogen hatte, auf die Folter gespannt, verwirrt und etwas wütend. Was nützte es schließlich anzudeuten, daß eine solche Szene in der Zukunft stattfinden könne oder gar bereits stattgefunden habe, wenn sie den entsprechenden Film nicht bekamen?

Es war nicht so, daß eine Gruppe den Film freigeben und eine andere ihn unter Verschluß halten wollte. Aus Gesprächen in der letzten Zeit erfuhr ich, daß der Film existiert und nicht einmal als geheim eingestuft ist. Anscheinend könnte ihn jeder, ohne mit schweren Strafen rechnen zu müssen, herausschmuggeln – ganz besonders, wenn er glaubwürdig als gestellte Aufnahme bezeichnet wird. Offenbar hat die Air Force ein seltsames Spiel gespielt.

Die John MacArthur Foundation brachte die Mittel für die Sandler-Dokumentation auf. Eigenartigerweise, sagte Bob Emenegger, bestand die Stiftung im letzten Augenblick darauf, nicht als Geldgeber genannt zu werden, ohne jedoch diesen Wunsch zu begründen.

In den letzten Jahren legten mehrere sensationsheischende Fernsehsendungen, darunter ein 1989 von den Seligman Productions unter dem Titel *Cover-Up* [Vertuschung] veröffentlichter Dokumentarfilm, angebliche Beweise für die Infiltration der Erde durch Außerirdische vor. Die Regierung, behaupteten die Produzenten dieser Streifen, sei im Besitz abgestürzter Untertassen und der Leichen ihrer außerirdischen Piloten.

Was einst die Domäne einiger weniger Eiferer oder der Katechismus verrückter okkulter Gruppen war, ist heute eine einflußreiche Subkultur mit eigenen Zeitschriften, Kongressen und Pilgerschaften. Diese Subkultur beutet die echten Erlebnisse Tausender Menschen aus, die durch UFO-Sichtungen erschüttert wurden, und sie bezieht alle Antworten aus ihren eigenen Phantasien. Sie bringt ihre Bilder in die Medien ein und beeinflußt sehr nachhaltig die breite Öffentlichkeit. Was als Reihe von Täuschungen begann, die sich aus dem ungelösten Problem der nicht identifizierten Flugobjekte ergaben, erfüllt offenbar für Millionen von Menschen eine tieferes soziales und spirituelles Bedürfnis. Vielleicht sind wir heute die Zeugen der Geburt eines neuen, mächtigen Mythos, vielleicht sogar des Heranwachsens einer neuen Religion.

Angesichts der Unmenge einander widersprechender Gerüchte wurde der erste Teil dieses Buches angelegt als kritische Untersuchung der angeblichen Geschichte der »Abstürze« fliegender Untertassen und der Bergung – ob tot oder lebendig! – der Außerirdischen durch die amerikanische Regierung.

Wenn wir einigen teils im Ruhestand befindlichen und teils noch aktiven Mitarbeitern der amerikanischen Geheimdienste glauben können, dann besitzt die Regierung der Vereinigten Staaten nicht nur abgestürzte Untertassen, sondern hat sich sogar mit Hunderten Außerirdischen aus dem Weltraum verbündet, die hier auf der Erde sind und mit unseren besten Wissenschaftlern in unterirdischen Städten zusammenarbeiten, um ab und zu in ihren phantastischen Fluggeräten auszuziehen und Menschen zu entführen. Forscher wie der New Yorker Künstler Budd Hopkins und David Jacobs, Historiker an der Temple University, die sich darauf spezialisiert haben, die Zeugen nach UFO-Sichtungen zu hypnotisieren, glauben sogar, der Zweck dieser Entführungen bestehe darin, Frauen während des Eisprungs einzufangen und widerliche genetische Experimente durchzuführen. Diese Idee tauchte bereits 1958 im Science Fiction-Film *I Married a Monster from Outer Space* auf.

Nach Angaben einiger bei der Regierung angestellter Wissenschaftler, unter ihnen Dr. Bruce Maccabee, machen sich die höheren Ränge in den Regierungsbehörden in Washington so große Sorgen um eine möglicherweise von Aliens ausgehende Bedrohung, daß sie eine komplizierte technologische Abwehrstrategie entwickeln – das sogenannte Star Wars-System –, das seine Laser und Partikelstrahlen keineswegs auf Ziele auf der Erde richten soll, wie uns eingeredet wird, sondern das vielmehr mögliche Eindringlinge aus dem Weltraum abschießen soll! Wenn wir vielen Forschern in der heutigen UFO-Szene glauben wollen, dann finanziert der amerikanische Steuerzahler tatsächlich die Entwicklung eines Netzwerks von Waffen, die dazu bestimmt sind, die Erde vor UFOs zu schützen, und zwar unter dem Deckmantel des SDI-Projekts und mit voller Kooperation der Russen.

Das ist eine ebenso phantastische wie komplizierte Sichtweise, ein Stück Mythologie des zwanzigsten Jahrhunderts, in mehreren Schichten kunstvoll übereinandergelegt, bis eine extreme Verzerrung eingetreten ist. Dennoch erweckt sie Faszination und Loyalität bei Tausenden von Gläubigen, von denen einige, wie Sie in diesem Buch sehen werden, verantwortliche Positionen innehaben.

Wie jede sich entwickelnde Bewegung, hat auch diese ihre Heiligtümer – beispielsweise den Luftwaffenstützpunkt Kirtland mit seinen geheimnisvollen Krypten, oder Dulce in New Mexico mit seinen gewaltigen Tempeln, auf welche die Gläubigen ihre spirituelle Energie richten. Da dies eine technokratische Bewegung ist, heißen ihre Angelpunkte nicht Petersdom, Mekka, Jerusalem oder Salt Lake City. Ihre heiligen Namen sind Codenamen, Worte der Kraft: Hangar 18, Majestic 12 und Area 51. In diesem Buch möchte ich Sie auf eine Pilgerfahrt in dieses heilige Land einladen.

1
HANGAR 18

Es war im Jahr 1978. Wieder einmal schwirrten Gerüchte durch
die verschworene Gemeinde der UFO-Anhänger, daß die amerikanische Regierung bald enthüllen werde, was viele ohnehin schon
für der Weisheit letzter Schluß über UFOs hielten: Die Militärs
hätten diese flüchtigen Objekte nicht nur seit dem Zweiten Weltkrieg beobachtet und fotografiert, sie hätten nicht nur Bruchstücke
von ihnen geborgen und analysiert, nein, man glaubte sogar, daß
komplette Untertassen nach Abstürzen auf der Erde gefunden und
daß kleine außerirdische Körper eingelagert worden seien. Sie
steckten jetzt in geheimen Kühlschränken des Pentagon, und die
Wissenschaftler der Regierung wären eifrig dabei, sie zu untersuchen.

Abgestürzte Untertassen und kleine Außerirdische

Wie jedem anderen sind auch mir diese Geschichten schon seit
langer Zeit bekannt, um genau zu sein, seit 1954. Das Thema der
abgestürzten Untertassen ist ein Lieblingsthema der Revolver-
blätter. Gelegentlich taucht es sogar in etwas respektableren Zeitungen auf. Doch es fiel mir nicht schwer, die Geschichten zu
ignorieren, die krasse Übertreibungen oder einfach frei erfunden
sein mußten. Angesichts der Sintflut neuer Theorien bekam ich
aber den Eindruck, mich vielleicht doch ein wenig voreilig der
Möglichkeit solcher Abstürze verschlossen zu haben. Deshalb

ging ich noch einmal meine Akten durch, um die Fälle zu überprüfen, in denen ich keine eigenen Analysen oder Untersuchungen vorgenommen hatte. Die Ergebnisse dieser Recherchen überraschten mich.

Betrachten Sie nur die folgende Liste, die, wie ich aber wiederholen muß, auf Daten beruht, die ich nicht selbst überprüft habe.

1. AURORA, TEXAS, 17. APRIL 1897. Ein geheimnisvolles Luftschiff soll in der Stadt abgestürzt und bei der Explosion in tausend kleine Stücke zerborsten sein. Angeblich war der Insasse ein Marsianer, und das Schiff beförderte mit Hieroglyphen beschriebene Papiere. Die Leiche des Piloten wurde dem Vernehmen nach auf dem Friedhof des Ortes bestattet. Allgemein wurde dieser Fall als Schwindel betrachtet, doch im Rahmen einer neuen Untersuchung wurde eine eigenartige Legierung gefunden und von der McDonnell Douglas Aircraft Company untersucht.

2. UBATUBA, BRASILIEN, 1933 ODER 1934. Zeugen an einem Strand beobachteten angeblich eine Scheibe, die ins Wasser tauchte und explodierte. Sie überschüttete die Gegend mit silbrigen Bruchstücken von äußerst reinem Magnesium.

3. SPITZBERGEN, NORWEGEN, MAI 1947. Von mehreren Quellen (unter ihnen Dorothy Kilgallen) war zu erfahren, daß britische Wissenschaftler und Flieger das Wrack eines geheimnisvollen Flugobjekts untersucht hätten. Angeblich waren sie überzeugt, daß es von einem anderen Planeten gekommen und daß die Untertasse mit kleinen Wesen, wahrscheinlich kleiner als 1,20 Meter, bemannt sei.

4. ROSWELL, NEW MEXICO, 2. JULI 1947. Eine helle Scheibe, die mit nordwestlichem Kurs über Roswell flog, wurde beobachtet. Ein Objekt, wahrscheinlich die Scheibe, stürzte 120 Kilometer nordwestlich der Stadt auf einer Ranch ab. Das Wrack wurde von »Mac« Brazel, dem Vormann der Ranch, und zweien seiner Kinder entdeckt. Brazel meldete den Vorfall erst mehrere Tage später, als er wieder in die Stadt kam. Am 7. Juli barg Major Jesse

11

Marcel, Geheimdienstoffizier beim nahegelegenen Flugplatz der Army, zusammen mit einem weiteren Offizier namens »Cav« Cavitt einen Teil des Wracks. Der Presseoffizier Lieutenant Walter Haut gab eine Mitteilung an die Presse heraus, in der von der Bergung einer abgestürzten fliegenden Scheibe die Rede war. Marcel bekam den Auftrag, die Trümmer in eine B-29 zu laden und zum Wright Field in Ohio zu senden. Das Flugzeug machte einen Zwischenstop in Fort Worth, wo General Roger M. Ramey die Leitung der Operation übernahm. Er befahl den Männern, nicht mit Reportern zu sprechen und gab eine Erklärung heraus, derzufolge es sich bei dem Flugobjekt um einen Wetterballon gehandelt habe. Die Forscher William Moore und Stanton Friedman interviewten später in Zusammenhang mit diesem Fall zweiundneunzig Menschen, darunter dreißig Augenzeugen. Jesse Marcel erzählte ihnen, bei dem Material habe es sich um kleine Balken gehandelt, die ihm ähnlich wie Balsaholz vorkamen, hart aber biegsam und mit »einer Art Hieroglyphen« beschriftet. Man fand außerdem eine ungewöhnliche, an Pergament erinnernde braune Substanz und eine leichte aber äußerst widerstandsfähige Folie, ähnlich wie Stanniol, sowie »eine schwarze Metallkiste, die ein paar Zoll groß war.« (*The Roswell Incident,* Berkley Paperback Edition, S. 72.) In anderen Versionen des Roswell-Falls haben die Ermittler angeblich ein abgestürztes, eiförmiges Fluggerät und in mehreren Kilometern Entfernung vom Absturzort drei oder vier humanoide Leichen gefunden.

5. AZTEC, NEW MEXICO, 13. FEBRUAR 1948. Drei Radaranlagen erfaßten angeblich ein Objekt, dessen Flugbahn nach unten wies. Als es auf Funksprüche nicht reagierte, wurde das Militär in der Umgebung alarmiert. Man informierte den Innenminister General George C. Marshall, der darum bat, von Camp Hale in Colorado einen Suchtrupp auszusenden. Nach Angaben von William S. Steinman fanden die Hubschrauber den Absturzort knapp zwanzig Kilometer nordöstlich von Aztec auf einem Felsplateau. Nachdem sie eins der »Bullaugen« aufgebrochen hatten, konnten die

Wissenschaftler eine Tür öffnen. Sie fanden die Überreste zweier verkohlter humanoider Wesen. Ein Mitglied des Teams, Dr. Detlev W. Bronk, hat angeblich die Leichen untersucht. Diese Geschichte wurde zuerst von Robert S. Carr veröffentlicht, der an der University of South Florida Vorlesungen über Massenkommunikation hält und der »bei geheimen Projekten, bei denen es um nonverbale Kommunikation ging« für Walt Disney arbeitete. Laut Carr lag der Absturzort 20 Kilometer westlich von Aztec (also nicht im Nordosten). Er sagte, die Scheibe habe einen Durchmesser von 9 Metern gehabt, und in ihr seien zwölf (nicht zwei) Humanoide gewesen, die zum Luftwaffenstützpunkt Wright-Patterson in der Nähe von Dayton gebracht wurden. Dort liegen sie angeblich immer noch in tiefgekühltem Zustand. Die 1,20 Meter großen Wesen trugen »dunkelblaue Uniformen aus einem metallischen, geschmeidigen Stoff.« Die Scheibe wurde in Hangar 18 untergebracht.

6. MEXIKO, SÜDLICH VON LAREDO, TEXAS, AUGUST 1948. Vier Offiziere wurden etwa 60 Kilometer südlich von Laredo auf mexikanischem Gebiet angeblich Zeugen des Absturzes eines Objekts und der Bergung von Leichen. Diese Information stammt von einem Mann namens Todd Zechel, der sich an einen Mitarbeiter der NBC in Chicago wandte. Ursprünglich wurde die Geschichte von Steve Tom im *Midnight Globe,* einem Blatt mit zweifelhaftem Ruf, veröffentlicht. Sie beruht auf Gerüchten, die von jemand in Umlauf gesetzt wurden, der »in den sechziger Jahren bei der Spionageabwehr der Army oder bei der NSA war.«

7. DEATH VALLEY, KALIFORNIEN, 19. AUGUST 1949. Mace Garney und Buck Fitzgerald, zwei Prospektoren, beobachteten angeblich ein Objekt, das in der Wüste abstürzte. Es soll einen Durchmesser von 6 Metern gehabt haben. Ihre Geschichte erschien am nächsten Tag auf Seite 13 der Lokalzeitung von Bakersfield.

8. MEXIKO, VOR 1950. Roy L. Dimmick, Vertreter der Apache Powder Company aus Los Angeles, sprach angeblich mit einem Mann aus Mexiko und einem weiteren aus Ecuador, die in der

Nähe von Mexico City eine fliegende Untertasse abstürzen sahen. Die Geschichte wurde von Frank Scully berichtet, dem bekannten Verfasser des farbenprächtigen Werks *Behind the Flying Saucers*. Scully zögerte nicht, die wildesten Gerüchte seiner Zeit abzudrucken.

9. ARGENTINIEN, APRIL 1950. In einer entlegenen Gegend Argentiniens fand E. C. Bossa eine seltsame Scheibe und vier tote kleine Piloten. Er kehrte am nächsten Tag mit einem Freund zur betreffenden Stelle zurück, fand aber nur noch einen Haufen warmer Asche. Ein zigarrenförmiges Objekt, das in großer Höhe vorüberflog, wurde für kurze Zeit beobachtet.

10. BRADY, MONTANA, 1953. C. M. Tenney sah auf dem Rückweg von Great Falls nach Conrad ein ovales Objekt, das seinem Wagen folgte und Feuerkugeln auf die Straße fallen ließ. Später am gleichen Tag schellte sein Telefon, und ein Colonel vom Luftwaffenstützpunkt Malmstrom bat ihn, am folgenden Tag um 10.00 Uhr zum Stützpunkt zu kommen. Er wurde dort in ein fensterloses, mit einem Drahtzaun gesichertes Gebäude geführt. Dort forderte man ihn auf, über seine Erlebnisse eine Aussage zu machen und diese zu unterzeichnen. Während er dies tat, sah er zwei Männer, die Wäschesäcke trugen, in denen sich anscheinend humanoide Körper befanden. Quelle ist das Blatt *National Tattler* vom 5. Januar 1975.

11. KINGMAN, ARIZONA, 21. MAI 1953. Im Rahmen eines Sondereinsatzes für die amerikanische Luftwaffe half ein Mann bei der Untersuchung einer abgestürzten Scheibe. Sie schien aus aluminiumähnlichen Material zu bestehen und hatte sich zwanzig Zentimeter tief in den Sand gedrückt. Sie war oval und durchmaß etwa zehn Meter. Drinnen waren zwei Drehstühle, eine ovale Kabine und zahlreiche Instrumente zu sehen. In der Nähe war ein Zelt aufgebaut, das die Überreste des einzigen Insassen schützen sollte. Er war 1,20 Meter groß, hatte eine dunkelbraune Gesichtsfarbe und trug einen silbrigen, metallischen Anzug, aber keinen Helm. Quelle ist eine eidesstattliche Erklärung, die von dem an-

gesehenen UFO-Forscher Ray Fowler im April 1976 im *Official UFO Magazine* veröffentlicht wurde.

12. BIRMINGHAM, ALABAMA, MITTE DER FÜNFZIGER JAHRE. Eine fliegende Untertasse stürzte angeblich in der Nähe von Birmingham ab. Das Gebiet wurde abgesperrt, und humanoide Leichen wurden per Hubschrauber nach Maxwell gebracht. (Ein Freund berichtete mir diese Geschichte. Er kennt die Tochter eines Militärangehörigen, der beim Umladen der unbekannten Leichen von einem Hubschrauber in ein wartendes Flugzeug half.)

13. MATTYDALE, NEW YORK, FRÜHLING 1954. In diesem Vorort der Stadt Syracuse sahen an einem Sonntag um 15.00 Uhr ein Datenverarbeitungsfachmann und seine Frau ein etwa sechs Meter durchmessendes Objekt am Boden, das von mehreren Männern untersucht und fotografiert wurde. Am nächsten Tag sagte ihnen ein Offizier, bei der Sache habe es sich um ein militärisches Geheimprojekt gehandelt. Die Polizei stritt später den ganzen Vorfall ab.

14. GDYNIA [GDINGEN], POLEN, 1959. Angeblich ist dort ein Objekt in den Hafen gestürzt. Taucher bargen ein Stück eines glänzenden Metalls. Es wurde vom Polytechnischen Institut und von der polnischen Marine untersucht. Ein Teil des Materials ging angeblich verloren. Mehrere Tage später wurden an einem Strand in der Nähe die Leichen kleiner Humanoider gefunden und in die Sowjetunion geschickt.

15. NEW PALTZ, NEW YORK, MÄRZ 1960. Nach Angaben von Carr gelang es den örtlichen Gesetzeshütern, einen Humanoiden außerhalb seines Fluggeräts zu fangen, während seine beiden Copiloten zur Untertasse zurückrannten und starteten. Der Außerirdische wurde der CIA übergeben. Er starb nach achtundzwanzig Tagen in Gefangenschaft.

16. SÜDWESTEN MISSOURIS, JANUAR 1967. Mr. Loftin fand eine einen Meter große Scheibe und übergab sie der US Testing Company zur Analyse. (Quelle ist *Identified Flying Saucers*, David McKay Co., 1968).

17. CARBONDALE, NEW JERSEY, 9. NOVEMBER 1974. In der Nähe der Stadt stürzte ein glühendes Objekt in einen kleinen See. Drei Jugendliche sahen es am Sonntagabend um 19.30 Uhr in den Teich fallen. Sie bemerkten ein gelblich-weißes Glühen in der Mitte des Teichs. Es verlagerte sich ein Stück, bis es etwa sechs Meter vom Teichrand entfernt war. Die Jungen wurden drei Stunden in einem Polizeiwagen festgehalten, während mehrere mit Scheinwerfern und Kränen ausgerüstete Fahrzeuge ein Objekt aus dem Teich holten, auf einen Lastwagen beförderten und fortfuhren. Am folgenden Montag fischte ein Taucher eine Eisenbahnlampe mitsamt Batterie aus dem Teich. Der ganze Vorfall wurde daraufhin als Schwindel abgetan.

18. CHILI, NEW MEXICO, 17. MAI 1974. Ein Team der Air Force soll angeblich am Ort eines Absturzes ein 20 Meter durchmessendes, metallisches und rundes Objekt geborgen haben. Das Objekt soll zum Luftwaffenstützpunkt Kirtland gebracht worden sein.

19. PADCAYA, BOLIVIEN, IN DER NÄHE DER ARGENTINISCHE GRENZE, 6. MAI 1978. Ein großes leuchtendes Objekt soll in der Nähe des Dorfes auf einen 3965 Meter hohen Berg gestürzt sein. Eine Expedition von Soldaten und Wissenschaftlern wurde zum Absturzort geschickt, doch der Trupp wurde durch schlechtes Wetter aufgehalten und konnte nichts finden.

Dies ist nur eine Auswahl der Geschichten, auf die ich stieß, als ich die Akten durchsah. Alle sind fragwürdig. Die Zuverlässigkeit der Quellen ist sehr unterschiedlich. In einem weiteren Dutzend Fällen waren die Schilderungen so dürftig, daß man sie im besten Falle als Hörensagen bezeichnen kann, und ähnliches gilt für mehrere neue Fälle, die seit 1978 bekannt wurden. Doch man kann nicht leugnen, daß einige der oben zitierten Berichte gut dokumentiert sind. Besonders der Vorfall von Roswell, New Mexico, wurde gründlich von Forschern untersucht, die mit diesem Thema vertraut sind und die die wichtigsten Zeugen ausfindig machten und befragten. Doch es gibt sehr unterschiedliche Meinungen über das, was wirklich in Roswell geschah. Charles Berlitz und Bill Moore zitieren in ihrem Buch über dieses Ereignis (*The Roswell Incident*, N.Y., Berkley Books, 1988) in Zusammenhang mit den angeblich gefundenen Außerirdischen den verstorbenen Meade Layne, den Direktor einer UFO-Organisation namens Borderland Sciences Research Foundation (Vista, Kalifornien). Mr. Layne erklärte, er kenne einen Wissenschaftler namens Dr. Weisberg, »einen Physikprofessor an einer kalifornischen Universität«, der die sechs Insassen untersuchte. Das Wrackteil wurde angeblich auf einen Lastwagen geladen, der von New Mexico über Flagstaff in Arizona bis nach Needles und Cadiz in Kalifornien fuhr und schließlich in Murdoc eintraf, wo sich der Luftwaffenstützpunkt Edwards befindet.

Ein weiteres unbestätigtes Gerücht besagt, am oder um den 15. April 1954 hätten vier Männer – Gerald Light, Franklin Allen von der Verlagsgruppe Hearst, Edwin Nourse vom Brookings Institute und Bischof McIntyre aus Los Angeles – fünf Raumschiffe untersucht, die zur wissenschaftlichen Analyse nach Edwards gebracht worden seien. In einem Brief an Meade Layne fügte Gerald Light noch hinzu, daß Präsident Eisenhower selbst heimlich nach Edwards gefahren sei, um die Scheiben und die Leichen der Außerirdischen in Augenschein zu nehmen. Für Mitte Mai 1954 sei eine offizielle Erklärung an die Nation vorbereitet worden. Überprüfungen dieser Geschichte verliefen jedoch im Sande. Light war ein begeisterter »Astralreisender«. Vielleicht glaubte er, diese Ereignisse auf einer seiner Reisen gesehen zu haben. Doch dieses Gerücht ist interessant, weil es das erste Beispiel für die zahlreichen Fälle ist, in denen die Veröffentlichung der *Wahrheit* über die abgestürzten fliegenden Untertassen durch die amerikanische Regierung angeblich unmittelbar bevorsteht.

In ihrem Buch schreiben Berlitz und Moore, daß Bruchstücke des Wracks von Roswell zusammen mit anderem dort gefundenen Material später im Gebäude 18-A, Bereich B auf dem Luftwaffenstützpunkt Wright-Patterson bei Dayton untergebracht worden seien. Dieses Gebäude ist der legendäre Hangar 18, für viele UFO-Bücher der Hort des letzten Geheimnisses, der Ort, an dem unsere Regierung die abgestürzten Untertassen und ihre kleinen Insassen versteckt.

1980 entstand unter der Regie von James Conway mit Darren McGavin und Robert Vaughn in den Hauptrollen ein Film, der nach *Hangar 18* benannt ist. Der Film ist zwar ernst gemeint und wirkt ziemlich erschreckend, doch aufgrund der schlechten Besetzung und des unlogischen Skripts ist er zu einem der komischsten Streifen des Genres geworden. Besonders gefällt mir die Szene, in der die Profikiller der Regierung ausgeschickt werden, um die beiden Astronauten zu töten, die die sprichwörtliche »Wahrheit« über die fliegenden Untertassen herausgefunden hatten. Die Mörder betreten eine Raffinerie, wo die Astronauten einen Tanklastzug stehlen und zur Ausfahrt rasen. Einer der Männer in Schwarz ist zu hören, wie er den anderen Scharfschützen, die mit ihren schweren Gewehren das Ziel nehmen, die Anweisung gibt, auf die Reifen zu schießen. Es gibt sicher bessere Möglichkeiten, einen voll beladenen Tankwagen mitten in einer Raffinerie anzuhalten, als auf die Reifen zu schießen. Angesichts dieser dummen Inkompetenz der Agenten kann der Lastwagen natürlich entkommen.

Im Mai 1989 hörte ich auf einem Treffen europäischer UFO-Forscher in Lyon in Frankreich, wie der freie Journalist Bill Moore die neuesten Details seiner Untersuchungen in Roswell kundtat. Er hatte einige neue Fakten herausgefunden und wußte neue Fragen zu stellen. Vor allem aber konnte Bill mir bestätigen, daß die Trümmer am 9. Juli 1947 beseitigt worden waren. Der Absturz war jedoch schon am 2. Juli geschehen. Wenn es Leichen gegeben hatte, wandte ich nun ein, dann blieben sie demnach *eine ganze Woche lang* der Gluthitze New Mexicos ausgesetzt, ganz zu schweigen von den zahlreichen Raubtieren. Die Vorstellung, daß einer der angeblichen Piloten noch gelebt habe oder daß eine Autopsie der Leichen brauchbare Daten über innere Organe ergeben hätte, scheint mir abwegig. Und warum erwähnte keiner der Zeugen den überwältigenden Gestank, der an jedem Absturzort fast als erstes auffällt?

In zahlreichen Vorträgen und Auftritten in Medien in den ganzen Vereinigten Staaten benutzen Forscher wie Bill Moore und Stanton Friedman den Vorfall von Roswell als Grundlage für die Behauptung, die amerikanische Regierung wisse von UFOs und habe nicht nur Fluggerät, sondern auch tote und sogar lebendige Außerirdische in Verwahrung genommen. Besonders Stanton Friedman hat seinen Standpunkt sehr deutlich formuliert: Fliegende Untertassen, sagt er, sind »die Flugzeuge von jemand anders.« Wer glaubt, Washington sei im Besitz solchen Wissens, besteht meist auch darauf, daß die Freigabe der Informationen »unmittelbar« bevorstehe. Diese Freigabe steht in der Tat, wie wir bereits sahen, schon seit den fünfziger Jahren »unmittelbar bevor«. Aber wie könnte das Pentagon der dummen Öffentlichkeit die Fakten nahebringen? Die Antwort der UFO-Gläubigen lautet, daß es ein sorgfältig geplantes Programm gebe, das mit Hilfe von Dokumentarfilmen, Spielfilmen und Zeitungen, die leicht zu beeinflussen sind, immer mehr Informationen durchsickern ließe. Als Beispiele für diesen Vorgang werden meist zwei Versionen der Fernsehdokumentation von Alan Sandler genannt: *UFOs: Past, Present and Future*, zusammen mit dem gleichnamigen Buch von Robert Emenegger im Jahre 1974 erschienen, und eine durch neues Material ergänzte und 1979 unter dem Titel *UFOs: It Has Begun* veröffentlichte Version.

Als Beispiel für den Versuch, die Öffentlichkeit auf die überfällige Wahrheit über die Besuche aus dem Weltall vorzubereiten, werden auch Steven Spielbergs *Unheimliche Begegnung der Dritten Art* und *Cover-Up*, eine Fernsehdokumentation aus dem Jahre 1989 genannt. Mit *Unheimliche Begegnung* hatte ich nur am Rande zu tun, aber ich hörte und sah nie etwas, das über das Wissen hinausging, das man bei einer gut finanzierten Produktion erwarten kann, wenn sie durch die Visionen eines so begabten Mannes wie Steven Spielberg gelenkt wird.

Die Sandler-Dokumentarfilme waren ein anderes Kapitel. An diesen Filmen war ich unmittelbar beteiligt, wie ich schon andeutete. Für die zweite Version des Films wurde ich gebeten, die Rolle des Erzählers zu übernehmen, und ich half dem Team beim Sammeln von neuem Material. Aufgrund der Erfahrungen könnte ich nicht behaupten, daß die Luftwaffe einen Hangar voller Scoutschiffe hat, aber ich kam in der Tat zur Schlußfolgerung, daß hinter den Kulissen etwas Bizarres geschieht.

Die Möhre vor der Nase

Anfang 1983 rief mich Robert Emenegger wegen eines neuen Projekts an. Colonel Coleman, der inzwischen im Ruhestand war und in Florida lebte, hatte sich wieder an ihn gewandt. Coleman meinte, die Zeit könnte reif sein, um einen neuen Film über UFOs zu produzieren. Vielleicht, sagte er, gibt die Regierung ein paar Beweise frei, und vielleicht ist auch Allen Hynek wieder bereit, sich zu beteiligen.

Damals hatte Allen Hynek sich gerade von seiner Arbeit an der Northwestern University zurückgezogen und sein privates Forschungszentrum nach Phoenix, Arizona, verlegt, wo er neue Geldquellen zu erschließen hoffte. (Leider wurde aus dieser Hoffnung nie Realität.) Er sprach mit Emenegger; was er hörte, interessierte ihn, und er suchte wie schon zuvor meine Kooperation.

Robert Emenegger war inzwischen zu einer klaren Schlußfolgerung gelangt: Das Verteidigungsministerium sei tatsächlich bereit, sensationelle Informationen freizugeben, erzählte er mir, aber dies nur unter der Bedingung, daß sie in einen Dokumentarfilm eingingen, der professionell und zugleich interessant genug gemacht sei, um der breiten amerikanischen Öffentlichkeit die ganze Thematik nahezubringen. Wenn Emenegger glaubwürdige Menschen wie Hynek und mich für das Projekt gewinnen konnte, dann und nur dann würden uns die »endgültigen« Beweise zugänglich gemacht.

Wieder wurde uns eine Art Beweis in Aussicht gestellt. Meine Reaktion auf diese Verlockungen war negativ und eindeutig skeptisch. Ich warnte Hynek. Wenn die Regierung der Vereinigten Staaten eine fliegende Untertasse in Verwahrung hätte – ob mit oder ohne kleine Piloten –, selbst wenn sie nur ein Stück von einem solchen Raumschiff hätte, dann wäre allein diese Information schon einen ganzen Dokumentarfilm wert. Und ganz egal, wie glaubwürdig Hynek oder ich aufgrund unserer Arbeit zu diesem Thema auch sein mochten, die Regierung hatte die Möglichkeit, diese Informationen durch weitaus bessere Kanäle zu schleusen. Die Nationale Akademie der Wissenschaften könnte beispielsweise in Washington eine formelle Pressekonferenz abhalten und die Entdeckung der Welt mitteilen.

Robert Emenegger reagierte auf meine Bedenken mit einem meiner Meinung nach nicht ganz stichhaltigen Argument. Seine namentlich nicht genannten Kontaktpersonen glaubten, ihre »Beweise« sollten vorsichtig *als Teil von etwas anderem* durchsickern. Er wollte sich mit zwei hohen Beamten von der Defense Audio-visual Agency (DAVA) treffen, um den Plan weiter zu erörtern.

Ich machte mir in dieser Zeit ausführliche Notizen, weil es mir wichtig erschien, die Chronologie der Ereignisse festzuhalten. Diesen Aufzeichnungen kann man entnehmen, daß ich am Sonntag, dem 10. März 1985 an einem Treffen in Emeneggers Haus teilnahm, bei dem neben Dr. Hynek und seinem Team aus Arizona auch General Glenn E. Miller, der stellvertretende Leiter der DAVA, anwesend waren. Miller wollte von Hynek folgendes wissen: »Wie würden Sie ein UFO fotografieren?« Er sagte zwar nichts Konkretes, wußte aber den Eindruck zu erwecken, das Pentagon habe stichhaltige physische Beweise.

Bob Emenegger erzählte mir, daß er trotz seiner Faszination angesichts dieser Berichte der Sache nicht auf eigene Faust nachgehen wollte. Er brauchte jemand, der ihn »antreiben« konnte, wenn er wirklich einen weiteren UFO-Dokumentarfilm drehen sollte. Wenn Hynek und ich einen »neuen Blickwinkel« beitragen

könnten und bereit seien, uns aufgrund unserer eigenen Arbeit
mit einer klaren Aussage über die physische Realität der UFOs
vorzuwagen, und wenn diese Aussage für die amerikanische Luftwaffe überzeugend genug klänge, dann könnte das Pentagon der
Produktion womöglich die höchsten Weihen verleihen und die
endgültigen Beweise freigeben.

Natürlich beschlossen Hynek und ich nach einer eilends abge-
haltenen telefonischen Konferenz, nichts dergleichen zu tun. Was
mich anging, glaubte das Pentagon entweder, im Besitz stichhal-
tiger physischer Beweise zu sein – die sie deshalb der Öffentlichkeit vorlegen sollten –, oder jemand spielte ein Spiel mit uns, in
dem ich mich nicht als Schachfigur herumschieben lassen wollte
wie jene, die bereit waren, jedes Gerücht weiterzutragen, ganz
egal wie windig und absurd es klang. Hynek stimmte mir zu. »Wir
sollten nicht bei einer bewußten Irreführung der Öffentlichkeit
mitwirken«, sagte er zu mir, »und wir werden den Köder nicht
schlucken. Doch wenn es eine Chance gibt, echte Beweise zu entdecken, dann sollten wir ein wenig hinter den Kulissen herum-
stöbern.«

Er lachte, als ich hinzufügte: »Wir können dieser Untersuchung
ja den Namen ›Die Möhre vor der Nase‹ geben.«

Dr. Hynek und seine Assistenten fuhren dann zu einem vertraulichen Gespräch mit Miller und seinem Vorgesetzten General
Scott, dem Direktor der DAVA, zum Luftwaffenstützpunkt Norton. Die beiden Männer versicherten dem erstaunten Dr. Hynek,
daß sie unter gegebenen Umständen »die Beweise nach eigenem
Gutdünken freigeben« würden. Doch bei diesem Treffen kam
noch etwas anderes ans Licht: Sowohl Miller als auch Scott glaubten fest an UFOs und sahen sich selbst sogar als »Kontaktpersonen«.

Hynek wurde durch das riesige Gelände der DAVA geführt und auf
den Luftwaffenstützpunkt Edwards eingeladen, wo man ihm erklärte, daß er dort »etwas Interessantes« zu sehen bekäme.

»Tatsächlich, da hingen überall Möhren herum, genau wie Sie es vorausgesagt haben«, erzählte mir Dr. Hyneks Forschungsassistent später. Man deutete an, Senator Barry Goldwater werde möglicherweise helfen, und vielleicht sogar der frühere Präsident Jimmy Carter.

Leider sah Hynek bei diesem vertraulichen Treffen mit Miller und Scott, daß die beiden Männer in ihren Ansichten über das Thema recht naiv waren und keinen überwältigenden wissenschaftlichen Hintergrund hatten. So glaubten sie beispielsweise fest an die Geschichte von Billy Meier, dem Schweizer Kontaktmann, der zahlreiche Fotos von »UFOs von den Plejaden« aufgenommen hat, wie er behauptet. Als Hynek ihnen konkrete Fragen stellte wie: »Was für Filmmaterial haben Sie nun über UFOs?« antworteten sie einfach: »Das wissen wir nicht.«

»Fahren Sie hin und versuchen Sie, mehr herauszufinden«, sagte Dr. Hynek dann zu mir. »Vielleicht sagt General Miller Ihnen Dinge, die er mir nicht verraten hat.«

Also fuhr ich am 27. März 1985 selbst zum Luftwaffenstützpunkt Norton.

Das Treffen in Norton

Norton liegt ein Stück nördlich der Kleinstadt Redlands in der Nähe von San Bernardino. Das riesige Gebäude der DAVA ist schon von draußen deutlich zu sehen. Man erreicht es durch Tor 5. Ich nannte dem Wachsoldaten meinen Namen und wurde sofort in Dr. Millers Büro geführt. Es war ein fensterloser, vertäfelter Raum mit einem Porträt von General Patton und verschiedenen beeindruckenden Urkunden an den Wänden.

Dr. Miller trug einen schwarzen Anzug, ein strahlend weißes Hemd, einen grellroten Schlips und ein ebenso rotes Kavalierstuch sowie Socken in der gleichen Farbe. Er schloß die Bürotür, setzte sich mir gegenüber in einen Lehnstuhl und lächelte. »Wie kann ich Ihnen helfen?« fragte er.

Das überraschte mich nun doch, denn schließlich war unser Treffen in Zusammenhang mit seinem Gespräch mit Hynek verabredet worden. Nun gut, dachte ich, dann spielen wir also ein Spiel. Ich erzählte ihm, daß ich mit Dr. Hynek zusammenarbeitete und mich schon lange für UFOs interessierte. Begonnen hatte mein Interesse während der Welle von Sichtungen im Jahre 1954 in Frankreich, und ich hätte nun gehört, sagte ich, daß er sogar persönliche Erfahrungen mit unidentifizierten Objekten habe.

Er erzählte mir, er kenne meine Bücher und meinen Werdegang sehr genau. Er habe zwei Doktorgrade, einen in Politikwissenschaften von der Universität Heidelberg, den zweiten interessanterweise in Theologie. Im Laufe mehrere Jahre war er tatsächlich Zeuge einiger Sichtungen gewesen. Die erste hatte sich im Jahre 1956 in White Sands ereignet. Während er einen Raketenstart filmte, hatte er plötzlich das Gefühl, links über ihm bewege sich etwas. Er blickte auf und sah ein sehr großes rundes Objekt über dem Stützpunkt schweben. Ein Jeep näherte sich mit hoher Geschwindigkeit, ein Offizier stieg aus, beschlagnahmte den Film und sagte allen Anwesenden, sie dürften nicht über das sprechen, was sie gesehen hatten.

»Sie [die UFOs] beobachteten unsere technische Entwicklung«, sagte Dr. Miller zu mir.

Die zweite Sichtung ereignete sich um 1980 in der Wüste, etwa 130 Kilometer von Mojave entfernt. Er war allein hinausgefahren, um zu jagen und einige Fotos zu machen. Plötzlich hörte er ein Surren und sah ein Objekt, das sich jedoch nicht an der Stelle befand, von der das Geräusch kam.

»Es war, als könne es das Geräusch an eine andere Stelle projizieren«, sagte er, meine Frage beantwortend.

Das abgerundete Flugobjekt landete auf vier Stützen, die etwa 2 Meter lang und 15 Zentimeter dick waren. Nach einer Weile wurde eine Rampe herabgelassen, und ein Mann trat in die Luke. Er trug eine kleine Maske über der Nase und einen spitzen Helm. Miller konnte nicht sehen, ob er Haare hatte. Er wirkte wie ein

24

normaler Mensch mit glatter Haut und strahlenden blauen Augen, die oval – ein wenig orientalisch – geformt waren.

»Möchten Sie hereinkommen?« fragte der Mann.

Miller nahm die Einladung an und wurde ins Flugobjekt geführt. Überrascht stellte er fest, wie einfach drinnen alles wirkte. Die Luft war sehr rein, und er fühlte sich ein wenig berauscht. Dort drinnen befanden sich drei weitere Wesen, die normal atmeten. General Millers Begleiter nahm nun auch die Maske ab.

Die Kontrollen bestanden aus berührungsempfindlichen Tafeln und stimmaktivierten Geräten – genau die Art von Technologie, die zu dieser Zeit gerade in Labors in den USA entwickelt wurde. Die Sitze waren an die Körperformen der Männer angepaßt, die ihm etwa vierzig oder fünfzig Jahre alt zu sein schienen. Nur der Mann, der ihn hereingebeten hatte, war jünger, zwischen zwanzig und dreißig.

»Ich blieb etwa fünfzehn Minuten da drin«, erzählte Miller mir.

»Haben Sie etwas Ungewöhnliches bemerkt, als Sie wieder gingen?«

»Ja, da war etwas Eigenartiges. Es war dunkel, als ich herauskam.«

»Hatten Sie das Gefühl, Ihr Zeitgefühl habe sich verändert?«

»Irgend etwas ist mit mir passiert.«

»Gab es irgendwelche Spuren?« Ich wollte wissen, ob es physische Beweise gab.

»Nein, in der Wüste war nichts zu sehen. Das Objekt flog fort, und dabei leuchteten die Lampen an seinen Kanten in allen Regenbogenfarben.«

»Hörten Sie Geräusche?«

»Nein, überhaupt nichts.«

Miller fügte hinzu, daß er noch sechs Wochen nach dem Vorfall Schlafstörungen gehabt habe. Er glaubte, immer noch mit den Wesen aus dem Raumschiff in Verbindung zu stehen, doch er konnte nicht mehr darüber erzählen.

Seine letzte Sichtung ereignete sich 1984 in der Nähe des Luftwaffenstützpunkts Vandenberg. Er und einige andere Leute wurden eines Abends in der Dämmerung auf ein großes ovales Objekt am Himmel aufmerksam. Er zeigte mir einen Schnappschuß. Mir kam das Objekt auf dem Bild eher wie eine ganz gewöhnliche dicke runde Wolke vor.

Wenn ich nicht gewußt hätte, daß ein ehemaliger Angehöriger von Pattons persönlichem Stab vor mir saß, wenn mich nicht das Abbild des berühmten Generals selbst von der Wand aus angestarrt hätte, dann wäre ich an diesem Punkt wahrscheinlich aufgestanden und gegangen. Die Geschichte, die ich soeben gehört hatte, war eine typische Geschichte von Kontaktpersonen, wie sie Anfang der fünfziger Jahre von George Adamski bekannt gemacht wurden. (Adamski war der selbsternannte Freund der Venusier; er veröffentlichte zwei Bücher mit offensichtlich gefälschten Fotos, um seine Behauptungen zu beweisen.)

Miller sagte sogar, seiner Meinung nach kämen die Wesen vom Mars oder von der Venus. Ich hatte Mühe, mich daran zu erinnern, daß ich nicht im Hinterzimmer eines New Yorker New Age-Buchladens einem Pseudomystiker gegenübersaß, sondern dem stellvertretenden Direktor einer Behörde des Pentagon, der in der Normandie für die Befreiung meines Heimatlandes gekämpft hatte. Für alle, die unter Patton gekämpft haben und besonders für seinen persönlichen Stab habe ich immer großen Respekt empfunden. Deshalb schluckte ich schwer und wartete ab, was Miller als nächstes tun würde. Er rief einen seiner Assistenten, einen Mr. Atkins, ins Büro und wies ihn an, mich über das Gelände zu führen, einschließlich der Film-, Ton- und Fotoarchive, in denen es 122 Millionen Meter Film gab, den anzusehen man etwa acht Jahre gebraucht hätte. Natürlich ist ein Teil des Filmmaterials der DAVA als geheim eingestuft.

Nach der Führung kehrten wir in Millers Büro zurück, und ich brachte das Gespräch auf das leidige Thema der Filmaufnahmen von UFOs und deren mögliche Freigabe. Er war sich sehr sicher, daß solches Material existierte, sagte er, und es sollte in der Öffentlichkeit wie auch unter Wissenschaftlern ohne Einschränkungen diskutiert werden. Doch er gab nicht zu erkennen, daß er wußte, wie die angeblichen Beweise aussahen oder wo sie zu finden wären.

Als nächstes stellte Dr. Miller mich Robert Scott vor, seinem Vorgesetzten. Ich stellte Scott einige Fragen über die DAVA und ihre Beziehung zu anderen Behörden. Ich erfuhr, daß die Defense Audio-Visual Agency durch Dienstanweisung 5040 vom 12. Juni 1979 vom Verteidigungsministerium eingerichtet worden war. In der Anweisung steht, daß das Amt »unter Leitung, Verantwortung und Kontrolle des Staatssekretärs für Öffentlichkeitsarbeit im Verteidigungsministerium« arbeitet. Es ist die Organisation, bei der auch Colonel Coleman beschäftigt ist.

Scott erzählte mir dann, daß er im Jahre 1959 ein UFO gesehen habe, als er etwa 110 Kilometer nördlich von Phoenix in Begleitung eines Psychologen und eines Fotografen ein Stück Land besichtigte. Sie konnten das Objekt etwa eine Minute lang beobachten. Leider hatte der Fotograf gerade seine Kamera nicht dabei.

Ganz im Sinne der Spekulationen vieler Ufologen glaubte Scott, daß wir von mehreren Arten von Wesen besucht würden. »Es gibt nicht nur wohlmeinende Geschöpfe im Kosmos«, sagte er. Unaufgefordert erzählte er mir, daß mehrere menschliche Zivilisationen, namentlich Atlantis und Lemuria, sich in der Vergangenheit selbst zerstört hätten. Nun wollten uns die UFO-Wesen warnen, damit wir diese Fehler nicht wiederholten. Leider verhinderte die Geheimhaltungstaktik der Regierung, daß die Botschaften gehört wurden.

»Es sollte doch den UFOs leicht fallen, diese alberne menschliche Geheimhaltung zu umgehen«, widersprach ich. »Sie brauchen doch nichts weiter zu tun als sich zu zeigen.«

Scott antwortete, ohne auch nur einen Moment zu zögern. »Wahrscheinlich sind sie durch ethische Prinzipien gebunden und können nicht gegen unseren Willen handeln. Sie müssen warten, bis sie von uns aufgefordert werden.«

Dieser Einwand war natürlich nichtig. Allein die Tatsache, daß es

Tausende von UFO-Sichtungen gegeben hat – vorausgesetzt, derartige Wesen sind tatsächlich für sie verantwortlich –, war bereits ein nachhaltiger Eingriff in unsere Kultur. Man denke nur an die Hunderte von Büchern, an die Filme, die Zeitschriften und die Fernsehshows, die durch diesen Eingriff angeregt wurden.

Scott sagte, er glaube fest an das Weiterleben der Seele, und deshalb müsse die Zerstörung eines ganzen Kontinents durch eine überlegene Rasse nicht unbedingt als nicht wiedergutzumachende Katastrophe betrachtet werden. Dieses Argument ist sehr gefährlich, weil es leicht verdreht und zur Rechtfertigung eines Völkermords verwendet werden kann. Folgen wir dieser trügerischen Vorstellung, dann sind die Millionen unschuldigen Opfer Hitlers möglicherweise schon lange glücklich reinkarniert und danken dem Führer jeden Tag in ihren Gebeten.

Wenig beeindruckt verließ ich den Luftwaffenstützpunkt Norton. Es gab bei der DAVA keine Hochtechnologie. Ganz im Gegenteil, das Gebäude beherbergte anscheinend eine wenig beachtete Behörde der Regierung, ausgestattet mit alten Filmprojektoren, die man vor vielen Jahren aus den Schneideräumen Hollywoods herangeschafft hatte. Scott und Miller waren zwei freundliche Kontaktpersonen, die versuchten, ihre eigenen Überzeugungen zu beweisen, sagte ich später zu Hynek. Doch es gab keinen Hinweis darauf, daß sie wirklich von unveröffentlichten Beweismitteln wußten oder daß sie Einfluß genug besaßen, um die Freigabe zu erzwingen, falls es solches Material gab. Die beiden Männer hatten ihre Ämter aus politischen Gründen bekommen. (Miller sagte selbst, er sei früher der erste Agent eines vielversprechenden Schauspielers namens Ronald Reagan gewesen.) Ihre Karrieren bei der DAVA waren schon im nächsten Jahr beendet, als der neue Verteidigungsminister Caspar Weinberger sie durch andere Leute ersetzte.

Was geschah 1985 bei der DAVA? Gab es wirklich einen Versuch, geheime UFO-Daten aus Archiven der Regierung ans Licht zu bringen? Oder hatte jemand einfach ein Spiel gespielt? Bob

Emenegger und ich sprechen auch heute noch gelegentlich über diese Zeit. Meiner Meinung nach ist keine dieser beiden Hypothesen richtig. Wenn man etwas durchsickern lassen will, muß man konkrete Informationen über die Natur oder den Fundort der Daten preisgeben. Bei näherer Betrachtung des Geheimnisses konnten wir aber nichts Spezifisches in Erfahrung bringen. Die ganze Sache war durch Flüsterpropaganda unter UFO-Enthusiasten ins Rollen gekommen, von denen einige, die zufällig für die Regierung arbeiteten, hofften, ihre Überzeugungen beweisen zu können. Doch Paul Shartle versicherte uns, er habe einen Film gesehen, der mehr war als ein Schulungsfilm; aber wer ihn warum gedreht hat, bleibt nach wie vor ein Geheimnis.

General Miller starb 1988 eines natürlichen Todes. Im folgenden Jahr wurde der Luftwaffenstützpunkt Norton im Rahmen der allgemeinen Sparmaßnahmen von der Bush-Regierung geschlossen.

Szenarios

Im Laufe der letzten zehn Jahre spielte das UFO-Rätsel in Zusammenhang mit der Entwicklung neuer Glaubenssysteme eine wichtige Rolle. In den folgenden Kapiteln will ich aufzeigen, daß das UFO-Geheimnis einen bequemen Rahmen für jeden bietet, der neue Kulte aufbauen oder einfach die soziale Dynamik von Randgruppen untersuchen will.

Was könnte hinter solchen Manipulationen stecken? Sind es nur die Phantasien einzelner Autoren, die von den Medien bereitwillig aufgegriffen und verstärkt werden? Oder gibt es eine viel bedrohlichere Erklärung? Notstandsplanungen, die Kontrolle von Glaubenssystemen oder der Aufbau von Tarnorganisationen zu Spionagezwecken, dies sind einige denkbare Deutungen, und sie können sicherlich die Lecks erklären, die falschen Geschichten, die in Zeitungen nachgedruckt werden, die Entstehung neuer Sekten mit absurden Dogmen.

In der Mythologie, die sich um die Außerirdischen rankt, kann man klar erkennen, wie – unter anderem durch komplizierte Simulationen naher Begegnungen und Entführungen – der Glaube der Menschen manipuliert wurde und wird. Diese Manipulationen, die der zweite Teil des Buches behandeln soll, greifen viel tiefer in unsere Kultur ein, als der normale Leser von Illustrierten oder auch der ernsthafte Erforscher der UFO-Sagen vermuten würde.

Es gibt zahlreiche solcher miteinander verwobener Geschichten. Sie sind der Stoff, aus dem eine beunruhigende Kulisse entsteht – nicht die strahlende Kulisse, vor der ein Künstler auftritt, sondern die komplizierten Netze, die von Armeen von Spinnen gewoben werden, wenn man sie in einer dunklen Höhle sich selbst überläßt.

Mit Hilfe dieses Buches will ich tiefer in die Höhle eindringen und etwas Licht auf die Wesen werfen, die in den feuchten, dunklen Abgründen gedeihen. Die nächste Ebene, die nächste unterirdische Krypta, die wir bei dieser Forschungsreise ins Absurde betreten werden, trägt den Namen »Majestic 12«.

2
MAJESTIC 12

Nach einer Weile hub sie abermals an:

»Laßt uns von der Falknerei sprechen.«

»Beginnt nur«, erwiderte ich, »wir haben den Falken gefangen.«

Darauf nahm Jeanne d'Ys meine Hand in ihre beiden Hände und erklärte mir, wie sie den jungen Falken mit unendlicher Geduld gelehrt hatte, sich auf ihr Handgelenk zu setzen.

The Demoiselle d'Ys
Robert W. Chambers, 1895

Im Dezember 1984 bekam der Fernsehproduzent Jaime Shandera in Los Angeles ein ohne Absenderangabe verschicktes Päckchen. Darin befand sich eine Spule mit unentwickeltem Film. Nach der Entwicklung sah man acht Seiten eines Geheimdokuments vom November 1952. Eingeschlossen war ein Begleitbrief an Präsident Eisenhower, und es wurden streng geheime Daten über den Absturz eines unidentifizierten Flugobjekts in Roswell, New Mexico, erwähnt.

Die Veröffentlichung dieser Dokumente durch Jaime Shandera, Bill Moore und Stanton Friedman rief unter den UFO-Enthusiasten sehr unterschiedliche Reaktionen hervor. Die meisten riefen: »Das haben wir doch gleich gesagt! Endlich haben wir einen Beweis für die Vertuschung.«

Andere vermuteten, die drei Forscher könnten die Opfer einer Manipulation oder eines Schwindels geworden sein und enthielten sich jeden Kommentars. Skeptiker wie Philip Klass gingen sogar so weit zu behaupten, Bill Moore habe die Dokumente selbst produziert und anschließend seinem Freund geschickt. Beschuldigungen gingen hin und her, und die Argumente wurden immer technischer. Entsprach die Schrift der Schreibmaschine den Geräten, die es damals gab? Entsprach das Druckbild der Daten dem korrekten militärischen Format oder den persönlichen Gewohnheiten der angeblich offiziellen Autoren, oder konnte man, prosaischer ausgedrückt, einen der vermeintlichen Schwindler überführen? Einer der frühen Gläubigen, der Ufologe Stanton Friedman, erhielt von Dr. Bruce Maccabees Fund for UFO Research einen Zuschuß von 16000 Dollar, um die Angelegenheit gründlich zu untersuchen. Wie vorauszusehen, ging aus seinem Mitte 1990 veröffentlichten Schlußbericht hervor, daß die Dokumente echt waren. Doch er konnte keine neuen Beweise vorlegen, die seine Behauptung untermauerten. Vielleicht läßt sich der Streit nie endgültig schlichten, aber er brachte einige interessante Fakten ans Licht und warf äußerst faszinierende Fragen auf.

Nach Friedman gibt es drei wichtige Texte zu »MJ-12«. Die Filmspule, die Shandera bekam, enthielt ein Dokument mit dem Titel »Zur Information des designierten Präsidenten Eisenhower«, datiert vom 18. November 1952 und acht Seiten lang. Die letzte Seite war eine Aktennotiz mit Präsident Trumans Unterschrift, die an den Verteidigungsminister James Forrestal adressiert war und die das Datum des 24. September 1947 trägt. Diese beiden Dokumente stellten das »Informationsleck« dar.

Eine sensationelle Bestätigung für ihre Echtheit schien gefunden, als in den National Archives ein drittes, nicht signiertes Dokument gefunden wurde. Es trägt das Datum des 14. Juli 1954, und es handelt sich um eine Aktennotiz von Robert Cutler, Eisenhowers Sonderberater für nationale Sicherheit, an General Nathan Twining, den Stabschef der Luftwaffe. Die Notiz lautete: »Der Präsident hat beschlossen, daß die Einweisung für MJ-12 SSP während der bereits für den 16. Juli anberaumten Besprechung im Weißen Haus und nicht wie ursprünglich vorgesehen durchgeführt werden soll.« Cutler hat das Dokument nicht unterschrieben, doch sein Name und sein Rang sind mit Schreibmaschine am Ende der Seite festgehalten. Der Ausdruck »MJ-12« bedeutet *Majestic 12*, eine Gruppe von Experten, die insgeheim die UFO-Daten untersuchte.

Friedman erklärte, dieses Dokument hätte unmöglich in die National Archives eingeschleust werden können, weil es »in einer als geheim deklarierten Kiste in einem als geheim deklarierten Panzerschrank war.« Diese Aussage leuchtet nur ein, wenn derjenige, der das Dokument einschleuste, keinen Zugang zur fraglichen Geheimkiste hatte. Wenn MJ-12 aber ein Insider-Job war, geplant und durchgeführt von einer gewissenlosen Bande im Geheimdienst – was heute die wahrscheinlichste Erklärung ist –, dann trifft Friedmans Argument nicht den Punkt. Es gibt noch weitere Gründe für die Annahme, daß MJ-12 ein Schwindel war. Auf eine Frage nach diesem Dokument gab das Archiv ein vom 22. Juli 1987 datiertes und von Jo Ann Williamson, der Leiterin des Military Reference Branch, unterzeichnetes Memorandum heraus, in dem es hieß, daß »uns dieses Dokument aus vielen verschiedenen Gründen vor Probleme stellt.« Es trage keine Registriernummer der höchsten Geheimhaltungsstufe, es habe nicht den offiziellen Briefkopf der Regierung und kein Wasserzeichen, und es sei im fraglichen Ordner das einzige Dokument, das sich auf MJ-12 bezieht. Eine Suche nach weiteren relevanten Dokumenten führte zu nichts, und die Bezeichnung TOP SECRET RESTRICTED INFORMATION war während Eisenhowers Amtszeit nicht üblich (sie wurde erst unter Nixon vom National Security Council eingeführt). Außerdem gibt es keine Aufzeichnungen über eine Sitzung des nationalen Sicherheitsrats am 16. Juli 1954. Robert Cutler besuchte an dem Tag, an dem er angeblich das Memorandum schrieb, Militäreinrichtungen in Europa und Nordafrika.

Mit anderen Worten glauben die Mitarbeiter der National Archives nicht, daß das Dokument echt ist. Das bedeutet natürlich nicht, daß es das sogenannte Projekt MJ-12 nie gegeben hat. Es beantwortet auch nicht die noch wichtigere Frage nach der möglichen Existenz von Außerirdischen, ob lebendig oder tot. Es vergrößert nur das Geheimnis und wirft neue Fragen auf.

Zu den neuen Fragen zählen jene nach der Identität und den Absichten des Absenders.

Wenn wir es mit einem echten Deep Throat wie aus dem Film »Die Unbestechlichen« zu tun haben, stellt sich die Frage, warum die Wahl auf Shandera, Moore und Friedman fiel, die bei den großen Medien des Landes nichts galten. Warum nicht einen bekannten Journalisten auswählen, einen angesehen Wissenschaftsautoren oder einen etablierten, glaubwürdigen Wissenschaftler? Und selbst wenn sich der Informant entschieden hat, ausschließlich mit Leuten aus der UFO-Forschung zusammenzuarbeiten, gibt es eine Vielzahl von Möglichkeiten – einschließlich der, einige Menschen einzubeziehen, die in der Lage sind, die Echtheit solcher Dokumente zu prüfen und sich selbst zu überzeugen. Doch unsere geheimnisvolle Quelle entschied sich für eine Gruppe, die höchstwahrscheinlich die Informationen unkritisch aufnehmen würde, für Menschen, die bereits eine klare Position zur angeblichen Vertuschung bezogen hatten und denen die Bestätigung ihrer Ansicht durch die Dokumente sehr gelegen kommen mußte. Wie vorauszusehen, verfehlte dieser Hintermann aber sein Ziel, die Nation davon zu überzeugen, daß MJ-12 real war. Nur eine Handvoll unerschütterlicher Gläubiger haben Friedmans Schlußfolgerungen akzeptiert. Dies ist nicht die Art und Weise, wie Deep Throat im Watergate-Skandal vorging. Er wandte sich an die einflußreichste Zeitung Washingtons, nahm mit zwei aggressiven, investigativen Journalisten Kontakt auf und ermunterte sie, Fragen zu stellen (seine Empfehlung »Spürt dem Geld nach!« war ein wichtiger Punkt.) *Im Falle MJ-12 wirkte die Quelle als Blender, der bewußt Desinformationen in Umlauf brachte*, und nicht wie ein besorgter Warner, der etwas riskiert, oder wie ein tief betroffener Mensch, der sich entschlossen hat, einen üblen Skandal ans Licht zu bringen.

34

Luftwaffenstützpunkt Kirtland, 1983

Anfang 1983 arbeitete Linda Howe, eine unabhängige Fernseh-
produzentin, an einem Drehbuch für einen UFO-Dokumentar-
film, der von Home Box Office (HBO) gedreht werden sollte.
Ein Anwalt aus New York City namens Peter Gersten, Leiter der
Gruppe Citizens Against UFO Secrecy (CAUS, Bürger gegen
UFO-Geheimhaltung), sorgte dafür, daß Ms. Howe mit Richard
Doty zusammentreffen konnte. Doty ist Agent beim Air Force
Office for Special Investigations [Abteilung für Sonderermitt-
lungen] auf dem Luftwaffenstützpunkt Kirtland in der Nähe von
Albuquerque. Linda Howe wurde gesagt, Agent Doty besitze In-
formationen über eine UFO-Landung, die 1978 auf dem Luft-
waffenstützpunkt Ellsworth in South Dakota stattgefunden habe.
Ein Mann namens Jerry Miller, der Doty kannte, sei an den Er-
mittlungen beteiligt.

Das Interview fand am 9. April 1983 in New Mexico statt. Agent
Doty, der keine Uniform trug, bat Linda Howe in ein Büro in
einem Bereich des Luftwaffenstützpunkts Kirtland, der mit Zah-
lenschlössern, deren Kombinationen er kannte, gesichert war. Er
setzte sich auf die Schreibtischkante und gab ihr, »auf Vorschlag
seiner Vorgesetzten«, zur Einführung ein Papier. Er fügte hinzu,
daß sie Fragen stellen, sich aber keine Notizen machen dürfe.

In den Dokumenten wurden die Aliens als »Grays« [Graue] oder
EBEs bezeichnet, angeblich die Abkürzung der Regierung für
Extraterrestrial Biological Entity [außerirdisches biologisches
Wesen]. Aus ihnen ging hervor, daß beim Absturz von Roswell im
Jahre 1949 ein lebendiger Grauer gefunden und bis 1952, als er
aus unbekannten Gründen starb, in den Labors von Los Alamos
festgehalten wurde. Doch er hatte genug Zeit, um telepathisch
mit amerikanischen Offizieren Kontakt aufzunehmen und sie
darüber zu informieren, daß seine Gefährten schon seit langer
Zeit die biologische, soziologische und religiöse Entwicklung der
Menschheit manipulierten.

Linda Howe schreibt:

> Agent Doty erklärte, man zeige mir das Dokument, weil die Regierung die Absicht habe, mir mehrere hundert Meter Farb- und Schwarzweißfilm zu überlassen, der zwischen 1947 und 1964 aufgenommen worden sei und der abgestürzte UFOs und die Leichen Außerirdischer zeigte. Diese Aufnahmen sollten mit Billigung der Regierung als historische Dokumente in den Dokumentarfilm von HBO aufgenommen werden. (*UFO-Universe,* Juli 1988, S. 21.)

Waren es die gleichen Beweise, die 1974 vor Emeneggers Nase baumelten? War es der Film, der zwei Jahre später Hynek und mir angeboten werden sollte? Die Pläne, die Linda Howe gegenüber erwähnt worden waren, sahen Ende Mai 1983 schon etwas anders aus:

> Agent Doty informierte mich, daß die historischen UFO-Aufnahmen aufgrund politischer Schwierigkeiten erst zu einem späteren Zeitpunkt freigegeben werden könnten. Er informierte mich außerdem, daß er offiziell nicht mehr mit dem Filmprojekt befaßt sei, doch würden andere Mitarbeiter mit mir Kontakt aufnehmen.

Das plötzliche Wegziehen der baumelnden Möhre hatte auf das HBO drastische Auswirkungen. Ohne den Teil über die EBEs, sagten die Verantwortlichen in New York, könne der Dokumentarfilm nicht gedreht werden. Es spiele keine Rolle, daß dieses Filmmaterial im Drehbuch ursprünglich gar nicht erwähnt worden war.

Linda Howe hatte das Gefühl, daß sie das Opfer einer Hinhaltetaktik der Luftwaffe geworden sei. Man wollte anscheinend dafür sorgen, daß die Autorin, die bereits einen ausgezeichneten Film über die Verstümmelungen von Vieh (*A Strange Harvest*) gedreht hatte, das scharfe Auge ihrer Kamera nicht allzu genau auf das UFO-Phänomen richtete, um auch dieses Thema dem Publikum im ganzen Land nahezubringen.

Vertuschung: Live!

1988, als die Aufregung um MJ-12 ihren Höhepunkt erreichte, traten Richard Doty, weitere zwielichtige Gestalten und die Macher von Hollywood wieder auf den Plan. Seligman Productions kaufte von Bill Moore ein Interview mit zwei »angeblichen Mitarbeitern des Geheimdienstes«, die unter den Decknamen Falcon und Condor [Falke und Kondor] auftraten. Andere Fernsehproduktionsgesellschaften, darunter alle drei großen amerikanischen Sendernetze, hatten den Film angeblich abgelehnt, weil es, wie jeder Filmproduzent genau weiß, kein Problem ist, loszugehen und ein paar Schauspieler anzuheuern, hinter einen Schirm zu setzen, ihre Stimmen zu verzerren und sie unglaubliche Dinge über außerirdische Besucher aus dem Weltraum erzählen zu lassen.

Da weder Falcon noch Condor noch anderes Geflügel aus Bill Moores »Aviarium« bereit war, offizielle Aussagen zu machen, hatten ihre Erklärungen nach journalistischen Begriffen, ganz zu schweigen von wissenschaftlichen Maßstäben, keinen Wert.

Sie konnten keine offiziellen Aussagen machen, erklärte Moore, weil ihre Vorgesetzten bei der Regierung ihnen Schwierigkeiten machen würden. Sie würden hinausgeworfen oder vielleicht sogar ermordet, behauptete er eindringlich. Damit benutzte er ein abgegriffenes Argument, das immer noch bei jenen Eiferern beliebt ist, die nicht verstehen, daß der beste Weg für einen Warner, wenn er *nicht* unter den Folgen seiner Enthüllungen leiden will, darin besteht, sich offen im angesehensten Medium zu äußern, das ihm zur Verfügung steht.

Die Gemeinde der UFO-Gläubigen und Amateure beobachtete das Schauspiel mit großen Erwartungen. Noch heute reden sie über die »Enthüllungen«, die es dort zu sehen gab.

Die Enthüllungen bestanden aus einer im Computer angefertigten Rekonstruktion der Anatomie der Außerirdischen samt innerer Organe und Initialen wie FTD und geheimnisvoll wirkenden Zahlen. Diese Bildinformationen wurden von Condor und Falcon, die hinter einem Schirm saßen, kommentiert. Fliegende Untertassen seien auf der Erde abgestürzt. Das Militär habe sie geborgen, man habe außerirdische Piloten gefangen genommen und von Ärzten untersuchen lassen. Die Toten, wurde behauptet, seien einer Autopsie unterzogen worden, und die Lebenden (die besonders gern Erdbeereis mögen, wie sich herausstellte) habe man benutzt, um Kontakte zu weiteren außerirdischen Zivilisationen herzustellen. Angeblich wurde die ganze Aktion von MJ-12 kontrolliert und der amerikanischen Öffentlichkeit verschwiegen.

Die Produktion, die der New Yorker Autor John Keel heute als »widerlich amateurhafte Erdbeereisshow« bezeichnet, war so schlecht geplant und geleitet, daß einige der Profis, die mitgearbeitet hatten, vom fertigen Produkt nichts mehr wissen wollten. Ein mit mir befreundeter Techniker beispielsweise, der für die Computersimulationen der Anatomie dieser Außerirdischen und für die geheimnisvollen Zahlen zuständig war, verlangte, daß sein Name aus dem Nachspann getilgt werde. Die Produktion war von schlechter Qualität, die Mitwirkenden mußten von Telepromptern ablesen, so daß alle Beteiligten hölzern wirkten. Dem ganzen Film war ein Klavierstück unterlegt. Sogar die wirklich interessanten Momente (wie die Aussage der Opfer im Cash-Landrum-Fall, die erklärten, daß sie nach Bestrahlung mit dem Licht eines seltsamen Flugobjekts in Texas Krebs bekommen hatten) wurden durch die schlechte Kameraführung und das fröhliche Allegretto des lächerlichen Soundtracks ruiniert. Einige Freunde und Mitarbeiter riefen mich nach der Sendung sogar an und beglückwünschten mich, weil ich mehrere Angebote, am Projekt mitzuwirken, abgelehnt hatte.

Zwei Minuten gründlichen Nachdenkens hätten gereicht, um die Natur des Schwindels oder zumindest das Ausmaß der unbeantworteten Fragen zu offenbaren. Ein Agent der Regierung, der ausgiebig telefonisch wie persönlich mit Amateurforschern und Journalisten in Verbindung steht und der seine Aussage nur hinter einem Schirm machen will, um »seine Identität zu schützen«, ist ein Unding.

Es sollte eigentlich klar sein, daß die Leute, die angeblich für die Sicherheit der angeblich von Falcon, Condor und anderen durchgeführten Projekte verantwortlich waren, sofort herausgefunden hätten, wer die Leute hinter dem Schirm waren. Man hätte sie nicht umgebracht, sondern vielmehr ganz einfach verhört. Man hätte ihnen augenblicklich die Sicherheitsfreigabe entzogen, denn angeblich handelte es sich bei den fraglichen Projekten ja um Vorgänge mit der höchsten Geheimhaltungsstufe, die ohnehin nur einer kleinen Gruppe bekannt waren. In einem so kleinen Kreis ist rasch festzustellen, wer für ein Sicherheitsleck verantwortlich ist.

Die folgenden Ereignisse zeigten, daß Condor und Falcon keineswegs Geheimagenten waren. Sie hatten in Verbindung mit sicherheitsempfindlichen Projekten einmal niedrige, unbedeutende Posten bekleidet, doch keiner von ihnen war Geheimagent mit einem höheren Dienstgrad. Einer der beiden, Richard Doty, arbeitet heute angeblich als Autobahnpolizist in Grants, New Mexico. Der zweite, Robert Collins, ist Unternehmensberater.

Die Anatomie der Außerirdischen, die so geheimnisvoll »enthüllt« werden konnte, nachdem ein Motorradkurier im letzten Augenblick vor der Sendung ein Videoband gebracht hatte, sich aber weigerte zu sagen, woher das Band stammte, war eine echte Hollywood-Produktion. Sie beruhte auf Zeichnungen, die bereits von Leonard Stringfield und anderen veröffentlicht worden waren. Wenn überhaupt, dann waren sie nur ein Beweis für das schöpferische Talent der technischen Mitarbeiter dieser Show, mit denen ich später über die ganze Angelegenheit sprechen konnte.

Jeder kann FTD auf einen Bildschirm schreiben und das ganze dann filmen. Jeder kann ein Stück weißes Papier in eine Schreibmaschine spannen, GEHEIM darübertippen und so tun, als wäre es eine Aktennotiz des Präsidenten über Außerirdische. Jeder kann das ganze auf Mikrofilm aufzeichnen und anonym an seine

Freunde und Verwandten schicken. All das wäre nicht einmal illegal.

War es genau dies, was im Fall MJ-12 geschehen ist? War die Erfindung von Condor, Falcon und dem übrigen Geflügel nur der Versuch einiger weniger Menschen, die Gutgläubigkeit der meisten Ufologen auszunutzen und das eigene Nest weich zu polstern? Die Beweise deuten sehr in diese Richtung.

Aber warum sollte Richard Doty, als er noch aktiver Agent der Air Force war, Linda Howe ein solches gefälschtes Dokument überlassen? Versuchte er nur, andere Menschen zu benutzen, um den von ihm ausgestreuten Desinformationen den Anstrich der Glaubwürdigkeit zu geben? Die folgenden Ereignisse lassen kaum einen Zweifel daran, daß er – das hat er angeblich selbst bestätigt – einer Desinformationstruppe angehörte, die nach Angaben von Moore einem Mann namens Hennessey unterstellt war. Dieser wiederum habe ein Büro im Pentagon und sei mit Moore gut bekannt. Wollte die Luftwaffe Howe, Moore, Emenegger, Friedman und andere als Übermittler von Daten über eine geheimnisvolle Gruppe namens MJ-12 einsetzen? Oder war es einfach ein übles Spiel einiger Schwindler, die ganz eigene, private Motive hatten, die ihren Zugang zu geheimen Informationen und Prozeduren nutzten, um eine falsche Spur zu legen, sich dabei sehr wohl bewußt, daß sie damit kein Verbrechen begingen und kein Gesetz brachen – denn zu keinem Zeitpunkt wurden tatsächlich geheime Daten freigegeben – und sich weiterhin bewußt, daß die Mehrheit der Ufologen mehr als glücklich gewesen wäre, ihnen blindlings in diese Sackgasse zu folgen?

Wenn das Ziel dieser Desinformationskampagne darin bestand, die wenigen Gruppen zu destabilisieren, die sich heute noch ernsthaft mit der UFO-Forschung beschäftigen, wenn die wenigen kompetenten Ermittler der Lächerlichkeit preisgegeben werden und wenn frei erfundene Daten ausgestreut werden sollten, dann zeigen die Auflösungserscheinungen der amerikanischen UFO-Forschung in den letzten Jahren, daß der Erfolg größer war, als es sich die Drahtzieher in ihren wildesten Träumen hätten ausmalen können. Den einzigen Fehlschlag mußten sie im März 1985 hinnehmen, als Hynek und ich uns weigerten, in die Falle zu tappen, in die wir mit den gleichen Daten gelockt werden sollten.

Der Falke wird abgeschossen

Im *MUFON Journal*, einem verbreiteten UFO-Nachrichtenblatt, schrieb im Juni 1989 ein besorgter Mitbürger namens Robert Hastings, der in New Mexico lebt und in dieser Gegend gründliche Nachforschungen angestellt hat, bei »Falcon« habe es sich in der Tat um Richard Doty gehandelt, der im Oktober 1988 seinen Dienst bei der Luftwaffe quittiert habe. Hinter »Condor« verberge sich Robert Collins, ein Captain der Luftwaffe, der zufällig auf dem gleichen Stützpunkt (Kirtland) stationiert war. Außerdem enthielt der Artikel einige interessante Details über die Protagonisten des Schauspiels.

Nach Angaben von Hastings fiel Doty zum erstenmal auf, als er 1980 einen offiziellen Bericht über eine UFO-Sichtung in der Nähe des Stützpunktes einreichte. Zu den Zeugen dieser Sichtung gehörten ein Mr. Craig Weitzel und ein anonymer Mitarbeiter der Luftwaffe, der den Fall in einem sehr eigenartigen Brief an eine UFO-Forschungsorganisation meldete. Er erklärte im Brief, die Meldung über die Beobachtung sei an Doty beim Air Force Office of Special Investigation (OSI) weitergegeben worden.

Ein Forscher namens Benton Jamison konnte Weitzel 1985 ausfindig machen. Der Zeuge bestätigte die Sichtung und daß er Doty Bericht erstattet hatte, doch der Vorfall, an dem er beteiligt gewesen war, hatte nichts mit der nahen Begegnung zu tun, die in dem anonymen Brief beschrieben worden war. Außerdem hatte kein seltsamer Mann mit ihm Kontakt aufgenommen und verlangt, ihm etwa vorhandene Fotos auszuhändigen, wie es im

Bericht behauptet wurde. Diese finsteren Facetten des Falls haben sich ganz einfach nie zugetragen.

Wer hat nun diesen anonymen Brief geschrieben und ein wahres Ereignis in eine so geheimnisvolle Episode verwandelt?

Laut Robert Hastings zeigte »eine sorgfältige Analyse des anonymen Briefes, daß er mit fast absoluter Sicherheit auf der Schreibmaschine getippt wurde, die Doty 1980 benutzte, um ein Beschwerdeformular von OSI auszufüllen.«

In Zusammenhang mit einem weiteren Fall, der sich in Ellsworth ereignete, soll Richard Doty angeblich Bill Moore gestanden haben, daß er das Dokument, in dem die Ereignisse beschrieben wurden, gefälscht habe. Hastings' Quelle für diese Behauptung ist kein geringerer als Dr. Bruce Maccabee vom Fund for UFO Research, einer der wenigen »harten Wissenschaftler«, die sich heute noch stark für das Thema interessieren. Angeblich hat also Doty das Dokument selbst getippt und als authentischen Bericht an mehrere Forscher weitergegeben. (Ein Beitrag von Bob Pratt, der im MUFON *Journal* erschien, beschreibt dessen eigene Nachforschungen in dieser Schwindelgeschichte.) Man wird sich erinnern, daß dieser Ellsworth-Fall genau der war, mit dem Doty im Jahre 1983 die Aufmerksamkeit Linda Howes weckte.

Das Weitzel-Gespinst und der Ellsworth-Schwindel wecken nicht nur Zweifel an der Echtheit der Dokumente von MJ-12, sondern sie lassen sogar vermuten, daß sie – mit oder ohne Hilfe von Bill Moore – von Doty selbst produziert wurden. Bill Moore begann, wie wir noch sehen werden, seine Arbeit als wissender und williger Mittäter des ganzen Täuschungsmanövers, auch wenn er heute noch behauptet, er habe nicht gewußt, wer dahinter steckte und warum es überhaupt durchgezogen wurde.

Auf der MUFON-Konferenz im Juli 1989, die in Las Vegas stattfand, kam das Thema der angeblichen Vertuschung auf die Tagesordnung. Mehrere hundert Ufologen hatten sich versammelt, um die Fortschritte auf ihrem Forschungsgebiet zu diskutieren. Ich nahm als geladener Redner daran teil (ich wollte mich zu Fällen von Verletzungen von Menschen in Brasilien äußern). Auch die Forscherinnen Linda Howe und Jenny Zeidmann, eine ehemalige Mitarbeiterin von Dr. Hynek, waren anwesend. Bill Moore trat ebenfalls als Redner auf, und sein Vortrag wurde von denen, die hofften, er könne eine Reihe sehr häßlicher Gerüchte über MJ-12 aus der Welt schaffen, mit großer Spannung erwartet.

Eins dieser Gerüchte war eine Anschuldigung, die angeblich vom Forscher Lee Graham erhoben worden war. Graham hatte behauptet, Bill Moore habe sich »im Auftrag des Geheimdienstes« an ihn gewandt. Moore habe erklärt, er sei im Auftrag der Regierung damit beschäftigt, sicherheitsempfindliche UFO-Informationen für die Öffentlichkeit freizugeben.

Graham behauptete weiterhin, Moore habe ihm ein Abzeichen von DIS (Defense Investigation Service, Ermittlungsabteilung des Verteidigungsministeriums) gezeigt. Nachdem Graham diese Zusammenhänge geschildert hatte, stellte Robert Hastings verwundert die Frage, warum Moore sich nicht sofort von Richard Doty getrennt hatte, als sich herausstellte, daß Doty Dokumente der Regierung fälschte. (In einem Brief jüngeren Datums erklärte Graham mir jedoch, er sei von Hastings nicht richtig zitiert worden.)

In einem wirren und peinlichen Auftritt auf der MUFON-Konferenz gestand Bill Moore tatsächlich, daß er sich bereitwillig von verschiedenen Leuten hatte benutzen lassen, die behaupteten, für den Geheimdienst der Luftwaffe zu arbeiten, und er habe bewußt Desinformation betrieben. Allerdings habe er nie auf deren »Gehaltsliste« gestanden. Das ist natürlich eine Spitzfindigkeit. Nicht auf der Gehaltsliste zu stehen schließt den Empfang von Bargeld oder anderen Leistungen keineswegs aus. Viele UFO-Forscher sind sich über diesen kleinen aber feinen Unterschied nicht im klaren. In einem Brief an den Herausgeber der Zeitschrift *Caveat Emptor* vom Sommer 1990 bezeichnete der Forscher Robert Hastings Moore als »*unbezahlten* Informanten der Regierung«. (Hervorhebung von mir.)

Moore brachte für seine Handlungweise eine schwache Entschuldigung vor. Er behauptete, er habe auf eigene Faust den heldenhaften Versuch unternommen, die ganze Operation zu unterwandern und schließlich auffliegen zu lassen. Am Ende seiner konfusen Ansprache weigerte sich Moore, Fragen zu beantworten. Er verließ den Saal fluchtartig durch eine Seitentür.

Als ich die Angelegenheit mit einem befreundeten Wissenschaftler besprach, der mir half, die Informationen über MJ-12 zu überprüfen, gingen wir auch durch, was wir über Condor, Falcon und ihre phantastischen Behauptungen wußten. Eins war von vornherein klar: *Keine ihrer Behauptungen wurde durch konkrete, unzweifelhafte Tatsachen gestützt.* Selbst die Informationen über die angeblich geborgenen toten Außerirdischen, die vor vielen Jahren von Leonard Stringfield in Umlauf gesetzt wurden, sind bis heute nicht mehr als unbewiesene Daten aus zweiter Hand. Mein Freund wandte sich entsetzt von den Unmengen an Material ab, das wir gesammelt hatten. »Es ist Zeit, diesen schrägen Vögeln das Handwerk zu legen«, bemerkte er trocken.

Wer hält die Kokosnuß?

Ob sie von Vögeln wie Condor und Falcon oder von gewöhnlichen Bodenbewohnern stammen, seit 1988 tauchen immer wieder verlockende Hinweise auf. Wir gingen ihnen nach, wann immer wir dazu in der Lage waren. Wir hörten Gerüchte – von Bill Moore oder von Doty oder anderen gut informierten Quellen –, daß eine bestimmte Person sensationelle Informationen hätte. Wir telefonierten herum, um die Aussagen zu verifizieren.

Als ich 1989 von einem UFO-Kongreß in Lyon, an dem auch Bill Moore teilgenommen hatte, in die Vereinigten Staaten zurückkehrte, machte unter meinen Freunden ein eigenartiges Gerücht die Runde. Sie hatten gehört, daß ich mich während meines Aufenthaltes in Frankreich heimlich mit einem gewissen Arzt getrof-

fen habe, der Autopsien an Außerirdischen durchgeführt habe.
Sie wollten natürlich Einzelheiten erfahren.

Nachdem ich über diese albernen Gerüchte gelacht hatte, erwartete ich, sie würden einfach wie so viele Geschichten von der Bildfläche verschwinden. Doch statt dessen wurden die Gerüchte präziser: Mein Kontaktmann sei Dr. Leon Visse, erfuhr ich, der in einem kleinen Ort in der Nähe von Montlucon lebte.

Nun wurde ich natürlich neugierig, besonders als ich erfuhr, daß es eine Person dieses Namens tatsächlich gab. Ich rief Dr. Visse von Kalifornien aus an und führte ein sehr interessantes Gespräch mit ihm. Ja, er hatte einmal mit amerikanischen Ärzten zusammengearbeitet. Nein, das sei nicht in den USA gewesen. Und es hatte nichts mit UFOs zu tun gehabt. Ja, er glaubte den Namen Bill Moore zu kennen. Aber von mir hatte er noch nie gehört. Irgend jemand hatte uns aber absichtlich auf die Spur dieses französischen Arztes gesetzt. Warum?

Als ich meinem Freund, dem Physiker Edwin May, von diesen Plagegeistern erzählte, seufzte er. Er verstand meine Frustration. »Das erinnert mich an meine Erfahrungen, als ich in Indien auf dem Gebiet der Parapsychologie forschte«, sagte er achselzuckend. »Die Leute sagten mir, wenn ich zu einem zwei Autostunden von Benares entfernten Kloster führe, könne ich einen erstaunlichen weisen Mann treffen, der in der Lage sei, ein Objekt ins Innere einer Kokosnuß zu versetzen, die ich in der Hand hielt. Sie erwarteten wohl nicht wirklich, daß ich die Sache überprüfen würde. Doch als störrischer amerikanischer Wissenschaftler habe ich auf dem Markt eine Kokosnuß gekauft, einen Fahrer angeheuert und bin die zwei Stunden zum betreffenden Ort gefahren. Und richtig, es gab dort ein Kloster voller weiser Mönche, die mich an einen besonders heiligen Mann verwiesen, der in einer heißen, kleinen und staubigen Zelle meditierte. Ja, sagte dieser Mann, er könne kraft seines Geistes einen Gegenstand ins Innere der Kokosnuß versetzen. Aber wie käme ich auf die Idee, daß ich die Kokosnuß dabei halten dürfe?«

In Sachen MJ-12, Condor, Falcon und Aviarium gibt es keine Informationen, keine Dokumente und keine Beweise, die nicht aus
einer Quelle stammen, die entweder im Verdacht steht, Fälschungen begangen zu haben, oder die eng mit der Desinformation der Regierung in Verbindung steht. In allen Fällen haben
ausschließlich die Schwindler die Kontrolle über die Kokosnuß.
Wir anderen dürfen nur zusehen.

3
AREA 51

Auf einer Konferenz in San Francisco, die sich über ein Wochen-
ende erstreckte, hörte ich zum ersten Mal von Area 51. Um die
Wahrheit zu sagen, ich hatte mich einfach nicht um die verschie-
denen Gerüchte über Aliens gekümmert, die immer wieder die
Runde machten, weil ich nach den Erfahrungen mit Majestic 12
und der Leichtgläubigkeit der UFO-Anhänger im allgemeinen die
Nase voll hatte. Eine neue Zeitschrift mit dem Titel *UFO Universe*
war gerade auf den Markt gekommen. Auf der Titelseite bekam
man einen Vorgeschmack auf den Inhalt: Können Außerirdische
Krebs und AIDS heilen? Ein Artikel von Brad Steiger trug den
Titel »UFO Abduction on the Rise – Will You Be Taken Aboard
Next?« [UFO-Entführungen nehmen zu. Werden Sie der nächste
sein?], und ein Sonderteil ging auf John Lennons angebliche nahe
Begegnung ein. Das Ganze war so erschreckend lächerlich, daß ich
mit dem Gedanken spielte, die UFO-Forschung ganz an den Nagel
zu hängen.

Mein Interesse erwachte jedoch wieder, als ich im Rahmen einer
sehr sachlichen Konferenz mit dem Titel »Engel, Außerirdische
und Archetypen« ein paar Stunden Zeit hatte. Zu den Sprechern
dort zählten neben Whitley Strieber und Dr. Kenneth Ring auch
Linda Howe und Bill Moore. Es war ein schöner Sonntagmorgen,
und ich hatte nichts weiter zu tun, als den Geschichten zuzuhören,
die zwanglos in der Vorhalle ausgetauscht wurden, während die
Teilnehmer Erfrischungen zu sich nahmen. Wir saßen um einen
Tisch, und auf einmal wurde ich in eine Diskussion hineingezogen.

Bill Moore erzählte von seinen nach wie vor bestehenden Kontakten zu zwei Leuten, angeblich »aus der Welt der Spionage«, die er als Falcon und Condor bezeichnete. Linda Howe dagegen sprach über ihre eigenen Kontakte zu John Lear, dem Fliegeras und außergewöhnlichen Forscher. In diesem Zusammenhang hörte ich zum erstenmal, daß es unter denen, die MJ-12 als Verschwörung betrachteten, einige gab, darunter John Lear, die Bill Moore und seine Gefährten für viel zu zahm hielten. Diese Leute würden, so hieß es, einfach von der Regierung benutzt, um irrelevante Informationen (oder besser Desinformation) unters Volk zu bringen, während die wirkliche, unendlich gefährlichere und erschreckende Wahrheit geheim blieb. Diese letzte Wahrheit war noch nicht offenbart worden, aber sie hatte natürlich mit den Außerirdischen zu tun. Nicht mit den toten Außerirdischen, die angeblich von verschiedenen Ärzten einer Autopsie unterzogen worden waren, sondern mit *lebendigen* Außerirdischen, die in geheimen Stützpunkten im Westen mit den fähigsten amerikanischen Wissenschaftlern zusammenarbeiteten.

Wenn diese Mutmaßungen zutrafen, dann war Majestic 12 nur ein recht unbedeutender Vorfall innerhalb eines viel größeren und viel faszinierenderen Dramas, das jederzeit den ganzen Planeten einbeziehen konnte. Majestic 12 mochte in der Tat ein reines Ablenkungsmanöver gewesen sein, eine Übung in Desinformation, ein Knochen, den man den gutgläubigen Ufologen absichtlich vorwarf, um sie auf eine falsche Fährte zu locken. Wenn in Area 51 unter dem Wüstensand tatsächlich lebendige Aliens arbeiteten – nach manchen Schätzungen lag die Zahl dieser Außerirdischen bei über 600 –, dann verschwendeten Stanton Friedman, Bill Moore und alle ihre Freunde nur ihre Zeit, wenn sie nach den Überresten abgestürzter Untertassen suchten. Vielleicht richteten sie sogar einen nicht wiedergutzumachenden Schaden an, indem sie ohne es zu wissen einem Täuschungsmanöver der Regierung Vorschub leisteten, während die Wahrheit – die Invasion unseres Planeten durch kleine graue Humanoide – in unseren eigenen geheimen

Militärstützpunkten und direkt unter der Nase unserer Präsidenten bereits eine unabänderliche Tatsache geworden war.

Ich hörte, wie andere gegen diese Überlegungen einwandten, daß Majestic 12 ganz im Gegenteil das einzig wirklich wichtige Geheimnis sei. Alle späteren Geschichten über lebendige Aliens seien nur von der Regierung erfunden worden, um Bill Moores Forschungen und Friedmans Erkenntnisse in Mißkredit zu bringen. Mit anderen Worten waren John Lear und Linda Howe, die offen über Area 51 sprachen, in Wirklichkeit diejenigen, die als *agents provocateurs* wirkten und auf die man nicht mehr hören oder deren Äußerungen man zensieren müsse, denn die zentrale Frage der UFO-Forschung müsse doch wohl die Vertuschung der Regierung im Fall Majestic 12 sein! Beschuldigungen und Gegenbeschuldigungen gingen hin und her, und der Ton wurde immer schärfer und boshafter.

An diesem Punkt mag sich der Leser fragen, warum ich nicht einfach aufstand und zu meinem Auto ging, das ganz in der Nähe am Palace of Fine Arts im Schatten der Bäume geparkt war. Ich fragte mich tatsächlich: Was tust du hier? Ich war wirklich in Versuchung, diese kleine Gruppe von Ufologen mit ihren gegenseitigen Beschuldigungen, die jeweils anderen seien Agenten der CIA, des OSI oder des NRO und an der schlimmsten Verschwörung seit der Ermordung Kennedys beteiligt, allein zu lassen. Hatte nicht sogar jemand behauptet, der Präsident sei in Dallas von seinem eigenen Chauffeur vor der versammelten Menge erschossen worden, weil er im Begriff war, dem amerikanischen Volk die Wahrheit über die grauen Außerirdischen zu verraten?

Es gab für mich zwei Gründe, dennoch an diesem Tisch, wo die hitzige Diskussion geführt wurde, sitzen zu bleiben. Der erste Grund war ganz einfach meine Trägheit. Es war, wie ich bereits sagte, ein friedlicher, sonniger Morgen. Ich hatte nichts weiter zu tun, nachdem ich eine Geschäftsreise bis nach der Konferenz verschoben hatte. Ich muß gestehen, daß ich mich sehr wohl fühlte, während ich gemütlich Kaffee trank, Schokoladenkekse aß und

49

den besten Gruselgeschichten lauschte, die ich seit meiner Kindheit, als meine Großmutter mir Grimms Märchen vorlas, gehört hatte.

Der zweite Grund war die angeborene Neugierde, die vermutlich die Faszination vieler Ufologen für solche Geschichten weckte. Ich wollte offen bleiben und herausfinden, warum so viele meiner Freunde derartige Dinge glaubten. Schließlich waren sie keine New Age-Eiferer, die ihre Informationen durch Visionen, Channeling oder bestimmte Pilze bekamen. Es waren hart arbeitende Reporter, die behaupteten, solide, erstklassige menschliche Quellen zu haben. Einige ihrer Quellen waren angeblich sogar Agenten der Regierung oder andere Beamte, die in Fleisch und Blut existierten. Wenn diese Leute systematisch manipuliert wurden, um den Glauben an die unmittelbar bevorstehende Übernahme der Erde durch die Grauen zu nähren, dann war dies für sich genommen bereits ein faszinierender mythologischer Vorgang, fast so interessant wie die UFO-Invasion selbst. Es war dieser letzte Gedanke, der den Ausschlag gab, so daß ich sitzen blieb und aufmerksam einem einführenden Vortrag über Area 51 und einen Mann namens John Lear lauschte.

Ein unterirdischer Stützpunkt

John Lear, erfuhr ich, war Kapitän bei einer Charterfluggesellschaft. Für den von seinem Vater – dem legendären Luftfahrtingenieur William P. Lear – erfundenen Lear Jet hielt er siebzehn Geschwindigkeitsrekorde. Im Jahre 1988 begann John Lear sich für die Geschichten über abgestürzte fliegende Untertassen zu interessieren und veröffentlichte seine eigenen Offenbarungen, die er angeblich aus Kontakten mit Geheimdienstleuten gewonnen hatte. Dabei ging es um eine geheime Forschungseinrichtung, die von Hunderten lebendiger Aliens und der amerikanischen Regierung in der Area 51 betrieben würde.

»Wo ist diese Area 51 eigentlich?« fragte ich. Ich kam mir vor wie ein Schulkind im Lehrerzimmer.

»In Nevada«, sagte Bill Moore. »Der Luftwaffenstützpunkt Nellis.«

»Am Groom Lake«, fügte Linda Howe hinzu.

Sie erzählten mir, daß nach Angaben von John Lear und anderen dort das Hauptquartier der Projekte »Redlight« und »Snowbird« zu finden sei. Doch ein größerer Teil der Einrichtungen soll in New Mexico angesiedelt sein.

»Warum weiß denn niemand davon?« fragte ich.

»Es ist unterirdisch angelegt, in der Wüste versteckt. Man kann es nicht sehen.«

»Wie groß ist es?«

»So groß wie Manhattan.«

»Wer bringt den Müll raus?«

Sie sahen mich schockiert an. Wenn über abgestürzte Untertassen und die Geheimhaltung der Regierung gesprochen wird, gibt es ein ungeschriebenes Gesetz: Man darf nicht fragen, woher die Informationen kommen, weil man sonst das Leben der Informanten gefährden würde – wahrscheinlich würde das Pentagon Killer anheuern, Typen von der Sorte, die versuchen, auf die Reifen eines voll beladenen Tankwagens zu schießen, der durch eine Raffinerie rast. Und man darf nicht auf Widersprüche in den Geschichten hinweisen. Fragen müssen immer auf höhere Ebenen zielen, etwa auf die Philosophie der Aliens, auf ihre Aufgabe im Universum – und nicht auf die praktischen Details ihrer Existenz. Mit anderen Worten darf man *auf keinen Fall* Fragen stellen, die eine klare, verifizierbare Antwort verlangen.

»Das ist doch eine berechtigte Frage, oder? Wer bringt den Müll raus?« wiederholte ich. »Ihr habt mir gerade erzählt, in New Mexico gebe es eine unterirdische Stadt von der Größe Manhattans. Die brauchen dort Wasser. Sie produzieren feste Abfälle. Sie würden ihre Umgebung nachhaltig verändern. Wo sind die Beweise?«

»Es gibt Wege, große unterirdische Anlagen zu verstecken«, erfuhr ich. »Denken Sie nur an NORAD, Cheyenne Mountain.«

»Was ist mit Infrarotbildern? NORAD ist auf Satellitenaufnahmen deutlich zu sehen. In den Berg führen Straßen. Eine so große Anlage wäre eine starke Wärmequelle. Sie wäre auf jedem Infrarot-Satellitenbild deutlich zu sehen.«

Die anderen sahen mich mißtrauisch an.

»Niemand hat Zugang zu diesen Satelliten«, sagte Bill. »Sie sind streng geheim.«

»Unfug. Der französische SPOT-Satellit wird an die Industrie und an Nachrichtenagenturen vermietet. Er hat eine Schüssel von zehn Metern Größe, deren Empfangsleistung sich durch geschickte Verarbeitung mit Computern verdoppeln läßt. Eine versteckte unterirdische Anlage dieser Größe kann nicht unentdeckt bleiben.«

»Die Regierung hält die Informationen zurück«, warf jemand ein.

»Selbst wenn man dieses Wissen den amerikanischen Bürgern vorenthält, man kann es unmöglich auch den Briten, den Russen, den Franzosen und den Israelis vorenthalten. Selbst ohne den modernen SPOT könnte man mit Hilfe des alten LANDSAT, der heute noch mit seinem Dreißigmeterspiegel um die Erde kreist, jeden Stützpunkt dieser Größe ausmachen. Und die LANDSAT-Bilder, so alt die Technik auch ist, werden heute noch von Hunderten ziviler Geographen, Planer, Studenten und Geologen in den USA und auf der ganzen Welt benutzt.«

»Nun, nach den Informationen, die John Lear bekam, gibt es einen solchen Stützpunkt«, sagte Linda.

»Woher wißt ihr, ob das auch stimmt?« fragte ich.

»Ich habe mit einem Militäroffizier gesprochen, der von den Außerirdischen weiß«, erwiderte sie. »Er sagte, ihnen nahezukommen, sei das aufregendste Erlebnis seines Lebens gewesen.«

»Woher wissen Sie, daß er die Wahrheit sagt?«

»Es war in seinem Büro im Pentagon. Die Gefühle in seiner Stimme, sein Gesichtsausdruck, das war unverkennbar.«

»Woher wissen Sie, daß er nicht verrückt war?«

»Ein Militäroffizier im Pentagon?« fragten meine Freunde überrascht.

»Im Pentagon arbeiten Tausende von Menschen. Die Tatsache, daß sie dort einen Schreibtisch haben, beweist noch nicht, daß sie nicht verrückt sind. In der Welt gibt es viele eigenartige Leute, die verrückte Geschichten erzählen. In jedem Beruf gibt es unausgeglichene Menschen, und einige von ihnen tragen eben Uniformen.«

Wir kamen an diesem Tag zu keinem Ergebnis, und ich beschloß, mir das Urteil über die Frage zu verkneifen, bis neue Fakten auf den Tisch kamen.

Die schreckliche Wahrheit

Ich sollte nie erfahren, wer für unsere außerirdischen Gäste den Müll rausbringt. Aber die Geschichten über die Grauen und Area 51 wurden immer lebendiger und zogen mehr und mehr rationale Menschen in ein Netz voller Geheimnisse, unzureichend dokumentierter Enthüllungen und hinter vorgehaltener Hand getuschelter Mutmaßungen, die immer ominöser klangen.

Am 29. Dezember 1977 gab John Lear eine Erklärung heraus, in der er den Leser an die Vergangenheit erinnern wollte: »Deutschland hat möglicherweise schon im Jahre 1939 eine fliegende Untertasse geborgen. General James M. Doolittle fuhr 1946 nach Schweden, um eine fliegende Untertasse zu inspizieren, die in Spitzbergen abgestürzt war.« Dann fährt er fort:

> Die schreckliche Wahrheit war nur sehr wenigen Menschen bekannt. Es waren in der Tat häßliche kleine Geschöpfe, von ähnlicher Gestalt wie Gottesanbeterinnen, die uns in ihrer Entwicklung vielleicht um eine ganze Milliarde Jahre voraus waren. Mehrere Angehörige der ersten Gruppe, die in die »schreckliche Wahrheit« eingeweiht wurden, begingen Selbstmord. Der prominenteste unter ihnen war General James V. Forrestal, der vom sechzehnten Stock eines Krankenhauses aus durch ein Fenster in den Tod sprang… Präsident Truman ordnete sofort strengste Geheimhaltung an und ging dabei so gründlich vor, daß die breite Öffentlichkeit fliegende Untertassen bis heute für einen Witz hält.

Lear weist darauf hin, daß die ersten Kontakte zwischen den
Aliens und unserer Regierung am 30. April 1964 auf dem Luftwaffenstützpunkt Holloman in New Mexico stattfanden. Dann
kommt er auf seinen wichtigsten Punkt zu sprechen:

> In der Phase von 1969 bis 1971 ... schloß die Regierung unter Mit-
> wirkung von Dr. Detlev Bronk, dem sechsten Präsidenten der
> Johns Hopkins University, mit diesen als EBEs (Extraterrestrial
> Biological Entities) bezeichneten Wesen ein Abkommen. Dieses
> »Abkommen« besagte, daß sie uns Technologie zur Verfügung
> stellten, während wir im Gegenzug die ständigen Entführungen
> ignorieren und die Informationen über Verstümmelungen von
> Vieh unterdrücken würden. Die EBEs versicherten Majestic 12,
> daß die Entführungen nichts weiter als eine ständige Überwachung
> sich entwickelnder Zivilisationen seien.

Dieser erste Teil von John Lears Aussage wimmelte vor Widersprüchen. Wenn es bereits im Zweiten Weltkrieg zu ersten Abstürzen kam, dann muß der Kontakt zu den Außerirdischen schon
lange vor dem Jahre 1964 aufgebaut worden sein. Es gibt in der
Geschichte unserer eigenen Technologie keine Beweise dafür,
daß wir Zugang zu irgendwelchen phantastischen Erfindungen
hatten, wie sie uns eine »um eine Milliarde Jahre weiter entwickelte Zivilisation« mit Sicherheit hätte liefern können. Und die
Außerirdischen hätten die Genehmigung Washingtons für irgend
etwas, das sie zu tun beabsichtigten, genauso nötig gebraucht wie
wir die Erlaubnis der Stammeshäuptlinge in Neuguinea, wenn wir
eine Staffel F-16-Maschinen über ihr Gebiet fliegen lassen.
Alle diese Widersprüche ignorierend, wiederholt John Lear die
Überzeugung des New Yorker Künstlers Budd Hopkins, daß der
Sinn der Entführungen in genetischen Experimenten zu sehen
sei, darunter »die Befruchtung menschlicher Frauen und die vor-
zeitige Beendigung von Schwangerschaften, um in den Besitz der
durch diese Kreuzung entstandenen Kinder zu kommen.«
Bis heute habe ich mich aus der Diskussion um solche Misch-
lingswesen herausgehalten, denn diese Hypothese ist wissen-

schaftlich so lächerlich, daß sie nicht einmal den Aufwand der Widerlegung wert ist. Sie offenbart einen traurigen Mangel an Informationen über den heutigen Wissensstand in Sachen Gentechnik, ganz zu schweigen von Entwicklungen, die für die nächsten zehn Jahre bereits abzusehen sind – Entwicklungen, in die bereits sehr viel Geld investiert worden ist. Die Vorstellung, daß jemand, der über eine hervorragende Molekularbiologie verfügt, nachts über dicht besiedelten Gebieten gefährliche Manöver durchführen muß, um amerikanische Frauen während des Eisprungs zu entführen, ist so ziemlich die verrückteste Annahme, die ich in den letzten dreißig Jahren als UFO-Forscher hörte. Warum sollten sie ein so großes Risiko eingehen, wenn ihre Technologie so unzuverlässig ist, daß es allein in den Vereinigten Staaten zu mehr als fünfzig Abstürzen kam?

Und diese Wesen sollen uns eine Milliarde Jahre voraus sein!

Die einzige Hypothese, die noch lächerlicher wirkt als die über Genmanipulationen an menschlichen Frauen ist Lears Annahme, die amerikanische Regierung hätte den Aliens die Erlaubnis gegeben, unser Vieh zu verstümmeln:

> Um sich zu ernähren, brauchen sie ein Enzym oder hormonhaltige Sekrete aus Gewebe, das sie Tieren und Menschen entnehmen. Kühe und Menschen sind einander genetisch ähnlich. Falls es zu einer großen Katastrophe kommt, könnte im Notfall das Blut von Kühen für Menschen benutzt werden.

Eine Zivilisation, die der unseren um Milliarden Jahre voraus sein soll, müßte doch fähig sein, etwas so Einfaches wie ein Enzym, das sie zum Überleben braucht, selbst herzustellen. Noch einfacher, sie sollte doch in der Lage sein, die angebliche genetische Erkrankung zu heilen, die ihr Verdauungssystem hat verkümmern lassen. Doch selbst wenn wir diese naheliegenden Gedanken beiseite schieben, bleibt der Einwand, daß die Aliens auf Land, das der Regierung selbst gehört, soviel Vieh bekommen könnten, wie sie nur wollen. Die Schlachthäuser in Chicago wären glücklich, wenn irgendeine Organisation bereit wäre, ihnen gegen Bezahlung Tausende tierischer Organe abzunehmen.

Meiner Meinung nach gibt es, wie die investigative Journalistin Linda Howe immer wieder bei ihren Ermittlungen nachwies, in Zusammenhang mit Verstümmelungen von Vieh tatsächlich ein bis heute nicht aufgeklärtes Geheimnis. Doch das Verwirrende an diesem Geheimnis ist gerade die Tatsache, daß es überhaupt nicht als verdeckte Operation angelegt ist. Ganz im Gegenteil *suchen die Übeltäter immer die Öffentlichkeit,* sie verzichten auf die leicht zu erbeutenden in der Wildnis grasenden Tiere und greifen absichtlich auf Kühe und Pferde in der Nähe von besiedelten Gebieten und auf kleinen Höfen zurück, wo sie mit Sicherheit öffentliches Aufsehen und den Zorn der privaten Besitzer erregen. Die Verstümmelungen sollen Angst erzeugen.

Beim Essen mit einem Freund, einem führenden Hämatologen, brachte ich vorsichtig Lears Behauptung zur Sprache, das Blut von Kühen könne in Notfällen auch für Transfusionen bei Menschen eingesetzt werden.

Er sah mich fragend und lächelnd an. Er sagte mir nicht offen ins Gesicht, daß es lächerlich sei; er drückte sich etwas vorsichtiger aus.

»Jacques, wenn das stimmt, dann muß ich mein Studium wiederholen.«

Ich drängte weiter. »Was würde denn passieren, wenn man eine solche Transfusion durchführt?«

»Der Patient würde sofort einen immunologischen Schock bekommen«, antwortete er ohne zu zögern.

»Der Patient würde sterben?«

»Binnen weniger Minuten.«

Soviel zu John Lears Behauptungen zu einer Angelegenheit, die für jeden überprüfbar ist, der sich etwas Mühe gibt. Ein Anruf bei der nächsten Blutbank hätte gereicht, um die Wahrheit ans Licht zu bringen. Was sagt dies über die Zuverlässigkeit sogenannter Recherchen in komplexeren Zusammenhängen?

Eine Firma namens Biopure hat sich auf die Extraktion von Hämoglobin aus dem Blut von Kühen spezialisiert, doch sie behauptet nicht, man könne reines Viehblut in menschliche Adern injizieren. Das Hämoglobin wird getrennt verarbeitet und als Ergänzung zur Bluttransfusion bei Menschen eingesetzt. Ein großes Problem, wenn man solche tierischen Produkte verwenden will, ist der Befall der Tiere durch eine Krankheit namens BSE (Bovine Spongiform Encephalopathy, Rinderseuche). Irgend jemand sollte die Aliens über BSE aufklären, ehe diese das Vieh fangen.

Außerdem steht die biologische Forschung auf der Erde kurz davor, verschiedene Ersatzstoffe für menschliches Blut auf den Markt zu bringen. Japan, der größte Blutimporteur der Welt, übernahm auf diesem Forschungsgebiet die führende Rolle, weil man sich seit einigen Jahren große Sorgen wegen möglicherweise mit dem HIV-Virus verseuchtem Blut macht. Zwei japanische Firmen, Ajinomoto und Fujirebio, haben sich zusammengetan, um einen Blutersatz auf den Markt zu bringen, der aus menschlichem Hämoglobin gewonnen wird. Müssen wir nicht annehmen, daß Aliens, die klug genug sind, um von einem fernen Planeten zu uns zu fliegen, auf diesem Gebiet genauso viel wissen wie wir?

John Lear läßt sich durch solche Überlegungen nicht beeindrucken. Er erfuhr, daß nach den Entführungen und Verstümmelungen

> die verschiedenen Körperteile in unterirdische Labors geschafft werden. Eins von ihnen befindet sich bekanntermaßen in der Nähe der Kleinstadt Dulce in New Mexico. Diese gemeinsam [von CIA und den Außerirdischen] betriebene Einrichtung ist dem Vernehmen nach riesengroß, sie hat hohe gekachelte Wände, die sich »bis in die Unendlichkeit« erstrecken. Zeugen berichteten von großen Gefäßen, gefüllt mit einer bernsteinfarbenen Flüssigkeit, in der Teile von menschlichen Körpern umgerührt wurden.

Als John Lear mich im Jahre 1989 eines Abends besuchte, wiederholte er diese Behauptungen sehr entschieden.

Es fällt schwer, John Lear nicht zu mögen und nicht von ihm beeindruckt zu sein. Er ist ein Meisterpilot, er ist auf der ganzen Welt geflogen, er hat Rekorde gebrochen und ist auf kaum bekannten Flugplätzen in haarsträubende Situationen gekommen. Bei einer der drei Gelegenheiten, bei denen die Golden Gate Bridge für den Verkehr gesperrt war, bekam John Lear die Erlaubnis, mit einer fast flugunfähigen zweimotorigen Maschine in dichtem Nebel drei Meter über dem Wasserspiegel unter der Brücke hindurch zum Flughafen von San Francisco zu fliegen. Er sagt, viele seiner Missionen, die ihn zu den seltsamsten Orten auf der Welt führten, habe er im Auftrag der Geheimdienstorganisationen der amerikanischen Regierung, vor allem der CIA, geflogen. John Lear mag sich irren oder schlecht informiert sein, sagte ich mir, als ich ihn über die Stützpunkte in New Mexico und über die kleinen grauen Wesen reden hörte, aber er ist kein Lügner und er ist sicher kein Schreibtischtäter. Er machte seine Erfahrungen in der wirklichen Welt. Und auch seine Kontakte sind vermutlich real.

»Haben Sie einmal selbst einen Alien gesehen?« fragte ich ihn.

»Nein, nicht mit eigenen Augen.«

»Woher wissen Sie dann, daß sie auf der Erde sind?«

»Einer meiner Informanten arbeitet auf dem Luftwaffenstützpunkt Nellis in der Area 51. Er hat einen gesehen.«

»Wie lautet sein Name?«

Er fuhr auf. »Das darf ich nicht sagen«, erwiderte er abwehrend. »Wir nennen ihn einfach Dennis.«

Lear weigerte sich, ein Treffen mit Dennis zu arrangieren, aber er drängte mich, seinen Forscherkollegen Bill Cooper kennenzulernen, der mir mehr über die Aliens sagen könnte. Als ich das nächste Mal nach Los Angeles fuhr, verabredete ich mich mit Cooper zum Essen.

Coopers Informationen

Bill Cooper und seine Freundin Annie trafen sich am 29. März 1989 wie verabredet um 19.00 Uhr mit mir auf der *Queen Mary.* Unser erster Kontakt war offen und ungezwungen. Bill ist ein großer Kerl mit fleischigem Gesicht und einer Narbe auf der rechten Seite der Stirn. Über die Nase zieht sich eine weitere Narbe, Erinnerungen an ein bewegtes und gefährliches Leben. Wir aßen im Chelsea, einem Fischrestaurant auf dem Schiff. Wir bestellten unsere Drinks und kamen sofort auf die Aliens zu sprechen. Wir zeichneten unser Gespräch nicht auf, und so gibt das, was gleich folgt, natürlich nur meine eigenen Erinnerungen wieder. Es ist keine wörtliche Wiedergabe und mag in manchen Details von Coopers Erinnerungen abweichen. Sollte dies der Fall sein, dann möchte ich mich schon im voraus bei ihm entschuldigen.

»Ich habe Ihr letztes Interview [im MUFON *Journal*] gelesen, in dem Sie sagen, Sie glauben nicht an MJ-12. Deshalb wundere ich mich, daß Sie mich dennoch sprechen wollten«, begann er.

»Ich gab das Interview, bevor ich John Lear kennenlernte«, erwiderte ich. »Aber ich kann Ihnen sagen, daß sich meine Haltung nicht grundlegend verändert hat. Ich glaube, daß es ein UFO-Phänomen gibt, das im herkömmlichen Sinne physischer Natur ist, doch es kann zugleich Zeit und Raum auf eine Weise manipulieren, die ich nicht verstehe; vielleicht gibt es Menschen, die es verstehen...«

»Allerdings«, erklärte er scheinheilig und sehr zuversichtlich, »aber fahren Sie fort.«

»Weiterhin glaube ich wie Sie, daß die amerikanische Regierung seit vielen Jahren das Phänomen untersucht. Das bedeutet aber nicht, daß MJ-12 real ist. Sobald die Geheimdienste sich einmischen, steht man in einem Spiegelkabinett, und wir befinden uns tatsächlich mittendrin. Außerdem habe ich mit Linda Howe und Fred Beckman gesprochen, die mir beide empfahlen, anzuhören, was John Lear zu sagen hätte. Er ist ein beeindruckender Bursche, und er wiederum sagte mir, ich solle mit Ihnen sprechen. Deshalb bin ich hier.«

Die Bedienung brachte unsere Drinks. Cooper und seine Begleiterin zündeten sich Zigaretten an, dann erzählte er mir seine Geschichte.

»Ich wurde im Rahmen meiner Tätigkeit für den Geheimdienst der Marine auf die UFO-Frage aufmerksam«, sagte er auf eine beiläufige Weise, die ich als offen und überzeugend empfand. »In den Jahren 1971 und 1972 wurde ich beauftragt, mehrere hochrangige Offiziere über den Inhalt gewisser Dokumente zu informieren, die man mir zuvor übergeben hatte. Diese Informationen hatten mit der Tatsache zu tun, daß das Militär eine Reihe von UFOs geborgen hatte und daß die Insassen mit unseren Wissenschaftlern zusammenarbeiteten. Wir haben einen Vertrag mit ihnen abgeschlossen –«

Ich unterbrach ihn, um mich zu vergewissern, ob ich ihn richtig verstanden hatte. »Das geht mir etwas zu schnell«, sagte ich. »Zuerst einmal, welche Position haben Sie bei der Marine bekleidet?«

»Ich arbeitete unter Admiral Clary und war Angehöriger des Informationsdienstes im Geheimdienst.«

»Waren die Dokumente als geheim eingestuft? Und wenn ja, wie war die Einstufung genau?«

»Sie waren als Top Secrec/S.I. eingestuft.«

»Waren sie mit einem Codewort versehen?«

»*Majic*, mit einem J, so lautete das Codewort. Aber das hat man inzwischen sicher verändert.«

»Wie lange dauerte die Einweisung und wo fand sie statt?«

»Es gab mehrere Einweisungen, die alle im Hauptquartier für Pazifikoperationen auf Hawaii stattfanden. Das Gebäude überblickt Pearl Harbor. Die erste Einweisung dauerte zweieinhalb Stunden und sollte eine allgemeine Zusammenfassung vermitteln. Danach gab es regelmäßig aktuelle Ergänzungen, wenn neue Informationen zur Verfügung standen.«

Admiral Clarey, Admiral Weisner und Admiral John McCain waren nach seinen Worten drei der Männer, denen er einen umfassenden mündlichen Bericht erstattete.

»Warum wurden diese Offiziere informiert?«

»Weil sie aufgrund ihrer Funktionen Bescheid wissen mußten. Einmal bestand die Möglichkeit, daß sie in Zukunft abgestürzte Untertassen bergen mußten. Zweitens hätten sie die UFOs irrtümlicherweise für sowjetische Angriffswaffen halten und das Feuer auf sie eröffnen können. Deshalb mußten sie über ihre Existenz Bescheid wissen.«

»Gab es Situationen, in denen die UFOs als echte Bedrohung aufgefaßt werden mußten?« fragte ich.

»Im Vietnamkrieg schoß ein UFO eine B-52 ab. In einigen Fällen wurden unsere Truppen von Fluggeräten angegriffen, die sie zunächst für Hubschrauber hielten. Damals gab es Spekulationen, die Russen wären auf der Seite der Nordvietnamesen in den Krieg eingetreten, deshalb nahm man die Angelegenheit sehr ernst.«

»Hat die Marine danach eine fliegende Untertasse geborgen?«

»Es gab einen Vorfall, bei dem ich sogar als Zeuge anwesend war, bei dem ein Fahrzeug geborgen wurde, das man später als sowjetisches U-Boot deklarierte. Ich war in der Kommandozentrale, als dies geschah, und ich kann Ihnen versichern, daß es real war.«

»Haben Sie selbst einmal einen Außerirdischen gesehen?« Das ist die Frage, die ich aufgrund meiner Erfahrungen jedem stelle, den ich in diesen Kreisen kennenlerne.

»Nein«, sagte Cooper offen.

»Haben Sie je ein Teil einer abgestürzten Untertasse gesehen?«

»Nein, aber ich kenne zwei Männer, die zur Bewachung abgestürzter Untertassen eingesetzt wurden. Mit ihnen habe ich gesprochen.«

»Haben Sie selbst einmal ein UFO gesehen?«

»Einmal, im Spätsommer 1966. Ich hatte Wachdienst auf einem U-Boot. Es war die USS Tiru, SS-416. Wir waren nach Seattle unterwegs, und zu dritt sahen wir eine Scheibe, so groß wie ein

61

Flugzeugträger, in vier Kilometern Entfernung auf der Backbord-seite aus dem Meer steigen. Sie stieg auf und verschwand in den Wolken, dann kam sie wieder herunter.«

»Wühlte sie das Meer auf?«

»Nein, eigentlich nicht. Das Wasser glitt darum herum, als gäbe es ein Kraftfeld.«

»Gab es schon vor 1971 Einweisungen für hochrangige Offi-ziere?«

»Anhand der Informationen in den Dokumenten würde ich dies bejahen. Aus den Texten ging hervor, daß das erste Geheimprojekt auf Anweisung von Eisenhower schon im Jahre 1953 eingerichtet wurde. Ike bat Rockefeller, ihm beim Aufbau einer Organisation zu helfen, die ohne Wissen der Geheimdienste oder des Kongres-ses eine Untersuchung durchführen konnte. Rockefeller richtete sie unter Leitung der Jasons ein, einer Gruppe hervorragender Denker. Die Einsatzgruppe bestand aus zwölf Männern, darunter Kissinger, Dulles, Brzezinski, George Bush und acht weitere, die unter der Operation Majority als die Leute von MJ-12 bekannt wurden.«

»Wo trafen sie sich?«

»An einem Ort, der ›Country Club‹ genannt wurde. Auf diese Weise konnten sie offen darüber sprechen, ohne irgend jemand etwas preiszugeben. Es war ein Stück Land in Maryland, das Nelson Rockefeller den Jasons zur Verfügung gestellt hatte. Es war nur aus der Luft zugänglich.«

»Und die Informationen, die geheim gehalten wurden, hatten vor allem mit UFOs zu tun?«

»Mit UFOs und mit den Außerirdischen. Es gibt vier Typen von Außerirdischen –«

Wir unterbrachen das Gespräch, als die Bedienung kam, um un-sere Bestellungen aufzunehmen. Ich war nicht sehr hungrig, und ich wollte sichergehen, daß ich nichts von Bills Erklärungen ver-paßte, auch wenn die meisten Dinge, die er sagte, sehr fragwürdig klangen.

»Es gibt vier Typen von Aliens«, fuhr Bill Cooper fort, nachdem die Kellnerin ihm einen zweiten Chivas gebracht hatte. »Es gibt zwei Arten von Grauen, darunter eine, die man nur selten sieht, die eine große Nase hat. Dann gibt es nordische Typen, große blonde Wesen, und schließlich die orangefarbenen.«

»Woher kommen die alle?«

»Ich kann mich erinnern, daß mehrere Ursprungsorte genannt wurden: Orion, die Plejaden, Betelgeuse, Barnards Stern und Zeta Reticuli.«

»Sie erwähnten einen Vertrag, den wir mit ihnen abgeschlossen hätten?«

»Seit 1964.«

»Warum sollten sie sich die Mühe machen, einen Vertrag mit uns zu schließen, wo doch ihre Technologie der unseren so weit voraus ist? John Lear sprach von einer Milliarde Jahren.«

»Sie brauchten die Regierung, um ihre Gegenwart geheim halten zu können. Vergessen Sie nicht, daß wir einen der Außerirdischen in Gewahrsam hatten. Unser Radar störte ihr Navigationssystem und brachte ihre Fluggeräte aus dem Gleichgewicht.«

Ich erzählte Bill nicht, daß ich den Nachmittag damit verbracht hatte, mich bei einer Firma, die elektronische Waffen herstellt, über neue Mikrowellensender zu informieren. Die im Orange County angesiedelte Firma stellte neben anderen militärischen Produkten auch einen Radarsimulator her. Die Vorstellung, daß unsere primitiven Radaranlagen beispielsweise schon 1949 mehrmals außerirdische Raumschiffe vom Himmel geholt hätten, war ausgesprochen lächerlich. Unsere eigenen Flugzeuge haben ein Gerät an Bord, das im elektronischen Kriegshandwerk als DER-FUM bezeichnet wird (»digital radio frequency modulator«, digitaler Funkfrequenzmodulator). Das Gerät ist kaum größer als ein Schuhkarton und hat die Fähigkeit, binnen Sekunden die Charakteristiken aller Quellen von elektromagnetischer Strahlung in der Umgebung aufzufangen, auf sie zu reagieren und wenn nötig sogar falsche Informationen zurückzusenden. Es ist schwer zu glauben, daß ein Raumschiff einer Zivilisation, die uns um eine Milliarde Jahre voraus ist, nicht ähnliche oder gar überlegene Fähigkeiten haben sollte.

»Wie werden die Schiffe angetrieben?« fragte ich.

»Mit einem kleinen Atomreaktor, der nicht größer als ein Fußball ist. Sie benutzen eine Raum-Zeit-Falte. Ich bin kein Physiker, ich verstehe das nicht. Anscheinend haben sie die Fähigkeit, sich einzuhüllen, damit sie unsichtbar werden.«

»Welches Material benutzen sie?«

»Früher benutzten sie reines Magnesium. Wir konnten es früher nicht duplizieren. Heute können wir es im Weltraum tun. Deshalb besteht so großes Interesse an der Züchtung von Kristallen im Weltraum. Sie benutzen Legierungen, die wir auf der Erde zwar herstellen können, die aber nicht die gleiche Geschmeidigkeit haben.« Abrupt wechselte er das Thema. »Kennen Sie einen Astronauten?«

Ich nannte ihm die Namen mehrerer Astronauten, die ich kennengelernt hatte.

»Fragen Sie irgendeinen der Apollo-Astronauten nach dem Mond. Was er dort sah. Auf der dunklen Rückseite des Mondes ist ein Stützpunkt der Außerirdischen.«

Ich wollte vermeiden, daß unser Gespräch weiter abirrte, deshalb sagte ich ihm nicht, daß die Rückseite des Mondes nicht dunkel ist.

»Was ist mit dem Außerirdischen geschehen, der gefangen wurde?« wollte ich wissen.

»Er starb 1952, nachdem er ein Jahr krank gewesen war. Die Regierung versuchte, ihn zu retten. Sie sendeten Botschaften in den Weltraum und baten seine Leute, zu kommen und ihm zu helfen. Die Folge davon war die Landung in Holloman am 25. April 1964, als ein weiterer Alien kam, um mit unseren Wissenschaftlern zusammenzuarbeiten. Er gab uns ungeheure Mengen an Informationen. Die Außerirdischen wollten um jeden Preis ihre Anwesenheit auf der Erde geheim halten. Wir stimmten dem zu und bekamen im Austausch ihre Technologie. Die Außerirdischen bekamen die Erlaubnis, Menschen zu entführen. Sie sagen, sie müßten dies aus medizinischen Gründen tun. Sie sollten MJ-12 eine Liste der Entführten geben. Nach und nach erkannten wir, daß sie uns anlogen.«

»Wo sind die Aliens jetzt?«

»In Area 51. Alle glauben, der Komplex stehe unter Kontrolle der Luftwaffe, weil er sich auf dem Luftwaffenstützpunkt Nellis in Nevada befindet. Aber in Wirklichkeit untersteht Area 51 der Marine. Die Marine kontrolliert alles, was in Zusammenhang mit diesem Projekt geschieht. Das schließt auch Area 2 ein, die ursprünglich als unterirdisches Lager für die Atomenergiekommission eingerichtet wurde.«

»Was ist mit Groom Lake?«

»Groom Lake ist Nellis, das ist ein und dasselbe. In Nellis gibt es eine Technikergruppe für die Aliens, eine zweite ist in Dulce in New Mexico in einem Indianerreservat.«

»Woher wissen wir, daß das wahr ist?«

»So stand es in den Dokumenten. Man fand heraus, daß es dort, wo sich der Stützpunkt befindet, eine starke magnetische Anomalität gibt. Vielleicht könnte man mit einem starken Radar sogar sehen, was sich unter der Erdoberfläche befindet. Angeblich soll alles von Tunneln durchzogen sein. Die Dokumente erklären, wie man dort hereinkommt und wo die Türen sind.«

»Ist es bewacht?«

»Nein, es ist nicht bewacht. Das würde nur Aufmerksamkeit erregen, dann müßte man erklären, was es ist. Aber sobald man drin ist, kommt man nicht mehr raus. Ich kann Sie hinbringen, wenn Sie wollen.«

Unser Essen kam, und Bill machte sich eifrig über seine gedünsteten Muscheln her. Ich hatte noch mehr Fragen. »Welches waren die beiden Dokumente, die Sie bei den Einweisungen benutzten? Können Sie sie beschreiben?«

»Das dickere war ein Buch, knapp zwei Zentimeter dick, das den Titel *Grudge/Blue Book Report Number 13* trug. Die Leute glauben, Blue Book sei der Luftwaffe unterstellt gewesen, aber das stimmt nicht. Blue Book war Grudge unterstellt, und dieses Projekt war der Luftwaffe zugeordnet. Es hatte mit Entführten und Implantaten zu tun.«

»Worum handelte es sich bei dem zweiten Dokument?«

»Es war ein Abriß über die Operation Majority, die auch Blue Book umfaßte.«

»Hat noch jemand anders diese Dokumente gesehen?«

»Ein gewisser Bill English, der sich in der Nähe von Albuquerque versteckt, hat das gleiche gesehen wie ich. Er fürchtet um sein Leben. Sie haben schon zweimal versucht, ihn umzubringen. Die Regierung hat einen Lieferwagen in die Luft gesprengt, in dem er mit zwei anderen Männern fuhr. Die beiden anderen sind gestorben, er hatte Glück, daß er davonkam. Der einzige Grund dafür, daß mir nichts passiert, ist der, daß ich mit Leuten rede. Ich gebe alle Informationen weiter, die ich habe. Sie müssen wissen, daß ich lange alles für mich behielt, weil ich glaubte, daß es im Interesse des Landes sei. Ich hatte sehr viel Pflichtgefühl. Das hat sich geändert. Es war alles falsch. Zu viele Leute sind deswegen getötet worden. Es ist völlig illegal, und wir wurden von den Aliens betrogen. Wir schweben heute in großer Gefahr.«

»Wie kam dieser andere Mann, dieser Bill English, an diese Dokumente heran?«

»Er war Captain bei einer Spezialtruppe der Armee. Als Informationsanalytiker wurde er einem britischen Stützpunkt zugeteilt. Die Dokumente kamen mit der normalen Post. Er sollte sie eigentlich nicht zu sehen bekommen, sie wurden nur fehlgeleitet. Deshalb warf man ihn hinaus und versuchte, ihn umzubringen. Er wurde lächerlich gemacht. Manche Leute sagten sogar, er hätte LSD genommen!«

»Was halten Sie von dem Dokumentarfilm *Cover-Up*, der von Seligman gedreht wurde?«

Cooper machte eine abfällige Geste. »Das war Teil eines Notfallplans, der bewußte Versuch der Regierung, die Leute zu verwirren. Vielleicht sollte ich das gar nicht sagen, aber einige der Beteiligten sind Informanten der Regierung.«

»Was war dann der Sinn des Dokumentarfilms?«

»Die Leute sollten auf eine falsche Spur gebracht werden. Alle Dokumente, die Moore über Majestic 12 vorlegte, waren offensichtlich gefälscht. Man tat es, um die Leute, die mit diesen Recherchen beschäftigt waren, in Mißkredit zu bringen. Die ganze Sache las sich wie ein Kapitel in seinem Buch über den Absturz in Roswell. Es war nichts Neues dabei. Die Bilder der Aliens stimmten nicht. Und Majestic 12 wurde *nicht* von Truman eingerichtet, wie sie da andeuten.«

»Glauben Sie wirklich, daß es so leicht ist, die Leute hinters Licht zu führen?«

»Die Wahrheit ist so unglaublich ... denken Sie nur an dieses wundervolle Schiff. Stellen Sie sich vor, die *Queen Mary* fährt an einer Insel vorbei, deren Bewohner noch in der Steinzeit leben ... was würden sie sagen? Ungefähr so ist unsere Lage in Hinblick auf außerirdische Raumschiffe.«

»Genau. Die *Queen Mary* würde sich nicht die Mühe machen, mit dem Häuptling jeder kleinen Insel einen Vertrag zu schließen. Wirklich, Bill, ich begreife nicht, warum die Aliens einen formalen Vertrag mit uns schließen müssen, obwohl sie uns so weit voraus sind. Es scheint mir, als könnten sie uns mühelos einfach ignorieren.«

»Sie mußten dafür sorgen, daß unsere Regierung der Öffentlichkeit unsere Existenz verschweigt.«

Auch das schien mir wieder ein offensichtlicher Widerspruch zu sein. Es gab Hunderttausende von UFO-Sichtungen, bei vollem Tageslicht bezeugt von zahlreichen Zeugen. Menschen wie ich schreiben Bücher darüber und versuchen, die besten Sichtungen zusammenzustellen und die Informationen weiterzutragen. Wenn sie nicht wollen, daß die Öffentlichkeit etwas erfährt, dann gehen sie es falsch an!

Ich brachte das Gespräch auf ein anderes Thema. Ich wollte etwas klären, das mir seit dem Treffen mit Lear im Kopf herumging. »Ich hörte von John und auch von Linda Howe, daß im Bericht 13 der Name Allen Hynek erwähnt wurde...?«

»Erwähnt?« fragte Cooper erstaunt. »Er war der Co-Autor dieses Berichts! Hynek war in die Untersuchung der Entführungen und Implantate voll integriert. Er sagte sogar, daß einer von vierzig Menschen entführt worden sei und ein Implantat erhalten habe. Natürlich wurden viel mehr Leute einfach so entführt. Das Beängstigende daran ist die Frage, was ist, wenn die Leute in der Regierung alle schon Implantate haben.«

»Ich kann nur sagen, daß ich Hynek sehr gut kenne. Was Sie da über ihn sagen, muß jemand, der den Charakter des Mannes kennt, sehr befremden.«

»Und ich kann Ihnen nur sagen, daß es so im Dokument stand«, erwiderte er trocken. »Hyneks Name stand auf der Titelseite, und drinnen waren Bilder von der Landung in Holloman, Fotos von Außerirdischen, Tabellen mit Autopsiedaten und Einzelheiten über das Projekt Redlight, wo wir versuchten, das Objekt zum Fliegen zu bringen, und über Projekt Snowbird, ein Tarnprojekt für Redlight, bei dem konventionelle Technologien eingesetzt wurden, und so weiter. Übrigens, wenn ihre Fluggeräte ausfallen, dann stürzen sie nicht einfach ab, sondern sinken in den Krater, nachdem sie den Boden zur Seite gedrückt haben.«

»Da sehe ich aber einen Widerspruch. Nach allem, was ich weiß, war Blue Book vor allem ein Public Relations-Projekt. In Wirklichkeit wurden dort überhaupt keine Fälle untersucht. Hynek hat sich oft darüber beklagt.«

»Es gab keine Untersuchungen, weil man bereits wußte, womit man es zu tun hatte. Aber sie mußten es noch der Öffentlichkeit erklären. Eins der Dokumente sagt eindeutig, daß die Fälle, die man nicht erklären kann, an Philip Klass weitergegeben werden sollten, der mit den Geheimdiensten unter einer Decke steckt. Sie wissen ja, die Dinge sind nie so wie sie scheinen.«

»Was, glauben Sie, ist der Sinn der Implantate?«

»Das weiß niemand. Wenn man versucht, sie zu entfernen, dann stirbt der Betreffende.«

»Warten Sie. Wenn das seit 1953 so geht, dann müssen viele der Menschen, die Implantate haben, inzwischen eines natürlichen Todes gestorben sein. Es wäre doch überhaupt kein Problem, das Implantat im Rahmen einer Autopsie zu entnehmen und zu untersuchen. Glauben Sie nicht, daß ein Pathologe es bemerken könnte, worauf er neugierig wird und es auseinandernimmt?«

Zum ersten Mal schien Bill Cooper keine vorgefaßte Antwort parat zu haben. Er wischte meine Frage einfach fort und wiederholte, daß niemand wüßte, welchen Sinn die Implantate hätten.

Ich lehnte mich zurück. »Bill, wenn das, was Sie mir da sagen, bewiesen werden kann, dann müssen wir alles, was wir bisher über das Problem wissen, in Frage stellen. Ich zweifle nicht daran, daß Sie glauben, was Sie mir erzählt haben, und wenn Sie sagen, daß Sie diesen Bericht 13 gesehen haben, dann will ich Ihrem Wort vertrauen. Aber die Tatsache, daß Hyneks Name dort auftaucht, bringt mich auf die Idee, daß die ganze Sache frei erfunden ist.«

Er antwortete einfach, daß er wirklich den Bericht gesehen habe und daß Hyneks Name tatsächlich auf dem Titelblatt gestanden habe.

»Was glauben Sie, sollten wir jetzt tun?« fragte ich.

»Die Informationen sollten so vielen Menschen wie möglich zugänglich gemacht werden.«

»Glauben Sie, daß der Präsident eingeweiht ist?«

»Ja, Bush muß es als früherer Angehöriger von MJ-12 wissen. Die Präsidenten vor ihm erfuhren nur, was die Gruppe die Präsidenten wissen lassen wollten. Sie wollten nicht riskieren, daß der Präsident unversehens in einer Pressekonferenz damit herausplatzte. Verstehen Sie es nicht? Wenn die Informationen freigegeben worden wären, dann wären sämtliche Geheimdienste zusammengebrochen. Niemand hätte diesen Leuten je wieder vertraut. Wie Sie wissen, hat Reagan alle Informationen über UFOs als geheim eingestuft. Niemand, der in irgendeiner Weise für die Regierung arbeitet, darf über das Thema sprechen. Selbst die nicht, die an nicht geheimen Dingen arbeiten.«

Ich glaube, auf diese ungeheuerliche Behauptung reagierte ich etwas ärgerlich. »Das kann doch nicht Ihr Ernst sein! Erstens würde es den ersten Verfassungszusatz verletzen. Zweitens würde niemand einem solchen Befehl gehorchen. Die Regierung hat noch nicht einmal definiert, was ein UFO überhaupt ist! Es wäre, als wollten Sie mich bitten, geheim zu halten, was wir heute gegessen haben oder was wir gesprochen haben. Sie könnten mich nicht zwingen, mich Ihnen zu fügen. Ich habe mich nicht vorher dazu bereiterklärt. Und außerdem gibt es noch andere Leute, die wissen, was wir heute gegessen haben. Deshalb ist es nicht geheim zu halten, selbst wenn ich dazu bereit wäre!«

Er schüttelte den Kopf und beharrte störrisch auf seiner Meinung. Er wiederholte, Reagan habe angeordnet, daß niemand, der in irgendeiner Weise für die amerikanische Regierung arbeitete, etwas über UFOs sagen dürfe. Diese Behauptung schien offensichtlich absurd, und ich fühlte mich nicht wohl, als Bill Cooper so nachdrücklich darauf beharrte.

Ich wechselte das Thema, nachdem er einen dritten Chivas bestellt hatte. »Lassen Sie uns über die Aliens reden. Warum kommen sie überhaupt her?«

»Ein Dokument über das Projekt Aquarius behandelt die Geschichte der Außerirdischen und ihrer Wechselwirkung mit dem Homo Sapiens während der letzten fünfundzwanzigtausend Jahre. Diese Wechselwirkung kulminierte in der baskischen Kultur und den Assyrern. Doch das Projekt Aquarius wurde eingestellt.«

Ich hatte inzwischen das Gefühl, eine drittklassige Science Fiction-Geschichte zu hören, abgesehen von der Tatsache, daß der Mann, der vor mir saß, sie offenbar glaubte. Ich dagegen hatte diesen Film schon einige hundert Mal gesehen.

»Ihr Planet hat sich nach einem Krieg mit einer anderen Rasse in eine Wüste verwandelt. Sie wurden ausgelöscht, sie stehen vor

70

dem Aussterben, ihr Verdauungssystem ist degeneriert. Sie kommen her, weil sie neues genetisches Material brauchen.«

»Das ist doch Unfug«, widersprach ich.

»Die Regierung glaubt es.«

»Wie lange leben die Außerirdischen?«

»Sie erzählten uns, daß sie vierhundertfünfzig Jahre alt werden. Der lebendige Alien, der nach dem Vorfall von Holloman auf der Erde blieb, hieß Krll. Er gab uns viele Informationen, wissenschaftliche Daten, von denen einige nach entsprechender Aufbereitung unter dem Namen O. H. Krill in der frei zugänglichen wissenschaftlichen Literatur veröffentlicht wurden. Sehr fortschrittliche Gedanken. Krill lebt noch.«

Ich sagte Cooper, daß ich Mühe mit der Vorstellung habe, daß die Außerirdischen von einem anderen Stern zufällig genauso aussahen wie wir, daß sie genau die gleichen Organe oder zumindest eine sehr ähnliche Anatomie haben sollten, und daß sie sich so gut in unsere Kultur einfügen konnten. Er sah in dieser Hinsicht kein Problem.

»Wir wissen eine Menge über ihre Biologie«, sagte er achselzuckend. »Sie sind Luftatmer wie wir, nur das Herz ist mit den Lungen zu einem einzigen Organ verschmolzen. Ihr Verdauungssystem ist degeneriert. Ihr Stoffwechsel beruht auf Chlorophyll – wie bei Pflanzen, wenn Sie so wollen. Sie nehmen Nahrung durch die Haut auf, und sie wickeln ihre Ausscheidungen ebenfalls über die Haut ab.«

In jedem Lehrbuch über die menschliche Physiologie wird die *Haut* auch unter dem Oberbegriff *Ausscheidungsorgane* aufgeführt. Das war nichts Neues.

»Was ist mit ihrem Gehirn?« fragte ich.

»Sie haben zwei Gehirne, die durch eine Knochenschicht voneinander getrennt sind, die jedoch in den gleichen Rückenmarkskanal münden.«

»Kennen Sie einen Arzt, der sich um die Aliens kümmerte oder sogar eine Autopsie durchführte?«

71

»Da wäre Dr. Guillermo Mendoza«, sagte Bill ohne zu zögern. »Er pflegte den Alien, der schließlich starb. Er war Biologe, kein Mediziner. Übrigens, sie gaben dem Alien Eiskreme, die er durch eine Membran im Mund in kleinen Mengen aufnehmen konnte. Erdbeereis mochte er besonders gern. Und er liebte tibetische Musik. Dieser Teil von Seligmans *Cover-Up* entsprach der Wahrheit.«

»Wie verständigen sie sich?«

»Untereinander verständigen sie sich telepathisch. Im Umgang mit uns benutzen sie ein Übersetzungsgerät. Als sie hier ankamen, nahmen sie mit unseren Wissenschaftlern mit Hilfe eines Binärcodes Kontakt auf.«

Bis zu diesem Punkt war die Unterhaltung auf einer sachlichen, wenn auch recht spekulativen Ebene geblieben. Ich hatte es mir verkniffen, auf die zahlreichen Widersprüche hinzuweisen. Sobald die wichtigsten Fragen beantwortet waren und die Kellnerin den Kaffee gebracht hatte, sprach Cooper in vertraulichem Tonfall weiter.

»Wissen Sie«, sagte er, »ich bin kein religiöser Mensch. Aber wenn Sie in die Bibel sehen ... die Engel könnten den nordischen Typen entsprechen, und die Grauen könnten die Dämonen sein. Schließlich ist in der Bibel von einem Pakt mit dem Teufel die Rede, nachdem Israel wieder erstanden ist. Das soll dann zu Harmagedon führen.«

»Was sagen die Aliens dazu?«

»Bei den Informationen, die sie uns gaben, handelte es sich nicht ausschließlich um wissenschaftliche Daten. Sie behaupteten, sie hätten großen Einfluß auf unsere Religionen gehabt. Sie sprachen über Hexerei und Kulte auf der Erde.«

»Was wollen Sie nun mit all dem tun?«

»Ich versuche, die Informationen zu verbreiten. Ich habe meinen Job gekündigt. Zunächst einmal organisiere ich in Anaheim ein Symposion. Den Gewinn will ich benutzen, um eine Belohnung für jeden auszuschreiben, der bereit ist, zu offenbaren, was er weiß. Dann will ich mit dem Symposion in alle wichtigen Städte gehen.«

Bill bot mir an, mich nach Dulce zu bringen und mich in die Höhle der Außerirdischen zu führen. Ich erzählte ihm, daß ich nicht mitkommen würde. Er kicherte und sagte mit einem verärgerten Lachen: »Sehen Sie, das ist das Problem mit euch Wissenschaftlern. Die Leute wollen alles wissen, aber wenn sie die Gelegenheit bekommen, es selbst zu überprüfen, dann sind sie nicht bereit.«

»Vielleicht bin ich ein dummer Wissenschaftler«, konterte ich, »aber wenn Sie mir sagen, ich solle einfach vom Empire State Building springen und brauchte keine Angst zu haben, weil Sie eine fliegende Untertasse schicken, die mich im letzten Moment mit einem Antischwerkraftstrahl rettet, dann würde ich es auch nicht tun, Bill. Wer weiß, was im Innern dieser Höhle in Dulce ist? Nach allem, was man weiß, ist es ein aufgegebener Lagerplatz der Regierung für radioaktive Stoffe. Ich wäre dort binnen fünf Minuten gebraten.«

Wir standen auf und gingen zum Aufzug. Ich sagte Cooper, für mich sei unsere Unterhaltung wichtig gewesen, weil ich nun wieder von Anfang an beginnen müsse, das UFO-Phänomen zu verstehen. Doch als er ging, schien er enttäuscht von mir und auch mißtrauisch, weil ich nicht den absoluten, bedingungslosen Enthusiasmus gezeigt hatte, den er offenbar erwartet hatte.

Wie ich beschuldigt wurde, an der Verschwörung beteiligt zu sein

Nach unserem Abendessen hörte ich nur noch einmal von Bill Cooper.

Eines Abends im Juni 1989 rief er mich an. Jemand hatte ihm erzählt, daß ich auf einer Veranstaltung über Forschungen sprechen würde, die ich in Brasilien in Zusammenhang mit »menschlichen

Verstümmelungen durch Einwirkung von UFOs« durchgeführt hätte. Ich mußte laut lachen, als ich es hörte.

Im Laufe der Jahre gab es über meine Aktivitäten oder Aussagen immer wieder einmal frei erfundene Gerüchte. Meist sind sie eher amüsant als ärgerlich. In einer Besprechung meines Buches *Dimensionen* verwechselte mich beispielsweise die *Cambridge News* in England mit Whitley Strieber (der das Vorwort geschrieben hatte) und behauptete, ich sei von den Insassen fliegender Untertassen entführt und untersucht worden! Offenbar hatte der Reporter als Vorbereitung auf seine Rezension nur den Einband gelesen. Eine Zeitung in Mexiko wollte ihren Lesern einreden, ich hätte behauptet, als das Space Shuttle Challenger 1986 explodierte, seien UFOs darum herumgeflogen. Der Gipfel der Dummheit wurde 1990 erreicht, als jemand innerhalb von MUFON das Gerücht in Umlauf brachte, ich sei auf geheimnisvolle Weise in ein Auto teleportiert worden, das der parapsychologische Forscher Ray Stanford fuhr! Die Liste dieser albernen Erfindungen ist viel zu lang, um sie hier vollständig wiederzugeben. Meist führe ich diese albernen Erfindungen auf die Nachlässigkeit fauler Journalisten zurück, die es versäumten, ihre Quellen zu überprüfen. Mit solchen Verwirrspielen muß jeder Autor rechnen, besonders wenn er sich mit einem umstrittenen Gebiet beschäftigt. Doch nun hatte ich es mit Bill Cooper zu tun, nach eigenem Bekunden ein ernsthafter Forscher, der versuchte, die größte Verschwörung der Geschichte aufzudecken und der allen Ernstes ganz ähnlichen Unfug zitierte.

»Ich weiß nicht, woher Sie das haben«, sagte ich. »Es trifft zu, daß ich über unsere Forschungen in Brasilien sprechen will. Wir haben die *Verletzungen,* nicht Verstümmelungen von UFO-Zeugen untersucht. In zwei Fällen sind die Zeugen gestorben, doch nachdem wir mit Menschen sprachen, die Zeugen der Todesfälle waren, kamen wir zu der Überzeugung, daß die Betroffenen an Herzversagen starben. Wir untersuchten außerdem Fälle, in denen nach Angaben amerikanischer Blätter alles Blut aus den

Körpern gezogen worden war. Wir fanden jedoch keine Beweise für diese Behauptung.«

Es war Zeitverschwendung.

»Wollen Sie nun die Wahrheit herausfinden«, fragte Cooper in anklagendem Ton wie ein Staatsanwalt, »oder wollen Sie die Wahrheit verschleiern?«

»Ich würde nicht auf eigene Kosten nach Brasilien reisen«, entgegnete ich, »wenn ich nicht die Absicht hätte, die Wahrheit herauszufinden.« So langsam wurde ich ärgerlich. Schließlich war ich im Gegensatz zu Bill dreimal dort gewesen. Sollte er doch ein Ticket nach Manaus kaufen und meine Arbeit überprüfen, dachte ich.

Cooper schlug noch einmal zu. »Wir glauben nicht, daß Sie auf eigene Kosten gefahren sind. Wir wissen, für wen Sie arbeiten...«

Es war das erste Mal in meinem Leben, daß ich ein Telefonat dadurch beendete, daß ich einfach auflegte. Nachdem ich Cooper auf diese Weise das Wort abgeschnitten hatte, wurde mir klar, daß ich vom einfachen Forscher, der sich nach Kräften bemühte, das UFO-Geheimnis zu verstehen, zu einem Mittäter der Verschwörung befördert worden war, zu einem, der zur »schrecklichen Wahrheit« beigetragen hatte.

Funktioniert so diese Maschinerie aus Mythen und Phantasien? fragte ich mich mit einem bitteren Geschmack im Mund. Wurden die Legenden über MJ-12 und Area 51 von einigen Leuten wie Cooper zurechtgeschneidert, die alles, was sie hörten, jedes Wort und jede Andeutung, aus dem Zusammenhang rissen? Oder wurden sie durch reale Erfahrungen ihres Lebens in solche Verzweiflung getrieben? Ich war der Meinung, mich nicht weiter mit dieser Frage befassen zu müssen. Ich rief John Lear an, den ich inzwischen sehr respektierte, und sagte ihm, ich wolle nie wieder mit seinem Freund Cooper sprechen.

Doch in gewisser Weise hatte Cooper schon recht: Mein unglückliches Essen mit ihm auf der *Queen Mary* hatte mich wieder ganz an den Anfang zurückgeworfen.

Die Bennewitz-Affäre

Anfang der achtziger Jahre begann die Geschichte von Paul Bennewitz die Runde zu machen, zuerst hinter vorgehaltener Hand unter den Forschern, die sich mit dem UFO-Phänomen beschäftigten. Bennewitz ist ein geachteter Physiker, der in der Nähe des Luftwaffenstützpunktes Kirtland eine kleine Elektronikfirma leitet. Er liefert unter anderem Geräte, die Feuchtigkeit aufspüren können, an die Luftwaffe. Als eifriger UFO-Forscher soll er angeblich mit einer Frau in Kontakt gekommen sein, die nach eigenem Bekunden eine Begegnung erlebt hatte. Mit Hilfe einer sehr fragwürdigen Methode, die leider heute zum Standardverfahren der UFO-Forschung gehört, wurde die Zeugin dreimal von Dr. Leo Sprinkle hypnotisiert, weil man »die Wahrheit« herausfinden wollte.

Bennewitz erklärte, die Frau glaubte, sie sei im Laufe der Sichtung von den Außerirdischen entführt worden. Man hatte sie in einen unterirdischen Stützpunkt geführt und ihr mit Flüssigkeiten gefüllte Gefäße gezeigt, in denen menschliches Fleisch schwebte. (Vielleicht eingelagert für ein Festessen der Außerirdischen?) Sie erfuhr, daß die Aliens, die kleinen Grauen, dort zusammen mit amerikanischen Wissenschaftlern lebten, und daß die geheimen Experimente direkt unter der Wüste New Mexikos durchgeführt würden. Ich möchte den Leser daran erinnern, daß dies alles in einer Trance herauskam, die von einem Hypnotiseur eingeleitet wurde, der seinerseits glaubt, er sei selbst von Außerirdischen entführt worden und habe in deren Auftrag eine Mission zu erfüllen.

Weil er feststellen wollte, ob die Zeugin irgendwie durch äußere Kräfte beeinflußt wurde, soll Bennewitz dann ein elektronisches Gerät gebaut haben, das tatsächlich seltsame Signale auffing. Er war überzeugt, daß diese Signale der Verständigung zwischen UFO-Piloten und Geheimagenten in Kirtland dienten. In New Mexiko fand er verbrannte Stellen und verdächtige Gegenstände an verschiedenen Orten, an denen seiner Ansicht nach UFOs abgestürzt waren.

Im Laufe der Jahre wurden Bennewitz' Ansichten immer extremer. Er wurde häufig von UFO-Forschern, unter ihnen auch John Lear, Jim McCampbell, Bill Moore, Linda Howe und viele andere, aufgesucht. Er erzählte ihnen, er habe mit eigenen Augen UFOs gesehen, die aus dem Himmel herabstießen, um in der Umgebung von Albuquerque Autofahrer zu entführen. Dieses Thema entwickelte sich bei ihm zur fixen Idee.

Auf der MUFON-Konferenz im Juli 1989 in Las Vegas und in privaten Gesprächen mit mir bestätigte Bill Moore, was ich oben sagte, und stellte die sensationelle Behauptung auf, der Fall Paul Bennewitz sei ein Teil einer bewußten Desinformationskampagne der Regierung. Der Physiker, meinte Moore, sei unbeabsichtigt tatsächlich auf ein Signal gestoßen, das während eines geheimen Experiments der Luftwaffe ausgestrahlt wurde, das aber mit UFOs überhaupt nichts zu tun hatte. Er bekam Besuch von Sicherheitsoffizieren, die ihn dazu bringen wollten, seine Geräte abzubauen und aufzuhören, ihre elektromagnetischen Versuche zu überwachen. Je mehr sie ihn drängten, desto mehr wuchs natürlich Bennewitz' Überzeugung, daß sie etwas zu verbergen hatten (was ja richtig war), und daß es mit UFOs zu tun hatte (was nicht zutraf). Er weigerte sich.

Wie Bill Moore dann öffentlich und privat weiter ausführte, beschlossen die Sicherheitsleute von OSI, mit Bennewitz' Phantasie zu spielen und ihn an der Nase herumzuführen. Sie setzten Bill Moore ein, der bereitwillig mittat, um ihn zu überzeugen, daß die völlig normalen Hubschrauber, die am Stadtrand von Albuquerque nachts für eine Rettungsaktion trainierten, in Wirklichkeit fliegende Untertassen seien, die herabstießen, um ahnungslose Menschen zu entführen. Sie nährten seine Überzeugung, daß alle seltsamen Vorfälle in der Nähe des Stützpunktes auf die Intervention von Außerirdischen zurückgingen. Damit wurde er als Informationsquelle für ihre Experimente unglaubwürdig.

Einige dieser Enthüllungen Moores wurden in Las Vegas vom Publikum mit wütenden Rufen quittiert. »Was ist mit der Verfassung?« rief ein Mann neben mir. »Wer gibt Ihnen das Recht, einen Mann so hereinzulegen?« Eine Frau stand einfach auf und ging empört hinaus.

Es ist nicht meine Aufgabe, das Verhalten der Menschen zu beurteilen, die behaupten, das Paranormale ernsthaft erforschen zu wollen und die sich bereitwillig an solchen Spielen beteiligen, wie es Bill Moore tat. Wenn die Luftwaffe oder irgendeine andere Regierungsbehörde ihre Agenten veranlaßt, sich auf diese Weise zu verhalten, dann ist das Ergebnis ein Skandal vom Ausmaß der Desinformations- und Manipulationsstrategien der sechziger und siebziger Jahre, die im Cointelpro des FBI und dem MK-Ultra der CIA ihren Höhepunkt fanden – dunkle Punkte in der amerikanischen Geschichte. Während dieser Projekte wurden die Bürger der USA und anderer Länder, vor allem Kanadas, bewußt mit Falschinformationen versorgt, mit anonymen Briefen, die alle nur denkbaren rassistischen und sexuellen Vorurteile nutzten, um sie zu diskreditieren, oder man griff zu gefährlichen Drogen, die den Menschen ihren Willen nahmen und sie manchmal sogar umbrachten. MK-Ultra wurde in Gerichtsverhandlungen und durch Bücher bekannt, doch der Skandal in Zusammenhang mit der Manipulation der UFO-Gläubigen wurde bisher überhaupt noch nicht dokumentiert.

Dies ist wirklich sehr ernst, denn Paul Bennewitz ist nicht der einzige namhafte Wissenschaftler, der unter solchen Gerüchten zu leiden hatte. Im Laufe der Jahre konnte ich mehrmals beobachten, wie sich die Einstellung vieler wissenschaftlicher Kollegen, die ihre Energien einst ernsthaft der UFO-Forschung gewidmet hatten, radikal veränderte. Viele von ihnen, entmutigt angesichts der absurden Praxis, Entführte ohne Schutzmaßnahmen zu hypnotisieren, und entmutigt angesichts der frei erfundenen Behauptungen über abgestürzte UFOs, haben ihre Forschungen einfach aufgegeben. Ich kann ihnen wirklich keinen Vorwurf machen.

Doch bevor ich mich auch aus dem Feld zurückziehe, will ich noch einige Fakten zu Protokoll geben, um denen zu helfen, die die Arbeit weiterführen, und ich will einige unangenehme Fragen stellen.

Irgend etwas paßt hier nicht zusammen.

Warum sollte jemand in Washington eine Desinformationskampagne starten, wenn das einzige Resultat die Verwirrung der UFO-Forscher ist, einer sehr kleinen Gruppe also, die auf die breite Öffentlichkeit keinen großen Einfluß hat? Oder müssen wir Schlimmeres vermuten? Haben John Lear und Bill Cooper recht, wenn sie behaupten, daß die Wahrheit noch viel schrecklicher sei, als wir uns vorstellen können, haben sie selbst dann recht, wenn sie sich in bezug auf Fakten und Motive irren?

Die Geschichte, die John Lear erzählte, entwickelte sich direkt aus dem Bennewitz-Fall, der seinerseits, wie wir heute wissen, auf Sprinkles fragwürdiger Hypnose eines einzigen Zeugen beruhte, über die Maßen verstärkt durch Moores Desinformationspolitik. Bill Cooper konnte Dr. Mendoza nicht auftreiben, und er behauptet in seinen öffentlichen Auftritten nach wie vor, daß der Mond eine dunkle Rückseite habe.

Meine Kollegen haben ein Dutzend großer Datenbanken durchforstet und alles untersucht, was in den letzten zwanzig Jahren auf verschiedenen Gebieten, von der Chemie über die Ingenieurwissenschaften bis hin zur Biologie und der theoretischen Physik veröffentlicht wurde. In keiner wissenschaftlichen Publikation und in keinem wichtigen Nachschlagewerk taucht der Name Crill oder Krill auf. Auch hier wurde wieder überprüft, was überprüfbar war, und die Spur verlief im Sande.

Bill English hält sich keineswegs in Albuquerque versteckt, um nicht ermordet zu werden. Ganz im Gegenteil trat er auf der Konferenz in Las Vegas vor einigen hundert Menschen auf. Er schien gelöst und diskutierte brillant mit dem Erzskeptiker Philip Klass. Er erzählte, daß er mit niedrigem Dienstgrad im Geheimdienst gearbeitet habe und gebeten wurde, die Wahrscheinlichkeit dafür zu untersuchen, daß gewisse als geheim eingestufte Berichte der Wahrheit entsprachen. In diesem Zusammenhang will er eben den Bericht 13 gesehen haben, den Bill Cooper analysieren sollte. Ich sprach auf der Konferenz in Las Vegas mit Bill English, und ich persönlich schenke ihm Glauben. Vielleicht hat er wirklich einen solchen Bericht gesehen, genau wie Cooper. Wenn dies zutrifft, dann könnte es ebenso gut auch ein Test für ihr Urteilsvermögen und für ihre Fähigkeiten als Analytiker von Geheimdienstberichten gewesen sein. Lächerlich am Bericht 13 ist vor allem, daß Hyneks Name neben Fotos und Berichten von Autopsien von Außerirdischen stand und daß in Zusammenhang mit UFO-Landungen von *nahen Begegnungen* die Rede war. Der Co-Autor des Berichts war Colonel Friend.

Als ehemaliger enger Mitarbeiter Hyneks kann ich dem Leser versichern, daß er, was die Existenz abgestürzter Untertassen anging, äußerst skeptisch war. Noch skeptischer war er in Hinblick auf die angeblichen Aliens. Er traf sich mehrmals mit einem Mann namens Leonard Stringfield, der behauptete, viele Informanten für solche Berichte zu kennen, der sich aber beharrlich weigerte, die Namen preiszugeben oder ein persönliches Gespräch zwischen ihnen und Hynek zu arrangieren. Von solchen Treffen kam Hynek stets äußerst frustriert zurück. Mein Freund Fred Beckman, der Hynek ebenfalls gut kannte, erinnerte mich daran, daß Hynek erst in den siebziger Jahren den Begriff *nahe Begegnung* prägte. Im übrigen war »Colonel« Friend, als er das Projekt Blue Book leitete, höchstens Major.

Bericht 13 ist ein schändliches Machwerk. Doch es bleibt eine wichtige Frage. Wenn man annimmt, daß alle Geschichten über Außerirdische, über MJ-12 und abgestürzte Untertassen reine Täuschungsmanöver sind, dann müssen wir uns fragen, ob wir es einfach mit einer plötzlichen Epidemie eigenartiger Überzeugungen unter übermäßig phantasiebegabten Amateurforschern zu tun haben, die angesichts der mangelnden Fortschritte auf ihrem Gebiete völlig frustriert sind, oder ob hier üble Kräfte am Werke sind, die aus ganz eigenen Motiven diese Forscher benutzen, um frei erfundene Daten gezielt zu verbreiten?

Eine Reise ins Traumland

Wenn Sie einen Zug nicht zum Halten bringen können, gibt es noch eine zweite Möglichkeit: Sie können die Lok weiter beschleunigen, bis sie überdreht und aus den Schienen springt. Griff man zu dieser Maßnahme, um die UFO-Forscher zu bändigen, als klar wurde, daß Zensur und Vertuschung nichts fruchteten? War dies der Grund für das Durchsickern falscher Enthüllungen, für die vorsätzliche Ermunterung eines falschen Glaubens an abgestürzte Untertassen, Autopsien von Außerirdischen und an die kleinen Grauen?

Geheimdienste und ihre Mitarbeiter, die das UFO-Problem im Auge behalten, haben gegenüber uns normalen Menschen einen unfairen Vorteil: Sie können im Namen der nationalen Sicherheit viele Gesetze einfach ignorieren, sie haben Zugang zu empfindlichen Meßgeräten und großen Datenbanken, und sie scheren sich kaum um den Schutz der Privatsphäre. Sie können Informantennetze einsetzen, um Gerüchte aufzuschnappen, und sie können Provokateure beauftragen, falsche Gerüchte auszustreuen. Sie können unabhängige Forscher für Wochen oder Monate auf eine Schnitzeljagd schicken.

Trotz dieses unfairen Vorteils leiden die Geheimdienste andererseits an gewissen Voreingenommenheiten und Schwächen, die sie für den zynischen Außenseiter angreifbar machen: Oft werden sie von ihrer eigenen professionellen Arroganz und vom Stolz geblendet, gewisse Dinge zu wissen, von denen sie fälschlicherweise annehmen, daß niemand sonst sie weiß oder vermutet. Sie vergessen oft, daß ein großer Teil der Informationen, über die sie so eifersüchtig wachen, ursprünglich aus der richtigen Welt stammt. Meist sind diese Informationen für jeden zugänglich, der sich die

Mühe macht, den Dingen mit Hilfe unabhängiger, objektiver Quellen nachzugehen.

Die geheimnisvollen Objekte, die am Groom Lake gefilmt wurden, sind ein schönes Beispiel. Eine Finanzanalyse der Firma Lockheed, die am 16. Mai 1990 von den Wirtschaftsberatern Bateman, Eichler, Hill und Richards herausgegeben wurde, weiß über »Skunk Works« folgendes zu sagen:

> Trotz der Entfernung der SR-17 [ein Spionageflugzeug] aus der Luftwaffe und der noch nicht vollzogenen Fertigstellung der Produktionsanlagen für den F-117A Stealth Fighter sind die Verkäufe relativ stabil geblieben... wir nehmen an, daß ein großer Teil der Rückgänge durch *Aurora* wieder aufgefangen wurde.

Die fraglichen Mittel stiegen von 25 Millionen Dollar im Jahre 1987 auf 150 Millionen Dollar im Jahre 1988, auf 325 Millionen im Jahre 1989 und *auf eine halbe Milliarde Dollar im Jahre 1990.* Es mußte also um ein größeres technisches Projekt gehen.

Was ist Aurora? Einen Teil der Antwort finden wir in der Februarausgabe von *Interavia,* wo der Experte Bill Sweetman berichtet, daß *ein radikal neues Flugzeug, möglicherweise unbemannt, in Groom Lake getestet wurde.* Er spekulierte, daß es mit Hilfe von Raketentriebwerken sechsfache Schallgeschwindigkeit erreichen könne.

Wurden die Gerüchte über fliegende Untertassen in der Area 51 absichtlich vom Militär in Umlauf gesetzt, um jeden in Mißkredit zu bringen, der die seltsamen Manöver dieses fortschrittlichen Flugzeuges beobachtete und über sie berichtete, wenn man die Tests schon nicht wirksam vor den Bewohnern der Gegend verbergen konnte? Die Leute, die behaupteten, sie hätten »die Vertuschung aufgedeckt« – wie Moore, Condor und Falcon, Lear und »Dennis« – waren möglicherweise nur Marionetten. Vielleicht waren sie nichts weiter als ein kleiner Bestandteil der wirklichen Vertuschung. Das Motiv scheint klar: Der Schutz einer Investition von einer halben Milliarde Dollar pro Jahr in ein völlig neues

Spionageflugzeug. Die ganze Sache hat möglicherweise nicht das geringste mit dem UFO-Problem und dem Interesse der Regierung an diesem Phänomen zu tun.

Sieben Trugschlüsse

Die Geheimdienste vergessen gern, daß die Daten, die sie als geheim einstufen oder zensieren, zuvor als bewußter Gedanke im Kopf eines Menschen existiert haben müssen. Dies gilt ganz besonders für UFO-Daten. Jeder, der unabhängig denken kann, ist in der Lage, ihnen nachzuspüren, sie zu recherchieren und zu verifizieren. Das Schlüsselwort ist hier jedoch das Wort *unabhängig*: Wirklich unabhängige Ermittlungen erfordern die achtsame Berücksichtigung und Vermeidung einiger tödlicher Fallgruben, in die man während der Bewertung tappen kann. Ich will diesen Abschnitt des Buches deshalb mit einer Definition der sieben gefährlichsten Trugschlüsse beenden, die allzuleicht unser Denken auf die falsche Bahn lenken.

Erster Trugschluß: Die Übertragung des Unglaublichen

Jeder kann diesen Fehler begehen. Es funktioniert so: Irgend jemand stellt eine ausgesprochen verrückte Behauptung auf, die wir als (A) bezeichnen wollen. (A) könnte zum Beispiel lauten: »Ich stehe mit einer außerirdischen Zivilisation in Kontakt.« Aufgefordert, diese Behauptung zu beweisen, greift der Betreffende zu einer zweiten, ebenfalls sehr seltsamen Behauptung, die wir (B) nennen wollen. Er könnte beispielsweise sagen: »Sie haben mir die Macht gegeben, mit meinen Gedanken Löffel zu verbiegen.«
Natürlich wird man die zweite Behauptung hinterfragen wollen und in etwa antworten: »Ach, wirklich? Nun, dann beweisen Sie es.«
Der Betreffende macht sich daran, Ihren Löffel von einem nütz-

lichen Gebrauchsgegenstand in einen armseligen, nutzlosen und unkenntlichen Haufen verdrehten Metalls zu verwandeln, und Sie halten staunend den Atem an. Von diesem Augenblick an werden Sie wahrscheinlich all Ihren Freunden erzählen, daß der Betreffende tatsächlich mit einer außerirdischen Zivilisation in Kontakt steht.

Ein wirklich unabhängiger Denker jedoch würde die Fallgrube bemerken. Der Betreffende hat nur Behauptung (B) bewiesen: Er kann Löffel verbiegen. Wir können nun darüber streiten, ob diese Fähigkeit auf paranormalen Kräften beruht, die latent in jedem Menschen schlummern, oder ob es nur ein Trick war. Auf keinen Fall aber ist Behauptung (A) – der Kontakt mit einer außerirdischen Zivilisation – bewiesen.

Das menschliche Bewußtsein, das so gern vorschnelle Schlußfolgerungen zieht, hat eine *Übertragung* vorgenommen (B ist wahr und wurde im Kontext von A erwähnt, deshalb muß auch A wahr sein), die durch nichts gerechtfertigt ist.

Zweiter Trugschluß: Der Einrast-Effekt

Dieser Trugschluß wurde von einem Skeptiker entdeckt, der bemerkte, daß die meisten Amateure des Paranormalen nie wieder zur Grundlage des normalen Glaubens zurückkehren, nachdem sie einmal von einer gewissen verrückten Tatsache überzeugt wurden, selbst wenn sich diese Tatsache später als unzutreffend erwies.

Ein gutes Beispiel für diese Fallgrube können wir den heutigen Legenden über lebendige humanoide Wesen entnehmen, die sich angeblich in der Obhut der Luftwaffe befinden. Mehrere unabhängige Forscher sind überzeugt, daß diese Wesen in einem unterirdischen Stützpunkt unter der Area 51 leben. Ich brauchte Monate, um den Mann aufzuspüren, der die Quelle dieser Gerüchte war. Als ich ihn interviewte, stellte sich heraus, daß er selbst nie eins dieser Wesen gesehen hatte. Doch die Leute, die seiner Geschichte geglaubt hatten, konnten diese Geschichte einfach nicht vergessen. Vielmehr begannen sie, nach neuen Bestätigungen zu suchen, nach einem Hinweis von irgendeiner Quelle, daß in einer unterirdischen Anlage tatsächlich solche Wesen lebten. Ihr Glaube war ihnen zu wichtig geworden, um einfach hinterfragt zu werden, selbst dann noch, als sie wußten, daß die Grundlage nicht mehr stimmte. Ihre Annahmen über die Welt waren auf einer bestimmten Stufe »eingerastet« und konnten sich nicht wieder lösen, ganz egal, wie die Beweise aussahen.

Diesem Trugschluß erliegen nicht nur Ufologen. Wenn Sie jemand dazu bringen, nur *einmal* ein Lotterielos zu kaufen in der Hoffnung, eine Million Dollar zu gewinnen, dann wird er wahrscheinlich sein Leben lang Lose kaufen und sein Geld verlieren. Es wäre nach dem ersten Mal zu schmerzhaft, den schönen Gedanken loszulassen, daß man nächste Woche eben doch eine Million gewinnen könnte, und dies gilt ganz besonders, wenn die Verluste (die inzwischen als Investition gesehen werden) immer größer werden.

Dritter Trugschluß: Serien erfundener Daten

Dieser Trugschluß beruht auf Emotionen und ist deshalb noch schrecklicher als die ersten beiden. Er führt dazu, daß die meisten UFO-Forscher, sobald sie einmal auf einen bestimmten Glauben hereingefallen sind, auch dann noch von weiteren »Enthüllungen« fasziniert sind, wenn sie genau wissen, daß diese falsch sind. Es funktioniert so:

Ein Fremder ruft Sie an und offenbart Ihnen atemlos eine außergewöhnliche, *vertrauliche* Tatsache. Beispielsweise erklärt er, nächste Woche werde an einer bestimmten Stelle in New Mexico eine fliegende Untertasse landen. Wenn Sie ihre Forschungen ernst nehmen, fliegen Sie nach New Mexico, um dem großen Ereignis beizuwohnen.

Doch die Untertasse kommt nicht.

Das wäre eigentlich die Gelegenheit, dem Fremden zu sagen, daß er ein armer Irrer ist, der besser nie wieder anruft. Doch wenn Sie in die dritte Fallgrube tappen, dann werden Sie genau das nicht tun, denn der Fremde ist jetzt eine wichtige Quelle für Abenteuer und vertrauliche Informationen, und *Sie haben Angst, auf diese Daten verzichten zu müssen,* wenn Sie ihn beleidigen. Viele Ufologen beziehen aus derartigen Quellen eine eigenartige Selbstzufriedenheit und ein Gefühl der Macht, auch wenn die Enthüllungen regelmäßig Luftschlösser sind. Es spielt überhaupt keine Rolle, wie oft sich der »geheimnisvolle Fremde« irrt, solange er oder sie nur immer wieder gute Geschichten liefert, die Ihren Erwartungen entsprechen.

Vierter Trugschluß: Die Lockungen des Physischen

Als ich die Daten für dieses Buch zusammenstellte, bemerkte ich eine neue Tatsache, die ich so erstaunlich fand wie das UFO-Phänomen selbst. Immer wieder beobachtete ich, daß erfahrene Forscher und Menschen, die seit vielen Jahren das Paranormale und ähnliche Effekte untersuchten, in kurzer Zeit ganz aus dem Häuschen waren, wenn sie Bandaufnahmen von Interviews mit Leuten wie Falcon oder Condor hörten. Einmal in San Francisco, ein ganzer Vortragssaal war mit der Crème de la crème der kalifornischen parapsychologischen Forschung gefüllt, führte der Philosoph Arthur Young, der Erfinder des Rotors für die Bell-Hubschrauber, Bandaufnahmen mit Enthüllungen über die angeblich auf geheimen Stützpunkten festgehaltenen Aliens vor. Viele gingen mit der Überzeugung, daß sie endlich einen Beweis gefunden hatten. Einer der Forscher sagte zu mir: »Schließlich und endlich haben wir jetzt etwas in der Hand!«

Natürlich hatte er überhaupt nichts in der Hand. Alles, was er hatte, war ein Videoband mit freundlich dreinblickenden Fremden, die wilde Behauptungen aufstellten. Wie konnten Wissenschaftler, die einen großen Teil ihres Lebens mit dem Entwerfen und Kritisieren komplizierter parapsychologischer Experimente verbracht hatten, auf einmal eine Geschichte über greifbare materielle Beweise glauben, über gekaperte Untertassen in Hangars der Luftwaffe, ohne auf die Idee zu kommen, die offensichtlichen Diskrepanzen dieser Behauptungen eingehend zu hinterfragen?

Die Antwort liegt wahrscheinlich in unserer ständigen Frustration angesichts eines Phänomens, das uns um den Verstand bringt, weil es stets außer Reichweite bleibt. Es verspricht uns physische Beweise, einen Beweis, den wir alle sehen und anfassen können, *wenn wir nur die Erlaubnis bekämen, das Traumland zu betreten...*

Die Ironie, wenn ein Raum voller parapsychologischer Größen auf eine Geschichte von gekaperten Untertassen hereinfällt, weil »wir endlich etwas Greifbares, etwas Physisches« in der Hand haben, ist kaum zu überbieten.

Fünfter Trugschluß: Der Kokosnuß-Irrtum

Dieser verbreitete Trugschluß wurde bereits unter der Überschrift »Wer darf die Kokosnuß halten« behandelt. Solange Sie nichts als zusehen dürfen, statt die Kokosnuß selbst zu halten, können Sie nicht mit Sicherheit sagen, was mit der Kokosnuß passiert.

Wenn der Präsident der Vereinigten Staaten morgen ankündigte, daß Außerirdische gelandet und in einem geheimen Stützpunkt in New Mexico einquartiert worden seien, wie sollten die Wissenschaftler herausfinden, ob die Behauptung wahr ist oder nicht? Wo sind die Grenzen der Fälschung? Wie viele scheinbare Wunder im Grenzbereich der Forschung wurden von Wissenschaftlern, die ihren Kollegen um eine Nasenlänge voraus sind, gefälscht?

Sechster Trugschluß: Das Verschmelzen der Geheimnisse

Wenn zwei eigenartige Ereignisse (A) und (B) in engem zeit-
lichem und räumlichem Zusammenhang geschehen, dann wird
das menschliche Bewußtsein sie automatisch zu einem einzigen
Geheimnis verschmelzen. Doch stellt sich dies oft als Fehler heraus. Die Tatsache, daß vernünftige Bürger über dem Groom Lake
eigenartige Objekte fliegen gesehen haben (Ereignis A) bestätigt
noch lange nicht Lears Behauptung, es gebe auf dem Luftwaffenstützpunkt Nellis Hangars mit fliegenden Scheiben (Ereignis B).
Und selbst wenn diese fliegenden Scheiben existieren, wo ist der
Beweis dafür, daß sie irgend etwas mit dem UFO-Geheimnis zu
tun haben?

Ein ähnlicher Mangel in den veröffentlichten Aussagen zu Roswell
läßt mich zögern, den Fall als echten UFO-Absturz einzustufen,
obwohl dort hervorragende Feldarbeit geleistet wurde. Wir haben
Beweise dafür, daß auf einer Ranch etwas abgestürzt ist (Ereignis
A), und daß die Luftwaffe mit Hilfe lächerlicher Erklärungen,
die den Tatsachen widersprachen, versuchte, die Sache zu vertuschen. Doch die Trümmer ließen nicht erkennen, daß der
Gegenstand scheibenförmig gewesen war, und auch Leichen wurden nicht gesehen.

Fast eine Woche später wurden von anderen Zeugen mehrere
Kilometer entfernt an einer anderen Stelle angeblich eine zweite
Scheibe und Körper gefunden (Ereignis B). Wo ist nun die logi-
sche Verbindung zwischen diesen Ereignissen? Und warum ver-
binden Ufologen automatisch diese beiden völlig verschiedenen
Episoden miteinander und geben ihnen den gemeinsamen Titel
»Der Roswell-Vorfall«?

Das beim Absturz selbst gefundene Material ist zwar faszinierend,
aber es geht nicht unbedingt über die menschliche Technologie
der späten vierziger Jahre hinaus. Aluminiumsaran, auch Silber-
saran genannt, konnte bereits 1948 in Labors hergestellt werden.
Das Material war papierdünn, ließ sich mit Hammerschlägen

nicht einbeulen und war, nachdem man es zusammengeknüllt und auseinandergezogen hatte, wieder völlig glatt.

Siebter Trugschluß: Die Vergrößerung des Geheimnisses

Die Anhänger der Theorie der Außerirdischen tauchen oft im Fernsehen und in Vorträgen auf und winken mit zensierten Dokumenten der Regierung als Beweis dafür, daß sie recht haben. Dem Publikum gefallen diese Auftritte, und so genießen diese Menschen großes Ansehen und gewinnen beträchtlichen Einfluß, indem sie behaupten, die schrecklichen Geheimdienste der Regierung versuchten, die Tatsachen zu verschleiern.

In Wirklichkeit kann diese Art von Zensur auf einer ganzen Reihe eher trivialer Gründe beruhen. Die Bandbreite reicht vom offensichtlichen Bedürfnis, neue technologische Entwicklungen geheimzuhalten bis zu schlichter bürokratischer Dummheit. Wenn eine solche Zensur dann aufgehoben wird, stellt sich oft heraus, daß es sich um rein technische Texte handelte. Die Gläubigen hatten einfach die Natur und die Bedeutung des Geheimnisses überschätzt.

Allein schon die Tatsache, daß das amerikanische Militär eigene geheime Nachforschungen anstellt, gewisse Zeugen befragt und insgeheim Laboranalysen durchführt, *demonstriert, wie wenig und nicht wieviel es weiß.* Dies ist einer jener offensichtlichen Widersprüche, die von vielen Gläubigen ignoriert werden. Ohne die geringste Rechtfertigung nehmen sie an, die Regierung wisse alles. Müßte man denn noch geheime Experimente durchführen, zivile Forschungsgruppen überwachen und gar auf verschlungenen Wegen die Ermittlungen gewisser Ufologen finanzieren, wenn die Luftwaffe bereits fliegende Untertassen in Hangars geparkt und kleine Außerirdische den Skalpellen ihrer Chirurgen zugeführt hat?

Die Fakten legen eine ganz andere Schlußfolgerung nahe: Die Erwartung, technisch fortgeschrittene Besucher aus dem Weltraum begrüßen zu können, wird von verschiedenen Gruppen aus ganz eigenen Motiven genährt und ausgebeutet.

Insgesamt führen diese sieben Trugschlüsse zu einer wichtigen Erkenntnis: Jeder, der klug oder heimtückisch genug ist, das Auftauchen von UFOs in Form physischer Objekte zu simulieren, kann die Schlußfolgerungen der Forscher in jede Richtung lenken, die ihm genehm ist. Er kann die Aufmerksamkeit der Öffentlichkeit fesseln und möglicherweise sogar die geheimen Überzeugungen der Regierungsexperten formen.
Wenn je ein Test für die Hypothese des Kontrollsystems entwickelt wird, wenn je ein reales Signal an eine Bewußtseinsform geschickt wird, die hinter dem UFO-Phänomen steckt, dann wird die klärende Formel auf dieser Ebene zu finden sein. Die Geheimdienste kontrollieren diese Fähigkeit jedenfalls nicht. Sobald diese Mängel der menschlichen Vernunft verstanden werden, ist die Untersuchung des Kontrollsystems der UFOs ein Spiel, an dem sich jeder beteiligen kann.

Die Frage der Motive

Wir können jetzt zum größeren Problem der Motive für die Desinformationsspiele zurückkehren, über die wir bereits sprachen.
Meine Vermutung lautet, daß jemand, der eng in die Geschäfte der amerikanischen Regierung eingebunden ist, die Geschichten über abgestürzte Untertassen benutzt, um etwas ganz anderes zu vertuschen. Das Pentagon besitzt sicherlich die weltweit umfassendste Sammlung von UFO-Fotos und Filmen, von elektromagnetischen Aufzeichnungen und Radarmessungen. *Doch Daten sind nicht mit Informationen gleichzusetzen.* An irgendeinem Punkt wurde die Abteilung für Öffentlichkeitsarbeit bei der Luftwaffe beauftragt, in Zusammenhang mit UFOs vorsätzlich Des-

information und Verwirrung zu verbreiten. Sie setzte ihre eigenen Offiziere und Presseämter ein, etwa die DAVA auf dem Luftwaffenstützpunkt Norton, um Gerüchte auszustreuen und die verschiedenen UFO-Amateurgruppen dazu zu bringen, zahlreiche Fälschungen zu kolportieren. Als Allen Hynek und ich uns weigerten, den Köder anzunehmen und unbestreitbare wissenschaftliche Beweise verlangten, wandte man sich an Leute, die weniger an klaren Fakten interessiert waren. Sie nutzten ihre Verbindungen nach Hollywood und zur Presse, um das Gerücht in Umlauf zu bringen, die Vereinigten Staaten hätten abgestürzte Untertassen geborgen. Meine Freunde unter den Ufologen sollten sich der Tatsache stellen, daß alle Geschichten, die sie über MJ-12 und die Außerirdischen verbreiten, auf die eine oder andere Weise vom Pentagon selbst stammen, ein deutlicher Hinweis darauf, daß sie möglicherweise von Anfang an frei erfunden waren.

Über die Motive können wir nur spekulieren. Vielleicht gibt es auf einer hohen Geheimhaltungsstufe tatsächlich eine ernsthafte Untersuchung der UFOs, und man schickt die zivilen Forscher auf eine Schnitzeljagd nach New Mexico, um das Forschungsprojekt ungestört fortführen zu können. Vielleicht besteht das Ziel darin, die Amateurgruppen in einen Irrgarten von so absurden Theorien zu schicken, daß ihre Arbeit in Mißkredit kommt – was ebenfalls einer spezialisierten Untersuchung der Regierung, in die sich dann keine interessierten Akademiker oder ungeschickten Amateure mehr einmischen könnten, den Weg ebnen würde. Vielleicht gibt es innerhalb der amerikanischen Geheimdienste auch eine kleine Gruppe von Abtrünnigen, von Gläubigen mit extremen politischen und religiösen Überzeugungen, die im Sinne ihrer eigenen abstrusen Ziele Geheimdienstkanäle benutzen, um Desinformation zu verbreiten. Diese Hypothese ist gar nicht so weit hergeholt, wie sie klingt. In den letzten zwei Jahrzehnten haben Ermittler der Regierung mehrmals Gruppen aufgedeckt und verfolgt, die Verbindungen zur Moon-Sekte, zur Scientology

Church oder der zwielichtigen LaRouche-Organisation unterhielten und die die Absicht hatten, die Dienste zu unterwandern. Auf jeden Fall müssen wir erkennen, daß jeder, der behauptet, eine Vertuschung *aufgedeckt* zu haben, möglicherweise selbst ein Werkzeug der Vertuschung ist, so daß wir an anderer Stelle nach der Wahrheit suchen müssen. Bill Moores Geständnis – immerhin hatte er den Mut zuzugeben, daß er Desinformationen unter den UFO-Gruppen verstreut hatte, die ihm bereitwillig glaubten, und daß er bewußt die Freundschaft führender Ufologen gesucht hatte, um der Luftwaffe deren psychologische Profile liefern zu können – zeigt, wie erfolgreich diese Verwirrungstechnik war und wie sehr sie die zivile UFO-Forschung destabilisierte. Als ich versuchte, vor der Unterwanderung der Forschungsgruppen zu warnen, konnte ich die UFO-Forscher nicht überzeugen. Gibt es weitere Hinweise dafür, daß eine globale Desinformationskampagne die UFOs zu ganz eigenen Zwecken einbezieht? Sind, abgesehen von den Vereinigten Staaten, noch weitere Länder im Spiel? Dieser größeren Frage wollen wir jetzt nachgehen.

ZWEITER TEIL
DAS SPIEGELKABINETT

Lieder singt man selbst in den Plejaden,
wo noch des Königs Banner flattern,
die dennoch ungehört verklingen müssen
im fernen Carcosa

> Cassildas Lied, *The King in Yellow*
> 1. Akt, 2. Aufzug
> Robert W. Chambers

Glaubwürdigkeit ist in der Tat das zentrale Problem, wenn es darum geht, einen politischen Ersatz für den Krieg zu schaffen. Auf dieser Ebene versagen die Vorschläge, die auf ein Wettrennen in den Weltraum zielen, obgleich sie als ökonomischer Ersatz für den Krieg in vielfacher Hinsicht gut geeignet sind. Selbst die ehrgeizigsten und unrealistischsten Raumfahrtprojekte können nicht aus sich selbst heraus den Glauben an eine echte äußere Bedrohung erzeugen. Es wurde energisch vorgebracht, daß die »letzte, größte Hoffnung auf den Frieden« die Einigung der Menschheit angesichts der Gefahr der Zerstörung durch »Wesen« von anderen Planeten oder aus dem Weltraum sei. Man führte Experimente durch, um die Glaubwürdigkeit einer angenommenen Bedrohung und Invasion aus dem Weltraum zu überprüfen. Es ist möglich, daß einige der schwer zu erklärenden Vorfälle mit »fliegenden Untertassen« in den letzten Jahren in Wirklichkeit frühe Experimente von dieser Art waren...

Bericht vom Iron Mountain über die Möglichkeit
und das Erstreben des Friedens
New York, Dial Press, 1967

Für die meisten amerikanischen Leser ist das UFO-Phänomen vor allem ein örtliches Phänomen. Sie mögen zwar von Ereignissen im Ausland gehört haben, die im großen und ganzen dem bekannten Muster entsprechen, doch die meisten UFO-Forscher in Amerika zeigten bislang wenig Interesse an Sichtungen, die sich in Brasilien oder in Frankreich ereigneten, solange sie nicht als Anlaß für eine nützliche Fußnote oder eine überzeugende Anmerkung im Sinne ihrer eigenen Lieblingsmeinung herhalten konnten.

Die Wahrheit ist natürlich, daß das Phänomen seinem Wesen nach schon immer globaler Natur war. Es begann nicht in den USA. Einige der am besten informierten und einflußreichsten Forscher leben nicht in den USA, und ausländische Regierungen haben die UFOs intensiver erforscht, als es die amerikanische je tat. So groß die Vereinigten Staaten auch sind, sie nehmen dennoch nur einen kleinen Teil der Erdoberfläche ein und stellen nicht mehr als sechs Prozent der Weltbevölkerung. Auf der Grundlage von Statistiken können wir sagen, daß *mehr als fünfundneunzig Prozent der UFO-Phänomene außerhalb der USA zu beobachten sind und dem Wissen der amerikanischen Spezialisten unzugänglich bleiben.*

Die Untersuchung einiger ausländischer UFO-Sichtungen und der soziologischen Ereignisse, die mit ihnen zusammenfielen, könnte einen wichtigen Hintergrund für die amerikanische Szenerie bilden, die wir im ersten Teil dieses Buches betrachteten. In diesem Abschnitt wollen wir nun in das internationale Spiegelkabinett eintreten, in dem wir neue Einsichten in einen Prozeß gewinnen wollen, den wir als mythologische Ingenieurskunst bezeichnen könnten – die vorsätzliche Erschaffung sozialer Bewegungen, die für Experimente benutzt werden, die als Zielgruppen für persönliche Phantasien dienen oder die als Transportmedium für ganz alltägliche politische Zwecke herhalten müssen.

Die Geschichte lehrt uns, daß derartige Übungen aus den verschiedensten Gründen ständig stattfinden. Ich habe mir deshalb die Mühe gemacht, Schritt für Schritt eine Unmenge von Beweisen durchzuarbeiten, die meiner Meinung nach auf die bewußte Ausbeutung des Glaubens an Außerirdische hindeuten.

Im vierten Kapitel werden wir das Geheimnis von UMMO betrachten, eine komplexe Reihe von Offenbarungen durch eine Gruppe angeblich Außerirdischer in Spanien. Ausgehend von der Arbeit mehrerer spanischer und französischer Forscher konnte ich den Einfluß dieser Gruppe bis nach Argentinien verfolgen.

Das fünfte Kapitel behandelt eine der verwirrendsten Episoden in der ganzen Geschichte der UFOs: die Entführung eines jungen Mannes namens Franck Fontaine durch seltsame leuchtende Kugeln in Pontoise. Eine ganze Woche lang suchte jeder Polizist in Frankreich nach Fontaine. Als er dann wieder auftauchte, wurde er von Polizeibeamten vernommen, von einer offiziellen Gruppe von Wissenschaftlern untersucht und von zivilen Experten hypnotisiert, weil man Einblick in die Pläne der Besucher bekommen wollte. Der Fall wurde geschlossen, als seine Freunde beichteten, es habe sich um einen Schwindel gehandelt. Dennoch erklärt dieses Geständnis keine einzige der Tatsachen in den Akten...

Schließlich wird im sechsten Kapitel von einer Landung die Rede sein, die 1980 in Rendlesham Forest in der Nähe des Luftwaffenstützpunkts Bentwaters in England stattfand. Diese Episode wird in Dokumenten der amerikanischen wie der britischen Luftwaffe erwähnt. Der Bentwaters-Fall deutet die Möglichkeit an, daß militärische Gruppen, die mit psychologischer Kriegführung zu tun haben, tatsächlich die Kunst beherrschen, nahe Begegnungen zu simulieren, und daß sie Übungen mit nicht tödlichen Waffen durchführen, die sie als unidentifizierte Flugobjekte tarnen.

4
STRIPTEASE

Das ideale Szenario für den Kontakt mit einer außerirdischen Rasse würde mit einer Serie absolut unbestreitbarer Sichtungen ihres Raumschiffs durch zahlreiche unabhängige und glaubwürdige Zeugen beginnen. Um die Wissenschaftler und die gebildeten Zuhörer zu überzeugen, müßten diese Sichtungen mit Hilfe detaillierter Fotos und im Idealfall sogar mit Hilfe physischer Beweise in Form von Spuren im Boden und Rückständen dokumentiert werden.

Sobald der Kontakt hergestellt ist, könnten wir erwarten, daß die Außerirdischen bald genug über irdische Sprachen wissen, um uns zu sagen, wer sie sind, warum sie hergekommen sind und um uns Einzelheiten ihrer wissenschaftlichen Errungenschaften zu nennen, die wir anschließend analysieren können.

Wenn wir den bestinformierten spanischen UFO-Forschern glauben können, dann wurden alle diese Bedingungen von Außerirdischen vom Planeten UMMO erfüllt, mit denen sie seit Jahren regelmäßig in Kontakt stehen. Die Geschichte ist nicht nur aktuell und interessant, sondern kann uns auch Einblick in einen weiten Bereich des Paranormalen und in tiefe Mechanismen des menschlichen Glaubens geben.

Aluche, Spanien, 1966

Es begann am 6. Februar 1966 in Aluche, einem Vorort von Madrid. Zwischen 20.00 Uhr und 21.00 Uhr beobachteten Soldaten, die ein Munitionsdepot in der Nähe bewachten, die Landung eines großen, runden Objekts. Ich bezeichne dies als den Trick des »ahnungslosen Zeugen«. Das Objekt wurde außerdem von Vicente Ortuna und einem Mann namens José Luis Jordan Peña gesehen, der in Richtung Madrid fuhr.

Jordan Peña sah »eine weiße Scheibe näherkommen... die ihre Farbe von Gelb nach Orange veränderte.« Er stieg aus und sah zu, wie die Scheibe sich einem Flugplatz näherte. In seiner detaillierten Beschreibung des Ereignisses berichtete er, er sei nahe herangefahren, um die etwa zehn Meter durchmessende und hell leuchtende Scheibe zu beobachten, die vibrierte und rasch wieder vom Boden aufstieg. Unter dem Boden der Scheibe befand sich ein Symbol, das an einen kyrillischen Buchstaben erinnerte. Es sah aus wie eine schließende und eine öffnende Klammer, zwischen denen ein Pluszeichen stand:)+(. Plötzlich ging das Objekt »einfach aus«. Später wurden auf dem Gelände drei tiefe, rechteckige Abdrücke gefunden.

San José de Valderas, 1967

Der nächste Vorfall ereignete sich mehr als ein Jahr später, am Abend des 1. Juni 1967, in San José de Valderas, einem anderen Vorort von Madrid. Mehrere Dutzend Zeugen sahen ein Fluggerät hinter einer Baumgruppe im Nordosten aufsteigen. Es folgte einer gekrümmten Flugbahn und näherte sich einer Starkstromleitung. Es war wie eine Linse geformt, durchmaß ungefähr 40 Meter und hatte oben eine leuchtende Kuppel. Wie das Objekt von Aluche hatte es am Boden ein deutlich erkennbares Symbol. Es bog nach rechts ab, stabilisierte sich, flog nach Südosten, schwebte wieder, zeigte den staunenden Zeugen das Abzeichen und wandte sich nach Norden. Es schwebte wieder einen Moment, dann flog es mit sehr hoher Geschwindigkeit davon. Die Farbe hatte sich wie in Aluche von Gelb nach Orange und dann nach Rot verändert.

Zwei Fotografen, die jedoch nie an die Öffentlichkeit gingen, stellten Fotos der Scheibe zur Verfügung. Einer von ihnen rief die Zeitung *Informaciones* an und sagte, die Bilder könnten in einem gewissen Fotoladen in der Calle General Ricardos abgeholt werden. Es waren fünf Fotos, die jedoch keine zusammenhängende Serie bildeten. Ein paar Monate später schickte ein zweiter Mann, der sich Antonio Pardo nannte, zwei weitere Fotos.

Ein paar Stunden nach dem Vorfall von San José de Valderas sahen in einem weiteren Vorort von Madrid, in Santa Monica, mehrere Zeugen – namentlich Rivero, Mrs. Eugenia Arbol Alonso und mindestens sieben weitere Menschen – ein Objekt landen. Dies geschah am 1. Juni 1967 zwischen 20.30 Uhr und 21.00 Uhr. Sie beobachteten, wie das Objekt in der Nähe des Restaurants La Ponderosa herunterkam. Es war rund, und als es wieder startete, sandte es ein flackerndes Licht aus.

Am nächsten Tag kehrte einer der Zeugen zum Ort des Geschehens zurück, um der Sache auf den Grund zu gehen. Er fand eindeutige Spuren: drei rechteckige Abdrücke, etwa 15 x 27 Zentimeter groß, die ein gleichseitiges Dreieck mit einer Seitenlänge von 5,50 Metern bildeten. Im Zentrum des Dreiecks waren Verbrennungsspuren zu sehen, und man fand ein metallisches Pulver. Auch ohne weitere Beweise würde dieses Ereignis unter den berühmtesten nahen Begegnungen der Geschichte bereits einen hohen Rang einnehmen, vergleichbar mit dem Fall von Socorro im Jahre 1964, wo ebenfalls Abdrücke, Verbrennungen und metallische Rückstände gefunden wurden. Doch das war noch nicht alles.

Die eigenartigste Enthüllung kam, als eine Gruppe von Menschen das Restaurant betrat und dem Inhaber erzählte, *sie hätten zuvor die Information erhalten, daß an dieser Stelle eine Landung statt-*

finden solle. In den folgenden Tagen fanden die Einwohner in der Umgebung seltsame Gegenstände: glänzende Metallzylinder mit einer zentralen Scheibe, die etwa 15 Zentimeter lang waren. Als man die Zylinder mit Zangen öffnete, fand man im Innern Streifen von sehr hartem aber geschmeidigem Material, das ein seltsames Symbol trug – eben jenes Abzeichen, das auch auf dem Bauch der fliegenden Untertasse zu sehen gewesen war, die freundlicherweise über den erstaunten Soldaten in Aluche und den Zeugen in San José de Valderas innegehalten hatte. Die Lösung des UFO-Problems schien greifbar nahe. Endlich war man auf den perfekten Fall gestoßen.

Der perfekte Fall

Es gibt in Spanien mehrere Gruppen eifriger UFO-Forscher. Der bekannteste unter ihnen ist Antonio Ribera, der Ende der fünfziger Jahre seine Arbeit aufnahm. Sie vergeudeten angesichts dieser erstaunlichen Ballung von Ereignissen keine Zeit. Es gab Dutzende von Zeugen zu interviewen, es gab sieben scharfe Fotos, Spuren im Boden und physische Beweise. Noch nie waren im Verlauf einer einzigen Serie von Sichtungen so viele klare Spuren aufgetaucht. Alles schien auf einen echten Durchbruch hinzudeuten.

Der erste Schritt bestand natürlich darin, die Plastikstreifen zu analysieren, die in den Kapseln gefunden worden waren. Es handelte sich um Tedlar, ein Polyvinylfluorid, im Standardwerk *Identification and Classification of Plastics* von Haslam und Willis eingetragen unter der Nummer 5.2g. Der wichtigste Abnehmer von Tedlar, einem extrem widerstandsfähigen und wetterbeständigen Plastikmaterial, ist die NASA, die es benutzt, um die Raketen abzudecken, während sie auf dem Startplatz auf ihren Abschuß warten. Das Material war damals in Spanien nicht frei verkäuflich, doch es wäre für das Militär, eine Lieferfirma des Militärs oder für

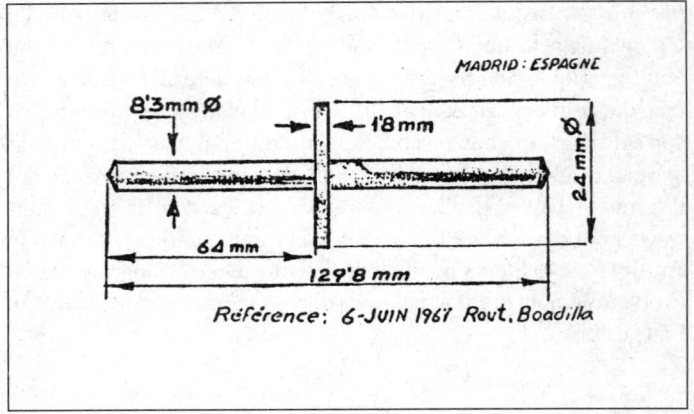

Zeichnung der Kapseln, die in Spanien am UMMO-Landeplatz gefunden wurden.

eine Zweigstelle einer amerikanischen Firma ohne weiteres zu beschaffen gewesen.

In den Tagen nach der Sichtung in Santa Monica bekamen Geschäftsinhaber aus der Umgebung Briefe von einem gewissen Henri Dagousset. Er hielt in den Briefen die Leute aus der Umgebung an, nach weiteren Kapseln zu suchen: »Ein Stahlarbeiter und ein junges Mädchen haben mehrere Metallzylinder mit zentralen Scheiben entdeckt, deren Größen hier zur Orientierung angegeben werden... beide Kapseln befinden sich jetzt in unserem Besitz. Wir legen Fotos und eine Zeichnung bei.«

Im Brief wurden 18.000 Pesetas – 300 Dollar, damals in Spanien eine große Summe – angeboten »für jeden Zylinder, der dem hier beschriebenen Modell entspricht...«

Der Brief schloß mit der Bemerkung: »Etwaige Zuschriften müssen vor dem 28. Juni 1967 an Antoine Nancey, Madrid, hauptpostlagernd, geschickt werden.«

Rafael Farriols, ein spanischer Forscher, bekam von einem UFO-Amateur eine Kapsel, die dieser wiederum vom geheimnisvollen

Antonio Pardo erhalten haben wollte, jenem Mann, der bereits die Fotos angeboten hatte. Über seinen Onkel, der Präsident der spanischen Raumfahrtbehörde war, ließ Farriols die Kapsel untersuchen. Sie bestand zum größten Teil aus Nickel (99 Prozent) und enthielt Spuren von Magnesium, Eisen, Titan, Kobalt, Silizium und Aluminium.

Henri Dagousset wurde nie gefunden. Antonio Pardo wurde nie gefunden. Es gibt keinen Antoine Nancey in Madrid. Die Kapseln bestanden aus überall erhältlichen Metallen, und der Plastikstreifen, an sich zwar ein recht ausgefallenes Material, hätte dennoch bei mehreren Firmen in den USA gekauft werden können. War dieser perfekte Fall ein Schwindel?

Auf jeden Fall war es ein spannendes, interessantes Rätsel, ein Gewirr anscheinend deutlicher Spuren, die den Analytiker zwischen der erregenden Hoffnung auf mögliche Entdeckungen und Enttäuschung und Ratlosigkeit schwanken ließen. Die letzte Antwort schien immer nur noch einen Schritt entfernt. Deshalb habe ich die Überschrift »Striptease« für die dicken Ordner gewählt, die all die Dokumente enthalten, die ich zu diesem Fall gesammelt habe.

Durch die vielen Berichte aus Spanien neugierig geworden, führten mehrere Forscher, ausgehend von den Fotos, eigene Untersuchungen durch.

Die Fotos

Als Ribera und Farriols sich mit diesem perfekten Fall beschäftigten, wurde in Toulouse in Frankreich gerade ein wichtiges Raumfahrtprojekt durchgeführt. Es hatte mit den Vorbereitungen für den Start eines als SPOT bezeichneten Überwachungssatelliten zu tun. Das Gerät, das gerade rechtzeitig in Französisch Guayana in den Orbit geschossen werden sollte, um 1986 der Welt die Trümmer des Tschernobyl-Reaktors zeigen zu können, befand sich noch

103

in der Entwicklungsphase, als die Fotos von San José de Valderas aufgenommen wurden, doch man arbeitete bereits mit Hochdruck daran, Bilder für die Verarbeitung mit Computern zu digitalisieren und mit Hilfe verschiedener Programme zu verbessern.

An diese hochmoderne Forschungseinrichtung wurden die spanischen UFO-Fotos von Dr. Claude Poher, Raumfahrtexperte und dem Gründer der französischen Gruppe zur Untersuchung von Flugobjekten (GEPAN), weitergeleitet.

Claude Poher nannte vier Gründe dafür, daß die Fotos, die Ribera ihm überlassen hatte, den Aufwand der Analyse rechtfertigten: 1. waren das Objekt und die Landschaft, soweit man aus dem Winkel des einfallenden Lichts schließen konnte, zur gleichen Zeit aufgenommen worden; 2. entsprach das Licht dem Sonnenstand, den man aufgrund der Zeit und des Datums erwarten konnte; 3. entsprach die Dauer der Sichtung der zeitlichen Abfolge der Fotos – von insgesamt 13 Fotos, die von 12 bis 24 durchnumeriert waren, standen 7 zur Verfügung; und 4. entsprachen Höhe und Positionen den Beschreibungen der Zeugen.

Ausgerüstet mit Mikroskopen, Computern und Densitometern analysierten die französischen Wissenschaftler die Fotos von San José de Valderas. Sie kamen zu überraschenden Ergebnissen.

Die erste Überraschung hatte mit der Identität der angeblich zwei Fotografen zu tun. Es stellte sich heraus, daß alle Bilder von ein und demselben Fotografen stammten! Es hatte also nur einen Fotografen gegeben, der eine einzige Kamera mit einem 50mm-Objektiv benutzt und die Bilder mit einer Hundertstelsekunde belichtet hatte. Die Kamera hatte (wahrscheinlich auf einem Stativ) etwa 1,10 Meter über dem Boden gestanden und war zwischen den Aufnahmen nur um wenige Schritte weiterbewegt worden. Der Film war ein in Spanien hergestellter Valca mit einer Empfindlichkeit von 400 ASA.

Die Geschichte war also offenbar eine Lüge.

Sobald die geometrischen und optischen Daten bekannt waren, digitalisierten die Forscher in Toulouse die Bilder und stellten folgendes fest: 1. das Objekt konnte aufgrund seiner eigenen Schärfe im Verhältnis zur Schärfe der Landschaft nur 21 Zentimeter groß und nur 3 Meter von der Kamera entfernt gewesen sein; 2. das Objekt einschließlich des Teils, der das Abzeichen trug, mußte, um die Werte des reflektierten Lichts erklären zu können, durchsichtig gewesen sein; 3. ausgehend von den Lichtverhältnissen auf seiner Oberfläche entsprach die Kuppel des Objekts einem kleinen Becher aus glänzend poliertem Plastik. Auf einem der Fotos war nach der digitalisierten Vergrößerung sogar ein Faden zu sehen, an dem die Scheibe hing!

Mit anderen Worten zeigten die Fotos mit großer Wahrscheinlichkeit ein Modell, das jemand aus Plastiktellern und einem Becher hergestellt und auf das er mit einem schwarzen Textmarker das Abzeichen gemalt hatte. Die Fotos konnten sogar schon eine ganze Weile vor der Sichtung unter ähnlichen Wetterbedingungen und zur gleichen Tageszeit aufgenommen worden sein.

Antonio Ribera zieht diese Ergebnisse in Zweifel. In einem Brief an verschiedene Kollegen fragte er: »Was halten Sie von den weiteren Beweisen, von den Aussagen der Zeugen, die erklärten, das Objekt sei niedrig über San José de Valderas hinweggeflogen und habe genauso ausgesehen wie auf den Fotos?«

Poher und ich glauben, daß jemand einfach ein Modell einer fliegenden Untertasse baute und wahrscheinlich mit einer Fernsteuerung über die ahnungslosen Zeugen fliegen ließ. Ein Blick auf die Karte der südwestlichen Vororte von Madrid zeigt, daß genau zwischen Aluche und San José de Valderas ein Flughafen und eine luftfahrttechnische Schule liegen, beides Orte, an denen man ohne weiteres ein scheibenförmiges Modell bauen, ausprobieren und verstecken kann. Die Fotos wurden möglicherweise mehrere Tage zuvor am gleichen Ort aufgenommen. Aus technischer Sicht war es also kein perfekter Fall – er war eben nur beinahe perfekt. Doch er war gut genug, um viele Forscher in Spanien zu veranlassen, alles stehen und liegen zu lassen, sich auf UMMO zu konzentrieren und ihre Untersuchungen echter UFO-Fälle zu vernachlässigen. Eigentlich hätte die Analyse in Toulouse diesen Striptease beenden müssen. Der fremde Kaiser trug ja überhaupt keine Kleider mehr! Doch so funktioniert das menschliche Bewußtsein eben nicht. Die Gläubigen ignorierten die klaren Beweise dafür, daß eine Einzelperson oder eine Gruppe die ganze Sache nur inszeniert hatte, und entwickelten ihren Glauben zur Besessenheit weiter: Die Sichtungen von San José de Valderas, Aluche und Santa Monica waren Beweise dafür, daß Außerirdische uns besucht hatten. Vielleicht waren die Außerirdischen noch da, hier unter uns, und sogar bereit, uns ihre fortgeschrittene Wissenschaft und ihre überlegene Philosophie zu lehren.

Die Bewegung, die mit diesen Gläubigen begann, wurde mit der Zeit zu einem Kult, der gedeiht und Kreise zieht – zu einem Kult mit einigen faszinierenden Charakteristika, die eine weitere Untersuchung wert sind.

Die Dokumente

Es gibt nur Mutmaßungen darüber, wann die ersten UMMO-Dokumente von den Gläubigen empfangen wurden. Nach Angaben von Ribera wurde die Ankunft des Raumschiffs vor der Landung in Santa Monica drei Leuten in Madrid bekannt gegeben: Fernando Sesma, Enrique Villagrasa und Alicia Araujo, einer Angestellten der amerikanischen Botschaft.

Fernando Sesma, dies sollte noch angemerkt werden, war Präsident der 1954 gegründeten »Gesellschaft für Besucher aus dem Weltraum« und hatte den Ruf eines gutgläubigen Mystikers. Der 1908 geborene Sesma erfand eine kabbalistische Sprache und wurde zur ersten spanischen Kontaktperson. Er spielte dort eine ähnliche Rolle wie George Adamski in den Vereinigten Staaten. Die Dokumente, die von den verschiedensten Orten verschickt wurden, beispielsweise aus Australien oder der Tschechoslowakei, behandelten eine große Bandbreite wissenschaftlicher, sozialer und politischer Themen. Angeblich kommen sie ursprünglich von UMMO, einem Planeten, der, 14,6 Lichtjahre von unserer Sonne entfernt, um den Stern IUMMA kreist.

Der einzigartige Aspekt, der den Striptease-Fall trotz der widerlegten physischen und fotografischen Beweise am Leben erhielt, ist die außergewöhnliche Natur der Dokumente, die den Glauben an die Sichtung nähren, die eine transzendente Bedeutung besitzen und den Gläubigen das Gefühl geben, mit einer überlegenen Zivilisation in Kontakt zu stehen.

Die Anhänger empfangen die Dokumente nicht nur, sondern sie kopieren sie auch, versehen sie mit Anmerkungen und Indizes und stellen Lexika und Wörterbücher zusammen. 1985 übersetzte Colonel Wendelle Stevens, ein Offizier der Luftwaffe im Ruhestand, viele dieser Dokumente ins Englische und brachte sie als Buch heraus. In Spanien sah die von Ribera und Farriols zusammengestellte Ausgabe mehrere Auflagen als Hardcover und als Taschenbuch, ein Hinweis auf die wachsende Faszination, die viele UFO-Forscher für dieses Thema empfinden.

Die Briefe bestehen meist aus sechs bis zehn einzeilig bedruckten Schreibmaschinenseiten mit Diagrammen und gelegentlich auch Gleichungen. Jede Seite trägt in einer Ecke das Symbol der Untertasse von Alucha. Zuerst wurden die Papiere hauptsächlich an spanisch sprechende UFO-Gläubige verschickt, doch inzwischen umfaßt die Postversandliste von UMMO auch französische Forscher wie Aimé Michel und Kollegen in anderen Ländern. Ich selbst erhielt meinen ersten UMMO-Brief im Mai 1981 in Palo Alto. Er war in Flushing, New York, aufgegeben worden und mit Briefmarken im Wert von zwei Dollar um das Zehnfache überfrankiert. Der Brief enthielt eine Erklärung, die bereits in Spanien und Frankreich die Runde machte und die mit den Worten begann: »Wir sind uns der Transzendenz dessen, was wir Euch gleich sagen werden, bewußt...«

Man muß allerdings einräumen, daß die UMMO-Enthüllungen im Gegensatz zum ungeheuer langweiligen Strom extraterrestrischer

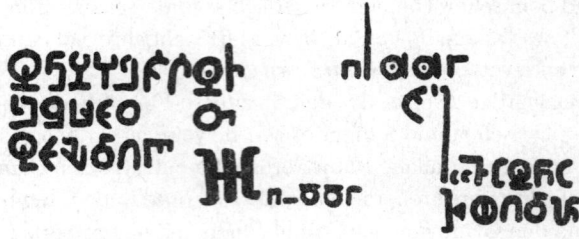

Nous vous présentons nos respectueux hommages

Eine typische UMMO-Botschaft, wie sie auch der Autor dieses Buches erhielt.

Plattheiten, die wir über Medien, Kontaktpersonen und alle möglichen herabgestiegenen Meister bekommen, erfrischend spezifisch und in sich stimmig sind. Als der französische Physiker Dr. Teyssandier die »wissenschaftlichen« UMMO-Dokumente im November 1969 untersuchte, stellte er fest, daß die dort benutzte Mathematik in sich konsistent sei und *von einem auf der Basis 12 beruhenden Zahlensystem* ausginge. Der Autor mußte also immerhin eine gewisse wissenschaftliche Bildung besitzen. Auch die physikalischen Daten über den angeblichen Planeten UMMO waren stimmig. Man kann beispielsweise die Schwerkraft eines Planeten auf zwei Wegen berechnen – entweder anhand seines Radius oder anhand seiner Masse –, und die Resultate dieser beiden Methoden stimmten überein. Der Autor hatte also nicht willkürlich irgendwelche Zahlen gewählt.

Doch es gibt mit dem Stern IUMMA, der auf 12h 31m Rektaszension und 9° 18' Deklination stehen soll, ein Problem. Stimmt diese Position, dann befände er sich mitten in einem sehr übersichtlichen Gebiet in der Nähe des galaktischen Nordpols, wo es keine Wasserstoffwolken gibt. IUMMA sollte für uns deshalb als Stern der fünften Größenordnung sogar mit bloßem Auge ohne weiteres sichtbar sein. Die Dokumente behaupten, der Stern sei hinter undurchsichtiger Materie verborgen, was unglaubwürdig klingt.

Die UMMO-Technologie hat keine großen Überraschungen zu bieten. Sie entspricht den klugen Extrapolationen, die man in jedem guten Science Fiction-Roman in den letzten vierzig Jahren finden konnte. Die UMMO-Computer beispielsweise, derentwegen ich umfangreiche Dokumentationen durchsah, wirkten nach den Maßstäben, die in den sechziger Jahren in Spanien galten, fortschrittlich. Nach den heutigen Maßstäben der Computertechnik sind sie primitiv. Die von UMMO benutzten Raumschiffe sind auf ganz besondere Weise konstruiert, denn sie können sich etwa nach Zusammenstößen mit Asteroiden selbst reparieren, doch die Art des Raumfluges selbst reicht, wie sie beschrieben wird, kaum an eine durchschnittliche Folge von *Raumschiff Enterprise* heran.

Außerdem bekommen wir Einblick in die UMMO-Philosophie. Es ist eine an Kant angelehnte Sicht der Welt, vermischt mit puritanischen Moralvorstellungen und einer Faszination für Apparate, die bei einer fortgeschrittenen galaktischen Zivilisation überrascht. Insgesamt sehen die UMMO-Wesen den durchschnittlichen Mittelschichtamerikanern verblüffend ähnlich.

1970 hatten Ribera und Farriols bereits nicht weniger als sechshundert Seiten Dokumentationen zusammengestellt. In einigen wurden bevorstehende Landungen angekündigt, in anderen wurden die Empfänger der Botschaften aufgefordert, den Inhalt nicht an Regierungsbehörden weiterzugeben. In einem Brief wurde UMMOs Trauer über den Tod von Bertrand Russell, Gandhi, Papst Johannes XXIII., Martin Luther King, Albert Schweitzer und Leo Tolstoi zum Ausdruck gebracht, die, wie es hieß, große Männer waren, die sich für den Fortschritt der Menschheit eingesetzt hätten – dies nur, falls wir es nicht selbst bemerkt hätten!

Es wäre leicht, all diese Dokumente als kindliche Fälschungen abzutun, doch sie sind offenbar mehr als das. Sie haben genau das
richtige Maß an Schreibfehlern und unbeholfenen Formulie-
rungen, um die Vermutung nahezulegen, daß sie von Menschen
geschrieben wurden, die die menschlichen Sprachen nicht perfekt beherrschen; und die Tatsache, daß diese Wesen sich mir so
dringend mitteilen wollen, daß sie einen Brief um das Zehnfache
überfrankieren, ist schon sehr schmeichelhaft! Die angeblichen
Offenbarungen enthalten zwar keine Sensationen, sind aber gelegentlich doch recht anregend. Sie könnten von einem Menschen stammen, der einen Abschluß in Physik hat, sich in der Biologie recht gut auskennt und der möglicherweise Zugang zu
internationalen Tagungen hat, auf denen Extrapolationen und
fortschrittliche Ideen oft zehn Jahre, bevor sie in wissenschaftlichen Zeitschriften auftauchen, diskutiert werden. Ein Wissen-
schaftsjournalist, ein Ingenieur der Regierung, der an Zukunfts-
projekten arbeitet oder ein frustrierter Autor könnten dem
psychologischen Profil des UMMO-Autors entsprechen. Die spanischen Forscher, die angesichts der UMMO-Offenbarungen noch
nicht ihren kritischen Verstand verloren haben, namentlich der
Psychiater Carlos Berche Cruz und der Forscher Ignacio Cabria
Garcia, haben einige Hinweise entdeckt, die gewisse Personen als
Hauptverdächtige erscheinen lassen: José Luis Jordan Peña, einer
der Zeugen von Aluche und ein wichtiges Mitglied der Sesma-
Gruppe; Fernando Sesma selbst, der zuvor schon in Schriften
über Kontakte mit Wesen aus dem Weltraum eine den UMMO-
Dokumenten sehr ähnliche Terminologie benutzte; ein Ingenieur
namens Enrique Villagrasa, ebenfalls ein früherer Angehöriger
des inneren Kreises um Sesma; und schließlich Rafael Farriols,
den produktivsten UMMO-Dokumentator. Doch eindeutige Beweise ließen sich nicht finden.
Wer etwas derart Verwerfliches tut, muß seine Gründe haben. Ist
UMMO der Privatwitz einiger spanischer Ingenieure? Ist es eine
Übung in psychologischer Kriegführung, wie einige französische

Analytiker vermuten? Oder ist die Wahrheit viel komplizierter und hat ihre Grundlage womöglich in einer sozialen Realität, in der die Ideen und Symbole von UMMO ein Eigenleben, eine eigene Mythologie und eigene Glaubenssätze entwickelt haben, die aus sich selbst heraus weiterwachsen?

Eines ist jedoch sicher: Die UMMO-Dokumente stammen keinesfalls von fortgeschrittenen Wesen, die uns Beweise für ihre Existenz liefern wollen. Aber versuchen Sie mal, das den Anhängern zu erklären! Nur wenige UFO-Gläubige und noch weniger ihrer New Age-Gegenstücke besitzen eine formale wissenschaftliche Ausbildung. Sie lassen sich mühelos von einem Dokument beeindrucken, das ein paar Gleichungen enthält und auf einem Zahlensystem mit der Basis 12 beruht. Wenn sie aber ein wenig über moderne Technologien wüßten, dann wäre ihnen klar, wie leicht es einer weiter entwickelten Rasse fallen würde, ihre Fähigkeiten einer Gesellschaft wie der unseren unzweideutig zu beweisen.

Nachdem ich die Unmenge von Dokumenten, die angeblich vom Planeten UMMO stammten, gelesen hatte, fragte ich mich: Wenn ich die Gelegenheit hätte, mit intelligenten Wesen aus früheren Zeiten, sagen wir mit den ägyptischen Hohepriestern, in Verbindung zu treten, wie würde ich dann einen sinnvollen Austausch in Gang bringen? Ich würde sie natürlich nicht beleidigen, indem ich ihnen einen Brief schicke, der mit den folgenden Worten beginnt: »Wir sind uns der Transzendenz dessen, was wir Euch gleich sagen werden, bewußt...« – ganz besonders nicht, wenn ich die Hieroglyphen nur unvollkommen beherrschte. Vielmehr würde ich mich auf wenige wertvolle aber nachvollziehbare Informationen beschränken. Da die Ägypter bereits wußten, wie man elektrische Batterien herstellt und um die magnetischen Eigenschaften bestimmter Materialien wußten, würde ich ihnen einige einfache Anweisungen schicken, mit deren Hilfe sie eine Spule und einen Kompaß bauen könnten. Ich würde ihnen etwas über Widerstände und das Ohmsche Gesetz erzählen und ihnen eine einfache Gleichung geben, die sie mit ihrer eigenen Mathematik überprüfen könnten. Oder ich würde ihnen zeigen, wie man aus Sand Glas und Linsen herstellen kann. Wenn sie Beweise wollten, würde ich ihnen nicht mit Theorien oder der Formel $E = mc^2$ kommen. Vielmehr würde ich ihnen eine Tabelle mit zukünftigen Sonnenfinsternissen oder einen Bauplan für einen Wechselstromgenerator oder Leonardo da Vincis Entwurf für ein Zahnradgetriebe schicken. Damit würde ich die Aufmerksamkeit ihrer Spitzenwissenschaftler wecken und einen Dialog in Gang bringen. Leider scheinen sich uns die Außerirdischen von UMMO und anderen Planeten nie auf diese Weise mitzuteilen. Haben sie Angst, daß unsere Gesellschaft zusammenbricht, wenn wir sie als zu überlegen empfinden? Diese Theorie kann nicht stimmen, weil sie doch eine sehr offensichtliche Art und Weise gewählt haben, um sich am Himmel zu zeigen.

Die französischen Alpen, 1950

In einem eher komischen Dokument behauptet die UMMO-Quelle, die erste Landung eines ihrer Raumschiffe auf der Erde habe am 24. April 1954 in der Nähe von La Javie in den französischen Alpen stattgefunden. Wir erfahren, daß die Mannschaft einen provisorischen Stützpunkt in einer Höhle einrichtete und einige Streifzüge durch die Umgebung machte. Sie betraten ein 17,4 Kilometer vom Stützpunkt entferntes Haus, um einige Dinge mitzunehmen. Die Dokumente berichten, daß vier Forscher das einsam gelegene Haus aufsuchten. Um 15.00 Uhr betäubten sie die Bewohner, die auch die Besitzer waren, ihre drei Kinder und drei Arbeiter. Sie stahlen Bargeld im Wert von etwa 150 Dollar, etwas Kleidung, Ausweise, zwei Kugelschreiber, eine Wetterstation in Form einer Nonne, alte Zeitungen, einige Bücher, Toilettenpapier, Desinfektionsmittel, einen Wecker, zwei Glühbirnen, einen elektrischen Schalter, einen Strommesser, Schlüssel,

Briefmarken, einen Stapel Briefe und bezahlte Rechnungen, die mit einem Traktor zu tun hatten.

Dann untersuchten sie, wie das Dokument weiter erklärt, auch die schlafenden Menschen. Sie zogen ihnen einen Teil der Kleider aus, sie »nahmen Geruchsproben aus den Achselhöhlen und aus der Schamgegend«, einige Haarproben und »Sekrete aus Nase und Vulva«. Aus irgendeinem Grund waren sie aber nicht in der Lage, auch Speichelproben zu nehmen. Auch von Kühen, die in der Nähe auf einer Weide standen, nahmen sie Proben. Als die Hunde zu bellen begannen, wurden auch sie betäubt. Das Dokument erklärt weiter, daß die Außerirdischen große Mühe hatten, die Funktionen einiger der gestohlenen Gegenstände zu begreifen, und welche Fehler sie während ihrer Analyse machten. So versuchten sie dummerweise, ein Loch in die Glühbirnen zu bohren.

Um ein für alle Mal die Spekulationen um UMMA zu beenden, schickten die französischen Behörden Hubschrauber und sogar ein Flugzeug mit Infrarotkameras zur Aufklärung nach La Javie. Die UMMO-Geschichte konnte in keinem Punkt bestätigt werden. Zur gleichen Zeit wurden systematische Nachforschungen angestellt, um zu ermitteln, ob zur fraglichen Zeit jemand einen Überfall gemeldet hatte. Nach langem Suchen – die Archive waren inzwischen zu einer beachtlichen Größe angewachsen – fand die Polizei ein Papierstück, aus dem hervorging, daß die Bewohner eines Hauses, das der vorliegenden Beschreibung entsprechen konnte, tatsächlich den Diebstahl eines Stromprüfers gemeldet hatten.

1974 reiste ich zusammen mit den beiden französischen Forschern Aimé Michel und Fernand Lagarde nach La Javie. Wir waren mit einer Zeichnung jenes Teils der Berge ausgerüstet, in dem die verstorbene amerikanische Hellseherin Pat Price die Höhle vermutet hatte. Ich fuhr bis ans Ende der steil abfallenden Straße, scheuchte eine Ziegenherde fort, und wir sprachen mit den Bewohnern der kleinen Siedlung am Rand der Klippe, die man kaum als Dorf bezeichnen konnte. Leider hatten sie noch nie von einer Höhle in der Nähe gehört. Außerdem schien die Geologie dieser Gegend nicht für die Existenz von Höhlen zu sprechen. Trotz oder vielleicht sogar wegen ihrer Widersprüche kann uns die Episode von La Javie einiges über die UMMO-Quelle sagen. Der Autor der Dokumente nutzte eine wenig bekannte Tatsache aus einem Polizeiarchiv, um seine Erfindung mit einer Prise Realität zu würzen. Er wußte, daß Forscher, die der Geschichte nachgingen, früher oder später auf den Diebstahl des Meßgerätes stoßen und entsprechend erstaunt reagieren würden. Diese Technik kam auch in anderen Fällen zur Anwendung, besonders in der berühmten Affäre um Majestic 12 und in anderen neueren Fällen. In dieser Hinsicht können die UMMO-Dokumente mit dem Fall der Priorei von Sion gleichgesetzt werden, die im Buch *Holy Blood, Holy Grail* [Heiliges Blut, Heiliger Gral] beschrieben wird. In dieser Geschichte bestand das Geheimnis des Grals, das im Altertum so peinlich gehütet wurde, darin, daß Maria Magdalena mehrere von Jesus Christus gezeugte Kinder zur Welt brachte und im Süden Frankreichs Zuflucht suchte. Ihre Nachkommen begründeten dann das französische Königsgeschlecht der Merowinger. Das Geheimnis soll von einem Geheimorden mit Namen »Priorei von Sion« gehütet worden und in Rennes-le-Château in der Nähe von Toulouse »wiederentdeckt« worden sein. Der sogenannte Beweis für die Geschichte ist der Fund mehr oder weniger authentischer Dokumente in alten Archiven. Die Frage ist natürlich, ob diese Dokumente von einem hinterlistigen Schreiber dort untergebracht wurden, um einem politisch motivierten Ränkespiel Vorschub zu leisten.

Die UMMO-Quelle nutzt diese Exhumierungstechnik sehr geschickt. Doch die Dokumente über La Javie lassen die Interessen und den Charakter dieser Quelle in einem düsteren Licht erscheinen. Der Bericht über die Entnahme verschiedener Sekrete aus Nase, Achselhöhlen und der Vulva der hilflosen Menschen hat eine sexuelle und skatologische Note. Eine Parallele zu den Verstümmelungen von Vieh ergibt sich aus der angeblichen Entnahme von Sekretproben bei Kühen.

Haben wir es mit einem einzelnen Abartigen oder einer kleinen Gruppe solcher Menschen zu tun, die derartige Geschichten in Umlauf bringen, um irgendeinen sadistischen Trieb zu befriedigen, wenn auch nur auf Umwegen? Sind die Ummonier deshalb auf so kindliche Weise von der sadistischen Entnahme von Proben bei hilflosen Menschen fasziniert?

Weitere ähnliche Vorfälle – diesmal durch Gerichtsakten bewiesen – scheinen diese Vermutungen zu bestätigen.

Albacete, Spanien, 1954

Eins der UMMO-Dokumente, ein Brief, der 1969 an Vater Lopez Guerrero geschickt wurde, erklärt, die UMMO-Wesen hätten eine Zeitlang sogenannte psychophysiologische Experimente an zahlreichen Tieren durchgeführt, die einer »freundlichen Dame« in Albacete gehörten.

Im folgenden Jahr erhielt eine spanische Forschergruppe die Kopie eines Briefes, der von UMMO an die CIA geschickt worden war. Dort hieß es, zwei Außerirdische, die wie Skandinavier ausgesehen und sich als Ärzte aus Dänemark ausgegeben hätten, hätten von 1952 bis zum Februar 1954 im Haus einer Mrs. Margarita Ruiz de Lihory y Resino gelebt und dort Experimente durchgeführt. Nun kann jeder an die CIA schreiben und versuchen, seinen Freunden einen Schreck einzujagen oder sie zu beeindrucken. Doch die Schilderungen in den Briefen entsprachen in einigen Punkten der Wahrheit.

Eine Frau dieses Namens gab es tatsächlich. Sie war eine in der Gesellschaft bekannte Dame: die Marquise von Villasante, Baronin von Alcatrali, in erster Ehe mit einem gewissen Mr. Shelly verheiratet – sie bekamen eine Tochter, Margot, und drei Söhne – und in zweiter Ehe mit dem katalanischen Anwalt Don José María

Bassolo Iglesias. Margot Shelly lebte auf dem Gut ihrer Mutter und arbeitete beim nationalen Planungsinstitut in Albacete. Auf dem Gelände gab es mehrere Gebäude, darunter einige Wohnhäuser, die niemand betreten durfte, nicht einmal die Diener.

Weitere Nachforschungen ergaben, daß die Marquise 1952 ihr Anwesen geschlossen hatte. Ihre Tochter lebte damals mit einem Freund im Ort zusammen. Zu dieser Zeit könnten die beiden medizinischen Forscher eingezogen sein. Auf dem Gelände gab es viele Hunde, Katzen und Hühner, an denen sie ihre Experimente durchgeführt haben sollen.

Im Februar 1971 brachte die UMMO-Quelle die Kopie eines weiteren Dokuments in Umlauf, das angeblich von UMMO-Vertretern ans CIA-Büro in Madrid geschickt worden war und das »Prüfungsverfahren zur Demaskierung außerirdischer Wesen, die heimlich auf der Erde leben« beschrieb. Anscheinend war dies ein Versuch, der CIA bei der Suche nach den beiden dänischen Ärzten zu helfen. Das Bemühen, sich selbst Geltung zu verschaffen, indem man den Anschein erweckt, mit der CIA, dem FBI und anderen ähnlichen offiziellen Stellen in Verbindung zu stehen, ist bei vielen Randgruppen zu beobachten. Und es ist eine der Täuschungen, denen viele UFO-Forscher erliegen, die automatisch annehmen, ihre Arbeit sei so wichtig, daß sie zwangsläufig die Aufmerksamkeit unzähliger Agenten wecken muß. Wie wir bereits im Fall MJ-12 sahen, handelt es sich dabei oft um die Menschen, die zugleich glauben, die Regierung kenne nicht nur alle Antworten, sondern besitze auch die Körper von Außerirdischen. Täuschung oder nicht, im Mai 1971 schrieb ein Mann, der sich selbst W. Rumsey nannte und der im Verdacht stand, CIA-Agent zu sein, in seinem Zimmer 402 im Emperador Hotel in Madrid einen Rundbrief an die Bürger Albacetes und setzte für Informationen, die ihm halfen, die beiden Biologen zu finden, eine Belohnung von 1000 Dollar aus.

Die Episode mit Mr. Rumsey ist ein weiterer lächerlicher Versuch der UMMO-Quelle, ihre eigenen Enthüllungen mit der zwielichtigen und vermeintlich aufregenden Welt der Geheimdienste in Verbindung zu bringen. Ist denn die CIA wirklich so schlecht organisiert, daß sie mit Briefen an die Bürger appellieren und Zeugen Bestechungsgelder anbieten muß, um in einem befreundeten Land wie Spanien, wo man auf die tüchtige Polizei und die hilfsbereite Kirche zurückgreifen könnte, zwei auffällige dänische Ärzte zu finden?

Tatsache ist, daß Margot Shelly im August 1953 schwer erkrankte. Der Freund, mit dem sie zusammenlebte, rief die Marquise zu Hilfe. Einer der beiden »Ärzte« bezeichnete die Krankheit als nicht gefährlich, der andere hielt sie für ernst und wahrscheinlich tödlich. Am 6. September 1953 veranlaßte die Marquise, daß ihre Tochter in Begleitung der beiden Ärzte nach Madrid kam. Sie wurde dort von den besten Ärzten der Stadt behandelt. Margot starb am 19. Januar 1954 im Alter von zweiundvierzig Jahren im Haus ihrer Mutter. Zahlreiche Menschen, unter ihnen Dr. Alonsa del Llano, nahmen von ihr Abschied. Die Beerdigung fand am 21. Januar 1954 statt.

In der Zeitspanne zwischen ihrem Tod und der Beerdigung schnitt ihr ein unbekannter Barbar eine Hand ab und entfernte beide Augen und die Zunge. Diese Operationen wurden unter Anwendung chirurgischer Techniken fachgerecht durchgeführt.

Am 30. Januar erstattete einer der Söhne der Marquise Anzeige gegen seine Mutter. Die Polizeibeamten Fernandez Rivas, Alcocer, Gallego, Ruis, Barroso, Ojeda und Ares wurden beauftragt, das Haus zu durchsuchen und fanden die fehlenden Körperteile. Die Leiche wurde exhumiert und von den Gerichtsmedizinern Benigno Velazquez und Eduardo Blanco Garcia untersucht. Ein Strafverfahren wurde eingeleitet, die Akten sind bei der dritten Strafkammer beim Landgericht von Madrid einzusehen. Das Verfahren wurde an das oberste Gericht abgegeben.

Die Marquise hatte auf ihren Gütern zahlreiche Tiere. Viele ihrer Hunde kamen auf mysteriöse Weise ums Leben. Manche wurden mit geöffnetem Magen gefunden, andere waren mumifiziert. Im

117

Hof ihres Hauses an der Calle Major befand sich ein Friedhof für Katzen und Hunde, und ein Zeuge sah zahlreiche Tierköpfe, die in silbernen Behältern in einem Zimmer aufbewahrt wurden. Doña Margarita soll in Albacete viele Hunde gekauft haben, und die Sektionen sollen in ihrem Haus stattgefunden haben. Sie stritt jede Beteiligung daran ab und sagte nur, die Operationen seien von einem Tierarzt durchgeführt worden. Der einzige Tierarzt, der bekanntermaßen ihre Tiere behandelte, ist Jaime Aguedo Trigueros, der jedoch aussagte, jemand anders habe die Tiere zerlegt.

Bemerkenswert ist, daß Doña Margarita und ihr Mann auf Anordnung des Gerichts einen Monat lang in einer psychiatrischen Klinik in Carabanchel Bajo in Madrid beobachtet wurden. Der verantwortliche Arzt, Dr. J. Valesco Escassi, erklärte: »Sie waren geistig völlig gesund und ließen nicht die geringsten Anzeichen irgendeiner Störung erkennen.«

Auch der Butler wurde befragt.

Andres Gomes, seit zehn Jahren Butler bei Doña Margarita, erzählte Journalisten von der Zeitung *Levante* (7. Februar 1954), ihr Haus an der Calle Mayor in Albacete sei eins der ältesten Gebäude der Stadt. Es gebe dort einen unterirdischen Bereich mit Namen Cuarto del Moro. Es war »ein schrecklicher Ort, den man durch eine metallene Falltür erreichte, durch die nur zwei Menschen paßten. Sie verbrachte viele Stunden dort unten. Ich weiß nicht, was sie da tat, aber wenn sie wieder heraufkam, war sie bleich wie eine Leiche.« Die Falltür wurde in Doña Margaritas Schlafzimmer gefunden. Gomes nimmt an, daß es unter dem Haus noch weitere unterirdische Kammern gibt.

Fünfzehn Jahre später behauptete UMMO, daß es zwischen den seltsamen Tiersektionen in Albacete und der UMMO-Mission auf der Erde eine Verbindung gebe. Wenn der Autor der Dokumente sich nur einen Scherz erlaubte, dann hat er möglicherweise aus der alten Skandalgeschichte Kapital geschlagen und einige nachprüfbare Fakten in sein Phantasiewerk gewoben. Das erste UMMO-

Dokument, das diese Episoden erwähnt, tauchte 1969 auf, ein Jahr nach Doña Margaritas Tod. Sie war der einzige Mensch, der durch eine Aussage den wahren Sachverhalt hätte klären können. Die Einschaltung der CIA, die man geschickt an eine spanische UFO-Gruppe durchsickern ließ, wurde anscheinend nur um des theatralischen Effekts Willen erfunden. Auch der Brief von Mr. Rumsey, der Informationen mit Geld belohnen wollte, war vermutlich nur ein Teil des gleichen Schwindels, genau wie der Brief von Mr. Dagousset, der für die in Santa Monica gefundenen Kapseln Geld angeboten hatte.

Canuelas, Argentinien, 1979

Der eigenartigste und geheimnisvollste Teil der UMMO-Geschichte wurde bisher noch nie veröffentlicht. Er betrifft nicht die Aktivitäten der UMMO-Quelle und ihre Mitarbeiter in Frankreich und Spanien, sondern die bizarren Weiterentwicklungen in Argentinien.

Der Mann, der mich 1979 auf diese Weiterentwicklungen aufmerksam machte, ist ein emsiger südamerikanischer Forscher, der mir zwei Fotos von einem sogenannten Internationalen Zentrum für medizinische Forschung in Canuelas schickte. Das erste Foto zeigt ein modernes einstöckiges Gebäude, das mit einem knapp zwei Meter hohen Zaun gesichert ist. Neben dem Gebäude sieht man eine anscheinend aus Metall und Plastik gebaute fliegende Untertasse, die etwa sechs Meter durchmißt und genauso hoch ist.

Das zweite Foto zeigt eine Plakette mit dem UMMO-Symbol, die Inschrift HONO INTELLIGENCE SERVICE – 1901 und eine Liste mit fünfzehn Namen.

Es gab intensive Nachforschungen über diese neue Wendung der UMMO-Affäre. Man fand bald heraus, daß der Direktor der Einrichtung, ein Mann namens Carlos Jerez, spurlos verschwunden war. Seit 1973 war das Institut immer wieder mit der Behauptung, man habe Krebsleiden geheilt, an die Öffentlichkeit getreten. In einem von Jerez unterzeichneten Brief hieß es, solche Heilungen seien »durch hochkomplizierte elektronische Geräte« möglich gewesen. Das von Jerez benutzte Briefpapier trägt das Abzeichen von UMMO in den richtigen Farben – Purpur und Grün –, und über Jerez' Unterschrift ist ein Siegel mit dem argentinischen Staatswappen gedruckt, so daß der Eindruck entsteht, es handele sich um ein offizielles Dokument.

Mein Korrespondent bekam Zutritt zum Institut und berichtete mir anschließend, das Gebäude sei mit teurem Gerät vollgestopft – elektronische Schalttafeln, Oszilloskope und Computer.

Weitere Nachforschungen ergaben, daß die geheimnisvollen Krebsheilungen mit Hilfe von Gammastrahlen erzielt wurden, und daß eine Reihe von angeblich todkranken Patienten das Institut mit verbessertem Zustand oder sogar geheilt verlassen habe. *Die Eigentümer [der Einrichtung] behaupteten, sie kämen aus dem Weltraum.*

Die Organisation selbst soll von Jerez' Großvater in Frankreich gegründet worden sein, bevor er 1927 nach Argentinien auswanderte und sich in Baradero niederließ. 1935, 1948 und 1966 wurde die Einrichtung für ihre medizinische Arbeit mit todkranken Patienten offiziell belobigt, doch die dort praktizierte Medizin war eine Mischung aus Apparaten mit beeindruckenden Namen und den üblichen Behauptungen moderner Quacksalber: Gammastrahlen würden auf die kybernetische Energie angesetzt, nach Jerez »das Wärmefeld, das das Gewebe umgibt.«

Als die Einrichtung von den Behörden geschlossen wurde, waren zweihundert Patienten mit Krebs oder neurologischen Krankheiten in Behandlung.

Dr. Somaiel Haron, Präsident der Ärztevereinigung von Canuelas, brachte die Überzeugung der meisten seiner Kollegen zum Ausdruck, daß Jerez ein Scharlatan sei. Dr. Pedro Agustin Elorga schloß sich dieser Ansicht an und fügte hinzu: »Diese Leute behaupten ja sogar, sie seien Außerirdische, und sie haben sich eine fliegende Untertasse vor die Tür gestellt.«

Bevor er seinen Vortrag vor einer Studentengruppe aus der Umgebung begann, erklärte Jerez gar einmal, seine Mitarbeiter kämen von Ganymed, und sie arbeiteten mit Bestrahlungstechniken, die sie von anderen Planeten mitgebracht hätten. Ganymed ist ein Satellit Jupiters, der sich bei südamerikanischen Kontaktpersonen großer Beliebtheit erfreut, ganz ähnlich wie Venus oder die Plejaden bei nordamerikanischen Kontaktpersonen.

In einem seiner Briefe schrieb Jerez: »Insgeheim habe ich in dieser Welt einen Geheimdienst aufgebaut«, was manche Forscher auf die Idee brachte, er könne die geheimnisvolle UMMO-Quelle sein. Zum letzten Mal wurde Jerez am 15. April 1979 gesehen. Bei dieser Gelegenheit erklärte er, er lebe jetzt in Baradero, nördlich von Buenos Aires, und sei Direktor einer Papierfabrik namens Glucosa Argentinia. Eine Firma dieses Namens existiert jedoch nicht.

1980 verbrachte ich zwei Wochen in Argentinien und traf mich unter anderem mit Forschern aus Buenos Aires, die mit Nachforschungen über UMMO und seine Weiterentwicklungen in Argentinien beschäftigt waren. Sie wollten die Quelle des Schwindels herausfinden. Es war ihnen gelungen, Jerez ausfindig zu machen, der ihnen erklärt hatte, HONO sei der »wirkliche Name UMMOS«, und er habe tatsächlich ein »internationales Netzwerk von Wissenschaftlern« aufgebaut.

Ich sprach auch mit Bettina Allen, die von der Polizei als Expertin hinzugezogen worden war. Sie überwachte fünf Diagnosen, die Jerez zur Überprüfung seiner Fähigkeiten stellte. Er versagte in allen fünf Fällen und übersah zum Beispiel einen Tumor, der bei einem Freiwilligen, einem Agenten der Regierung, bereits festgestellt worden war. Außerdem übersah er eine schwere Wirbelsäulenerkrankung bei einem anderen, dem er einen Löffel Schwefelsäure pro Tag verschrieb.

Meine Freunde in Argentinien kamen zu der Schlußfolgerung, daß Jerez den UMMO-Schwindel nicht selbst erfunden habe. Vielmehr versuchte er einfach, auf dieser Welle mitzuschwimmen und daraus Kapital zu schlagen. Die meisten meiner Kollegen glauben, genau wie einige französische Forscher, daß UMMO eine soziologische Übung der Regierung war, die irgendwie ein gewisses Eigenleben entwickelte und aus dem Ruder lief. Einige Menschen oder Gruppen schalteten sich offenbar aus ganz eigenen Interessen und aus Gewinnsucht ein, wie etwa die sogenannte medizinische Einrichtung in Canuelas.

Ich bin nicht sicher, ob sie recht haben. Eine echte Sekte von der Art, wie sie oft von Geheimdiensten als Tarnung benutzt werden, hätte mit konventionellen Methoden einfacher aufgebaut werden können – man hätte beispielsweise eine bereits existierende Gruppe mit einem einigermaßen charismatischen Führer finanzieren können. Auffällig am UMMO-Schwindel ist, daß es keinen sichtbaren Anführer gibt. Es ist einfach ein Rahmen, in dem mehrere Autoren operieren können. Französische Forscher fanden zu ihrer Beunruhigung heraus, daß es Verbindungen zwischen Wissenschaftlern der UMMO-Gruppe und der extremistischen LaRouche-Bewegung in Europa gibt. Falls sich diese Verbindungen bestätigen lassen, bekommt das UMMO-Geheimnis eine bedrohliche Färbung.

UMMO ist sicherlich eins der besten Beispiele für die systematische Anwendung der Verwirrungstechniken auf dem Gebiet des Paranormalen. Das Neue an diesem Schwindel war die Produktion von scheinbar echten Sichtungen, die dazu führen sollten, daß ahnungslose Zeugen sich von den Medien interviewen ließen und daß wohlmeinende UFO-Forscher den Zeugen nur bescheinigen konnten, daß sie die Wahrheit sagten, während die Übeltäter im Hintergrund blieben und Fotos und physische Beweise fälschten.

Eine weitere Frage, die mir Sorgen macht, dreht sich um die schlechte Qualität der veröffentlichten Fotos. Diese Frage erhebt sich beim Betrachten der meisten UFO-Bilder. Es gibt heute schon Techniken, mit denen man funkgesteuerte Kugeln oder

Scheiben von beachtlichen Ausmaßen nach Belieben im Himmel, am Boden und um Hindernisse steuern und lenken kann. Solche Geräte werden häufig vom Militär benutzt, um Bodenziele zu identifizieren und um Informationen zu sammeln. Also besteht schon seit langem die Möglichkeit, mit Hilfe ferngelenkter Sonden und anderen modernen Techniken einen Schwindel aufzuziehen. Das Ergebnis wäre ein perfekter Fall mit absolut authentischen fotografischen Beweisen, die sich viel besser machen als die klobigen von Ummo vorgestellten Modelle.

In den vergangenen Jahren wurden die wissenschaftlichen Dokumente, die von der Ummo-Quelle (oder von den Quellen) um die ganze Welt geschickt wurden, immer lächerlicher und kindischer. Ummo hat nicht nur alle wichtigen Fortschritte verpaßt, die wir in den letzten zehn Jahren in der Computertechnik und in der Gentechnik gemacht haben, sondern auch die Krebstherapien ohne Strahlung (von Kybernetik ganz zu schweigen), die in greifbarer Nähe scheinen. Vor allem aber benutzt die Raumfahrt Ummos immer noch Düsenantriebe, die angesichts der heutigen Spekulationen in der Physik über Wurmlöcher und die Superstring-Theorie als veraltet gelten müssen.

Am schlimmsten aber ist natürlich, daß keins der Ummo-Dokumente die echten UFO-Sichtungen erklärt, die seit 1946 verstärkt stattfinden und die die Aufmerksamkeit vieler ernsthafter Forscher auf der ganzen Welt geweckt haben.

Solche rationalen Überlegungen können die Ummo-Anhänger aber nicht zurückhalten. Sobald ein Glaubenssystem einmal etabliert ist, läuft es aus eigenem Antrieb weiter und gewinnt gerade aufgrund seiner Absurdität neue Kraft.

Buenos Aires, Argentinien, 1947

Zu den größten zeitgenössischen Autoren gehört der Argentinier Jorge Luis Borges, der 1987 starb und ein umfangreiches, schönes und zugleich beängstigendes Werk hinterließ. Er war von den Verheißungen und auch den Zwiespältigkeiten eines Kontakts mit außerirdischen Wesen fasziniert. Sein aufrüttelndes Gedicht »Das Labyrinth« zitierte ich ja bereits.

Es gibt eine wenig bekannte Kurzgeschichte von Borges, die in seinem Buch *Ficciones* erschien und die ich immer und immer wieder lese. Es ist eine absichtlich geheimnisvoll und wirr in Spanisch geschriebene Geschichte, die um 1947 entstand und die den Titel »*Tlön, Uqbar, Orbis Tertius*« trägt. Die Geschichte könnte ohne weiteres die Anregung zum UMMO-Schwindel gegeben haben.

Tlön ist in Borges' Geschichte ein hypothetischer Planet, erfunden von einer Gruppe kluger Menschen, die von einem exzentrischen Südstaaten-Gentleman aus Memphis finanziert werden. Sie benutzen ihre eigenen und die Fähigkeiten verschiedener Helfer, um ein monumentales Werk zu schaffen, eine Enzyklopädie von Tlön, komplett mit Angaben zu den Sprachen, den Philosophien und der Mathematik von Tlön. Doch sie offenbaren der ahnungslosen Öffentlichkeit immer nur kleine Bröckchen. Die Gründer, die zugleich einer Geheimgesellschaft namens Orbis Tertius angehören, haben geschworen, sich für immer versteckt zu halten.

Auf Tlön wird wie auf UMMO ein Zahlensystem mit der Grundzahl 12 benutzt. Eine Vorstellung von der Zeit, wie wir sie kennen, gibt es nicht. Die Vergangenheit existiert als ständig gegenwärtige Erinnerung, und die Zukunft ist eine gegenwärtige Erwartung. Deshalb sollte es ein leichtes sein, die Vergangenheit oder gar die Zukunft zu verändern. Es gibt auch eine Theorie, die besagt, alle alltäglichen Gegenstände hätten Doppelgänger. Wenn Objekte verloren gehen, kann man sich zum Ersatz einen solchen Doppelgänger beschaffen, vorausgesetzt, man glaubt stark genug an das verlorene Objekt. Nehmen wir beispielsweise an, daß zwei Menschen einen Stift suchen. Einer findet ihn und schweigt. Der zweite findet einen weiteren Stift, der ebenso real ist wie der erste, der sich aber in kleinen Details vom ersten unterscheidet. Der zweite Stift wird als *hrön* bezeichnet. Auf Tlön wurden Experimente durchgeführt, um systematisch *hrönir* von fiktiven Objekten, vor allem von archäologischen Artefakten, zu erzeugen. Vier Gruppen von Studenten wurden beispielsweise beauftragt, auf einem bestimmten Gelände Ausgrabungen durchzuführen. Man sagte ihnen, man könne erwarten, daß das Gelände große Schätze berge, obwohl es in Wirklichkeit keine Hinweise darauf gab. Drei Experimente schlugen fehl. Beim vierten Versuch starb jedoch der Direktor der Übung (der die Wahrheit kannte) während der Ausgrabungen. Die führungslosen Studenten, die nicht wußten, daß es überhaupt keine Fundstücke gab, stießen auf eine goldene Maske, ein altes Schwert und wundervolle Amphoren – die allesamt *hrönir* waren, von den Findern dank deren eigenen Glaubens aus dem Nichts erschaffen!

Während das Wissen aus der vierzigbändigen Enzyklopädie Tlöns Stück um Stück veröffentlicht wird, werden immer mehr Menschen beginnen, an Tlön zu glauben. Dieser Glaube wird durch die Entdeckung tlönischer Objekte, die aus ungewöhnlichen Materialien bestehen, verstärkt. Borges zeigt diabolisch auf, daß unsere eigene Gesellschaft, während der Glaube an Tlön wächst, ebenfalls spontan *hrönir* erschaffen wird, Pseudofakten und Quasierinnerungen an Tlön, die nach und nach die alte Realität ersetzen, da ja niemand weiß, daß Tlön überhaupt nicht existiert. Borges stellt sich sogar einen zukünftigen Staat vor, in dem der von der Geheimgesellschaft Orbis Tertius ausgeheckte Schwindel in die rationale Welt völlig integriert ist.

> Wie könnten wir nicht an Tlön glauben, an die spezifischen und reichhaltigen Beweise für die Existenz dieses ganz normalen Planeten? Diese Realität in Frage zu stellen, wäre undenkbar. Allerdings folgt sie göttlichen Gesetzen (wollen wir sagen: menschlichen Gesetzen), die wir nie ganz durchschauen können. Tlön mag

ein Labyrinth sein, dessen Sinn es ist, von Menschen erkundet zu werden.

Das Beängstigende und sogar Erschreckende daran, sagt Borges, ist die Tatsache, daß die unbekannten Meister von Orbis Tertius allmählich unsere alte Realität durch ihre neue ersetzen. Nach einer Weile wird sich die Erde selbst in Tlön verwandeln!

Vielleicht wird UMMO Borges' schrecklicher Vision der Tlön-Phantasie, die unsere Welt langsam übernimmt, nicht ganz gerecht. Es ist zu bezweifeln, daß die Landung in Aluche von einem reichen, unausgefüllten amerikanischen Industriellen geplant wurde. Wahr ist aber, daß UMMO für Hunderte von UFO-Gläubigen in Spanien, in Frankreich, in den USA und in Südamerika mit seiner eigenen Sprache, seiner Wissenschaft und seinen geheimnisvollen Dokumenten zur Realität geworden ist. Diese Leute haben die reale Welt aufgegeben und sogar den trügerischen Randbereich der paranormalen Forschung und der UFO-Forschung verlassen. In gewisser Weise gingen sie uns verloren und tauchten als *hrönir* wieder auf, als Doppelgänger ihrer früheren Verkörperungen, die ihre Vergangenheit und ihre Zukunft im Sinne einer mächtigen Phantasie neu arrangiert haben. Doch diese Phantasien über Tlön, warnt Borges, sind gefährlich, denn »bezaubert von seiner strengen Gesetzmäßigkeit vergißt die Menschheit ein ums andere Mal, daß es eine Gesetzmäßigkeit von Schachspielern, nicht von Engeln ist.«

Los Angeles, Kalifornien, 1982

Die UMMO-Geschichte hat alles, was uns gefällt – Außerirdische aus dem Weltraum, die uns eine neue Physik, eine neue Physiologie und sogar neue Vorstellungen von der Seele schenken, geheimnisvolle dänische Ärzte, die sadistische Verstümmelungen durchführen, Schlösser in Spanien mit unterirdischen Kammern, in denen das Zubehör für einen Frankenstein-Film zu finden ist, französische Militärhubschrauber, die in den Alpen nach Höhlen suchen, und eine wachsende Zahl von Anhängern, die auf der ganzen Welt Gruppen und Clubs bilden, um ihre neue kosmische Wahrheit zu propagieren.

Die Geschichte war viel zu gut, das Produkt war viel zu gut vermarktet, um nicht irgendwo in den New Age-Regalen eine Marktnische zu finden. Colonel Wendelle Stevens brachte übrigens vor kurzem ein vielbändiges Werk mit dem Titel *Contact from Planet* Ummo heraus, für das Antonio Ribera die meisten in Spanien verschickten Dokumente sammelte. Keiner der Autoren unterzieht sein Material einer kritischen Analyse. Colonel Stevens ist eifrig damit beschäftigt, in Vorträgen und Interviews für das Buch zu werben. Nachdem im November 1982 in der Sendung *Open Line* bei einer ABC-Station in Los Angeles über UFOs gesprochen worden war, forderte der Moderator Bill Jenkins ihn auf, zum Schluß der Sendung einige Grußworte zu sagen. Stevens zog eine vor kurzem von der Ummo-Quelle an Ribera geschickte Erklärung aus der Tasche und las einen Teil vor:

> Ihr seid wie Kinder, Ihr spielt mit schrecklichen und gefährlichen Spielzeugen, die Euch zerstören können, und wir können nichts dagegen tun! Ein kosmisches Gesetz besagt, daß jede Welt ihren eigenen Weg gehen und dabei überleben oder untergehen muß. Ihr habt Euch für den zweiten Weg entschieden. Ihr zerstört Euren Planeten... als Eure älteren Brüder im Kosmos wünschen wir Euch von ganzem Herzen, daß Ihr gerettet werden möget. Zerstört nicht den wunderschönen blauen Planeten, eine der so seltenen mit einer Atmosphäre beschenkten Welten, die majestätisch durch den Weltraum zieht und voll von Leben ist. Es ist Eure Entscheidung.

Auch in dieser Botschaft steckt wieder ein offensichtlicher Widerspruch. Wenn es ein kosmisches Gesetz gibt, demzufolge jede Welt »ihren eigenen Weg gehen« muß und das die Aliens daran hindert, uns zu warnen oder zu retten, wie es in den Ummo-Dokumenten oft heißt, dann haben sie gegen dieses Gesetz verstoßen, wenn sie uns über einen Sender in Los Angeles sagen, was wir tun sollen! Doch das menschliche Bewußtsein geht gern über solche Widersprüche hinweg. Es nimmt eine Botschaft ernst, die angeblich von einem anderen Planeten stammt und die uns über unzuverlässige Kanäle weitergeleitet wurde – und es ignoriert die gleiche Botschaft, wenn sie von angesehenen Biologen, Philosophen und verantwortungsbewußten Politikern vorgetragen wird, die Menschen sind wie wir. Wenn die Botschaft höheren spirituellen Wesen zugeschrieben wird (»unseren älteren Brüdern«), dann ist sie Grund genug für eine weitreichende Verhaltensänderung.

Es gab stürmische Reaktionen auf die Sendung. Der Sender konnte sich vor Anrufen kaum retten. Hunderte Menschen in Südkalifornien wollten Kopien der Botschaft haben. Der Sender mußte die Botschaft zwei Wochen lang immer wieder verlesen lassen, damit die Leute sie aufzeichnen konnten. Einige der Anrufer weinten.

Paris, Frankreich, Juni 1990

Es gibt mittlerweile drei Generationen von »UMMO-Forschern«, wie die französischen Journalistinnen Martine Castello und Isabelle Blanc 1990 nach einer Forschungsreise nach Spanien erklärten. Die Altvorderen wie Antonio Ribera sind verwirrt wie eh und je. Die zweite Generation rekrutiert sich aus Soziologen und Psychologen, die das ganze Phänomen als modernen Mythos bezeichnen. Immer wieder tauchen Leute auf und behaupten, sie hätten den Erfinder des UMMO-Schwindels entdeckt, doch beweisen konnten sie es nie. Wie im Fall von MJ-12 gibt es keine heißen Spuren!

Die dritte Generation ist jung und naiv. Sie besitzt weder die langen Erfahrungen in der Ufologie, über die Forscher wie Ribera verfügen, noch die gesunde wissenschaftliche Skepsis eines Soziologen. Diese Leute beginnen bei Null und glauben alles, was man ihnen auftischt.

Eine beunruhigende Möglichkeit, die von einigen französischen Behörden gerade untersucht wird, ist die Idee, UMMO könne mit Geheimdiensten des Ostblocks in Verbindung stehen, die sich auf wissenschaftliche Spionage spezialisiert haben.

»Diese Idee ist gar nicht so weit hergeholt, wie sie klingt«, erzählte mir ein französischer Spezialist. »Wenn man eine solche Gruppe aufbaut, kann man eine Menge UFO-Informationen, zum Teil vertraulicher Natur, an die Anführer der Gruppe weitergeben. Noch wichtiger aber wäre, daß man auf diese Weise guten Einblick in die heutigen geheimen Forschungen in westlichen Labors bekommen könnte.«

Die UMMO-Dokumente enthalten tatsächlich eine große Menge wissenschaftlich klingender Enthüllungen über so anspruchsvolle Themen wie die Physiologie, die Computerwissenschaft und die Astrophysik. Diese Papiere haben die Aufmerksamkeit, um nicht zu sagen, die Faszination einiger Forscher vor allem in Frankreich und Spanien geweckt, die mittlerweile zum inneren Kreis der Sekte gehören. Es ist beispielsweise kein Geheimnis, daß der französische Physiker Jean-Pierre Petit, Autor einiger Theorien über Magneto-Hydrodynamik (MHD) glaubt, die UMMO-Dokumente enthielten neue Einsichten zur Kosmologie. Petit veröffentlichte in den *Comptes-Rendus* der französischen Akademie der Wissenschaften eine Reihe theoretischer Spekulationen, die unmittelbar durch die Thesen in den UMMO-Dokumenten inspiriert wurden. Zwei seiner jüngeren Publikationen tragen die Titel »Enantiomorphe Universen mit gegenläufigen Eigenzeiten« und »Spiegelbildliche zeitgleiche Wechselwirkung von Universen«.

Petits Vorstellung von Zwillingsuniversen, die Spiegelbilder voneinander seien – eine Idee, die auf Andrej Sacharow zurückgeht (siehe Petits *Enquête sur les Ovni*, 1990, S. 348) – entspricht auch UMMOs Vorstellung von einem Zwillingsuniversum, die beispielsweise in Antonio Riberas 1979 veröffentlichtem Buch *El Misterio de* UMMO (S. 248) erläutert wurde. Ribera zitiert dort die angeblichen außerirdischen Dokumente und sagt: »Unser Zwillingsuniversum ist enantiomorph«, also ein Spiegelbild des unseren, und er fügt hinzu, daß »beide Universen gegenseitig aufeinander Einfluß nehmen.«

Diese deutliche Verbindung zwischen einer angeblich außerirdischen Sekte und einigen modernen Ideen unserer Wissenschaftler ist beunruhigend. Wenn der Wildwuchs der UMMO-Gruppe zu einem Netzwerk, das technische und wissenschaftliche Informationen sammeln soll, sowie die Kontakte zu den französischen und deutschen Zweigen der LaRouche-Bewegung bestätigt werden sollten, dann würde dies in den Sarg der freundlichen Brüder aus dem All einen weiteren Nagel treiben.

Der Fall von Kirk Allen

Wenn wir den UMMO-Anhängern wie Jean Pierre Petit glauben wollen, dann ist ein gewichtiges Argument gegen die Annahme, das UMMO-Material stamme von einem einzigen Menschen oder einer kleinen Gruppe, die Tatsache, daß es so viele und so umfassende Dokumente sind. Wie hätte ein einziger Mensch Hunderte von Berichten von manchmal mehreren hundert Seiten Umfang, das Hauptwerk UMMOs, allein schreiben können? Was ist mit den Karten, den Tabellen, dem mathematischen System, den Formeln, den Codes? Wir haben es hier, sagen die Gläubigen, eindeutig mit den Produkten einer ganzen Zivilisation zu tun.

Die Leute, die dies behaupten, kennen die psychiatrische Literatur nicht. Sie haben noch nie etwas von Kirk Allen gehört.

An einem schwülen Junimorgen bekam der erfolgreiche Psychiater Dr. Robert Lindner in Baltimore einen Anruf, der den bemerkenswertesten Fall seiner Praxis einleiten sollte. Später faßte er diesen Fall in seinem Buch *The Fifty-Minute Hour: A Collection of True Psychoanalytic Tales* zusammen.

Der Anruf kam von einem bei der Regierung angestellten Arzt, der auf einem geheimen Stützpunkt in New Mexico arbeitete, wo gerade an der Wasserstoffbombe geforscht wurde (auch wenn Dr. Lindner selbst diese Tatsache nicht erwähnte). Der Arzt wollte ihm einen Patienten überweisen. Es handelte sich um einen brillanten wissenschaftlichen Forscher, der »in jeder Hinsicht völlig normal« war, bis auf die Tatsache, daß er eine erstaunliche Menge von Detailinformationen über eine andere Welt gesammelt hatte – über eine Welt, die ihn immer stärker zu beschäftigen schien, bis er begann, seine Arbeit zu vernachlässigen.

Als er von seinen Vorgesetzten nach dem Leistungsabfall seiner Abteilung gefragt wurde, entschuldigte Kirk sich wortreich und sagte, er wolle versuchen, »mehr Zeit auf diesem Planeten zu verbringen.« An diesem Punkt beschlossen die Behörden, daß er die Hilfe eines Fachmannes brauchte. Sie wollten den Wissenschaftler so oft wie möglich nach Baltimore fliegen, alle Kosten würden übernommen.

Drei Tage später traf Kirk Allen in Dr. Lindners Büro ein.

»Alle Spekulationen, die ich über ihn hatte – ich sah ihn als verrückten Wissenschaftler – lösten sich in Luft auf, als er in meinem Sprechzimmer vor mir stand«, schreibt der Arzt. »Er war ein energisch wirkender Mann von durchschnittlicher Größe, mit klarem Blick und blond, und sein Anzug war trotz der langen Reise und der Feuchtigkeit makellos glatt ... er kam mir vor wie ein junger leitender Angestellter ... er sprach gerade verhalten genug, um mich wissen zu lassen, daß er die Situation, in der er sich nun befand, für einigermaßen peinlich hielt.«

Während der ersten Sitzung erhob Dr. Lindner viele Informationen über Werdegang und Kindheit seines Patienten. Er erfuhr, daß Kirk Allen ein begeisterter Leser von Science Fiction-Geschichten war. Irgendwie hatte sich bei ihm die Idee festgesetzt, eine Reihe von Geschichten, deren Hauptperson den gleichen Namen trug wie er, seien in Wirklichkeit Teile seiner eigenen Biographie! Die Geschichten hatten mit weit entfernten Welten auf anderen Planeten zu tun. Er war besessen von dem Gedanken, seine Biographie zu vervollständigen, um die Kontinuität seines Lebens herzustellen und um die Widersprüche zwischen, wie er sie nannte, verschiedenen Teilen der »Aufzeichnungen« aufzuklären. Der Erfolg stellte sich ein, als er herausfand, daß er die Fähigkeit besaß, psychisch in die Welt des anderen Kirk Allen zu reisen.

Dr. Lindner stellte bald zweierlei fest – einmal war sein Patient völlig verrückt. Zum zweiten war die Psychose für ihn jedoch zum Lebensinhalt geworden und deshalb schwer zu behandeln. Er bat Kirk, ihm die Dokumente auszuhändigen, die ihn veranlaßt hatten, sich auf die Suche zu begeben.

> Man kann sich kaum eine Vorstellung von Kirks Aufzeichnungen machen... es waren ungefähr zwölftausend getippte Seiten, auf denen die berichtigte Biographie von Kirk Allen niedergeschrieben war. Das Werk war in etwa 200 Kapitel unterteilt, die sich lasen wie ein Roman. Beigefügt waren etwa 200 oder mehr Anmerkungen in Kirks Handschrift, die sich auf Korrekturen bezogen, die durch neuere »Nachforschungen« nötig geworden waren. Außerdem war da ein dickes Bündel von Papierstücken und Notizen auf Briefumschlägen, Quittungen, Wäschereiabschnitten, kleinen Zetteln und so weiter. Diese letzteren Notizen waren weitgehend unverständlich, weil sie in Kirks eigener Kurzschrift geschrieben waren. Einige zeigten auch hastig hingekritzelte Zeichnungen, mathematische Gleichungen oder symbolische Darstellungen verschiedener Dinge. Alle jedoch waren sorgfältig numeriert und mit rotem Stift gekennzeichnet, um festzuhalten, zu welcher Stelle des Hauptwerks sie gehörten.

Abgesehen von diesem riesigen Manuskript und seinen Anhängen gab es noch:

1. Ein Glossar von Namen und Begriffen, das mehr als 100 Seiten umfaßte.
2. 82 kolorierte und maßstabgerecht gezeichnete Karten, unter anderem 23 Planeten in vier Projektionen, 31 Karten der Land-

massen dieser Planeten und 14 Karten mit der Aufschrift »Kirk Allens Expedition nach –«. Auf den übrigen Karten waren Städte der verschiedenen Planeten dargestellt.

3. 61 Zeichnungen von Gebäuden und Erhebungen, einige koloriert, andere nur mit Tusche gemalt, doch alle sorgfältig im Maßstab gehalten und mit Anmerkungen versehen.

4. Zwölf genealogische Tabellen.

5. Eine achtzehnseitige Beschreibung des Sternensystems, zu dem Kirk Allens Heimatplanet gehörte, dazu vier astronomische Karten, eine für jede Jahreszeit, und neun Sternenkarten, die der Blickrichtung von Observatorien auf anderen Planeten des Systems entsprachen.

6. Eine 200 Seiten lange Geschichte des Reiches, über das Kirk Allen herrschte, eine dreiseitige Tabelle mit Daten und Namen von Schlachten oder wichtigen historischen Ereignissen.

7. 44 Hefter mit jeweils zwei bis zwanzig Blättern, die jeweils einen bestimmten Aspekt des Planeten behandelten… typische Titel, sauber auf die Ordner gedruckt, lauteten: »Die Fauna von Srom Olma I«, »Das Verkehrssystem von Seraneb«, »Die Wissenschaft von Srom«, »Parapsychologie auf Srom Norbra X«, »Die Anwendung der Einheitlichen Feldtheorie auf den Sternenantrieb für die Raumfahrt und seine Mechanik«, »Die einzigartige Entwicklung der Gehirne der Crystopeden auf Srom Norbra X«, »Pflanzenbiologie und Gentechnik auf Srom Olma I«, und so weiter.

8. Schließlich gab es noch 306 Zeichnungen, einige mit Wasserfarben, andere mit Kreide oder Kreidestiften angefertigt, von Menschen, Tieren, Pflanzen, Insekten, Waffen, Utensilien, Maschinen, Kleidungsstücken, Fahrzeugen, Instrumenten und Möbeln.

Neben diesem Katalog verblassen die gesamte UMMO-Literatur, das Werk des Urantia-Kults oder die Produkte anderer Randbereiche der Ufologie. Dr. Lindner schrieb:

Der Leser kann sich vielleicht vorstellen, wie entsetzt ich angesichts dieser Menge von Material war. Ich weiß aber nicht, ob er sich auch vorstellen kann, mit welch ungutem Gefühl ich mich an die Aufgabe machte, diesen Mann von seiner Besessenheit zu befreien.

Die Wurzeln von Kirk Allens Phantasien traten in den Geschichten aus seiner Kindheit und Jugend zutage. Er wurde als Sohn eines Marineoffiziers geboren, der zum Gouverneur einer entlegenen Pazifikinsel ernannt wurde, auf der sie die einzige weiße Familie waren. Seine Mutter überließ ihn der Obhut mehrerer Gouvernanten. Eine von ihnen verführte ihn, als er elf Jahre alt war, bevor sie mit dem einzigen Lehrer der Insel davonlief. Von diesem Augenblick an verbrachte der Junge, der mit einer ungewöhnlichen Intelligenz begabt war, seine ganze Zeit damit, alle Bücher über fremde Welten zu lesen, die er nur finden konnte, und seinen Phantasien freien Lauf zu lassen.

Dr. Lindner erwog mehrere Strategien, um Kirk Allen zu heilen. Schocktherapie lehnte er als unmenschlich und zu drastisch ab. Auch Hypnose, die er in anderen Situationen durchaus für nützlich hielt, wollte er aus Gründen, die sich die heutigen Ufologen ins Stammbuch schreiben sollten, nicht einsetzen:

> Kirks Verbindung zur Realität war auch so schon geschwächt, und ich fürchtete einfach, diesen dünnen Faden, der seine letzte Verbindung zu dieser Welt darstellte, völlig zu durchtrennen.

Dr. Lindner kam zu der Überzeugung, der einzige Weg bestehe darin, in die Phantasien seines Patienten einzudringen und zu versuchen, ihn von dort aus zu befreien. Kirk Allen war inzwischen nach Baltimore umgezogen. Der Arzt machte sich über die Aufzeichnungen her, und während Kirk Allen ihm als Mentor half, wuchs Stunde um Stunde seine Faszination. Wann immer er in den Daten eine Lücke entdeckte, »schickte« er seinen Patienten aus, um die fehlenden Informationen durch eine psychische Reise zu beschaffen. Zuerst schien dies für Dr. Lindner eine praktikable Technik zu sein, doch er wurde zunehmend in das Spiel hineingezogen und stellte fest, daß er aufgeregt auf die verlangten Antworten wartete.

Eines Tages bemerkte der Arzt in den Sternenkarten eine wichtige Diskrepanz. Die Maßeinheit der Karten hieß *ecapalim,* eine Olmayanische Maßeinheit, die etwa 2,11 Kilometern entsprach. Sie arbeiteten an diesem Widerspruch, und Dr. Lindner forderte Kirk auf, sein interplanetarisches Institut aufzusuchen, um die entsprechenden Unterlagen einzusehen.

Es gab mehrere Situationen, in denen der Therapeut versuchte, Kirks Besessenheit zu beheben, indem er sich auf sie einließ. Dabei wurde er selbst jedoch immer weiter in die Phantasien hineingezogen. Schließlich waren die Rollen sogar vertauscht, als er selbst versuchte, die Diskrepanzen in den Aufzeichnungen von Olma aufzulösen!

Eines Tages, als Dr. Lindner besonders gespannt auf Kirk Allen wartete, weil dieser wichtige Daten beschaffen sollte, stellte er fest, daß sein Patient an den Resultaten anscheinend überhaupt kein Interesse hatte. Als der Arzt fragte, zuckte Kirk nur die Achseln und gestand ihm schließlich, daß er den Arzt in den letzten Wochen angelogen habe.

»Ich habe das nur erfunden«, sprudelte es aus ihm heraus. »Ich habe all... all diesen Unfug nur erfunden!«

»Was ist denn mit den Reisen?« fragte Dr. Lindner mit einem Gefühl, das er selbst als Mischung aus Enttäuschung und Triumph, aus Sorge und Erleichterung beschrieb.

»Welche Reisen?« fragte Kirk Allen. »Mit diesen Dummheiten habe ich doch schon vor Wochen aufgehört.«

In diesem Fall hatte der Patient also, um dem Therapeuten zu Gefallen zu sein, so getan, als wären die Reisen real gewesen, weil der Therapeut sich zu weit auf die Phantasie eingelassen hatte, die inzwischen in dessen eigenem Leben ein wichtiges Bedürfnis befriedigte.

Kirk Allen kehrte zu seiner Forschungsarbeit für die Regierung zurück, und Dr. Lindner stand vor dem Problem, sich selbst heilen zu müssen. Der entsprechende Teil seines Buches ist möglicherweise der bemerkenswerteste überhaupt:

> Bevor Kirk Allen in mein Leben trat, hatte ich nie an meiner Stabilität gezweifelt. Verirrungen des Geistes... gab es nur bei anderen... Es ist jetzt Jahre her, daß ich Kirk Allen zum letzten Mal gesehen habe, aber ich muß oft an ihn denken, an die Zeit, als wir zusammen die Galaxien durchstreiften.

An langen Sommerabenden auf Long Island, wenn der Himmel voller Sterne ist, blickt Dr. Lindner auf, lächelt in sich hinein und flüstert: »Wie läuft's denn so mit den Crystopeden? Wie stehen die Dinge in Seraneb?«
Ich bin auf ähnliche Weise versucht zu fragen: »Gibt es Frieden in IUMMA? Sind die Ummiten wirklich mit der transzendenten Funktion von OEMII zufrieden?«

5
LA JUSTICE MAUVE

Wer in den letzten Jahren die Talkshows im Fernsehen verfolgt hat, muß sich darüber im klaren sein, daß die Frage der Entführungen zum zentralen Thema der amerikanischen Ufologie geworden ist.

Die Entführungsspezialisten sagen, die »fehlende Zeit«, eine Erfahrung vieler Zeugen, die außerirdischen Wesen begegnet sind und sich in deren Raumschiffen aufgehalten haben, müsse mit der Hilfe von Hypnose erhellt werden, denn nur so könne man ein vollständiges und zutreffendes Bild vom Verhalten unserer außerirdischen Besucher gewinnen. Die meisten dieser Spezialisten, namentlich Budd Hopkins und David Jacobs, weisen vehement jeden Vorschlag zurück, man solle die Erfahrung auf einer symbolischen Ebene verstehen wie ein Schauspiel, einen Traum oder einen Film. Sie nehmen die Ereignisse lieber wörtlich und sprechen von wissenschaftlichen Missionen der Außerirdischen.

Wenn sie recht haben, dann muß ein französischer Fall aus dem Jahre 1979 der ideale Entführungsfall sein, der endgültige Beweis dafür, daß wir tatsächlich von Wesen von anderen Welten Besuch bekommen. Bei diesem Ereignis beobachteten zwei Zeugen leuchtende Kugeln, die ein Auto einhüllten, worauf der Fahrer, ihr Freund Franck Fontaine, einfach verschwand. Sie meldeten den Vorfall der Polizei, die den Vermißten jedoch nicht finden konnte und eine landesweite Fahndung einleitete. Einige Tage vergingen, die Schlagzeilen wurden immer fetter, bis Franck sieben Tage später an der Stelle, an der er verschwunden war, wieder auftauchte. Anscheinend war ihm nicht bewußt, wieviel Zeit inzwischen vergangen war.

Zeitungen und Fernsehsender von Kalifornien bis zur Sowjetunion interviewten den jungen Mann. Die Polizei und ein Team von Wissenschaftlern vom französischen Raumfahrtzentrum verhörten ihn – letzteres ist die einzige zivile Organisation, die mit Billigung der Behörden das UFO-Phänomen mit wissenschaftlichen Methoden untersucht. Franck wurde von UFO-Gläubigen hypnotisiert, und er erinnerte sich an die Details seiner Entführung: Man brachte ihn in ein seltsames Labor, wo ein Dialog mit zwei leuchtenden Kugeln stattfand. Unabhängig davon und allein hypnotisiert erinnerte sich auch sein Freund Jean-Pierre Prevost daran, daß er Kontakt mit einem Außerirdischen mit großem Kopf und tiefen, länglichen Augen gehabt habe.

Besonders interessant ist an diesem Fall die Tatsache, daß die polizeilichen Ermittlungen, unterstützt von einem Wissenschaftlerteam, das mit dem UFO-Phänomen vertraut ist, bereits begannen, *bevor* der Gesuchte von den Aliens, die ihn angeblich entführt hatten, wieder freigelassen wurde.

Pontoise, Frankreich, November 1979

Vierzig Kilometer nordwestlich von Paris liegt die mittelalterliche Stadt Pontoise in einer Flußschleife der Oise auf einer Klippe, die einst von einer prächtigen Burg gekrönt war. Kriegsschäden und der Lauf der Zeit haben den Ort zu einer kleinen ländlichen Gemeinde gestutzt. In letzter Zeit verwandelt sie sich allerdings zunehmend in einen Vorort der explodierenden Metropole Paris.

Als die Bevölkerung wuchs und Einwanderer aus Nordafrika hinzukamen, wurde es notwendig, Sozialwohnungen auf billigem Bauland zu errichten. Die Planer und Technokraten in Paris besahen sich die Karte und beschlossen, daß das alte, provinzielle Pontoise im Vallée des Peintres, das durch Van Gogh und die Im-

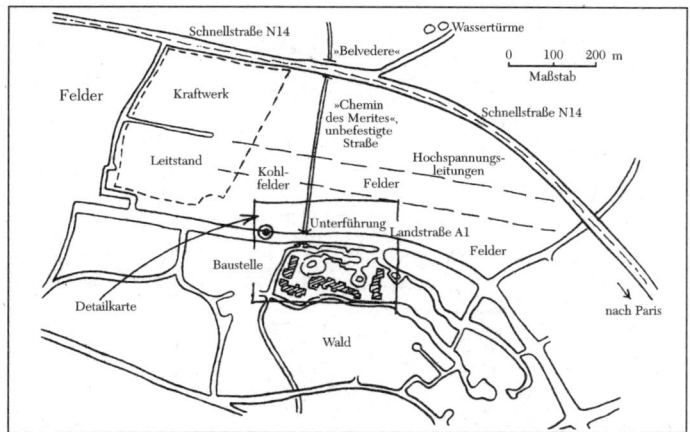

◉ Schauplatz der Entführung. Beachten Sie, wie leicht Franck unter die A1 geführt und durch die Felder zur Schnellstraße nach Paris hätte gebracht werden können.

pressionisten berühmt wurde, eine moderne Modellstadt mit öffentlich finanzierten, vielstöckigen Wohnblocks werden sollte.

Sie fanden das passende Gelände auf dem Plateau von Cergy, das sich hinter der Eisenbahnlinie erstreckt. In dieser Gegend wuchsen zuvor nur Kohl und Zuckerrüben, und ein großes Kraftwerk hockt mit Türmen und Bauten vor dem grauen Horizont.

Die Planer bauten ihre neue Stadt über Nacht. Unter den Menschen, die in diese eintönigen Wohnblocks zogen, waren ältere Frauen, Rentner, junge Paare, die sich keine Stadtwohnung leisten konnten, Studenten, Arbeiter mit niedrigem Einkommen und Sozialhilfeempfänger.

Was die französischen Planer nicht sahen, war, daß sie in diesem Gebiet das alte Gleichgewicht zwischen alt und jung, zwischen reich und arm, zwischen Bankiers und Lastwagenfahrern zerstörten, wie man es in funktionierenden Städten noch findet. Sie hatten ein amerikanisches Modell kopiert, das Land wie einen

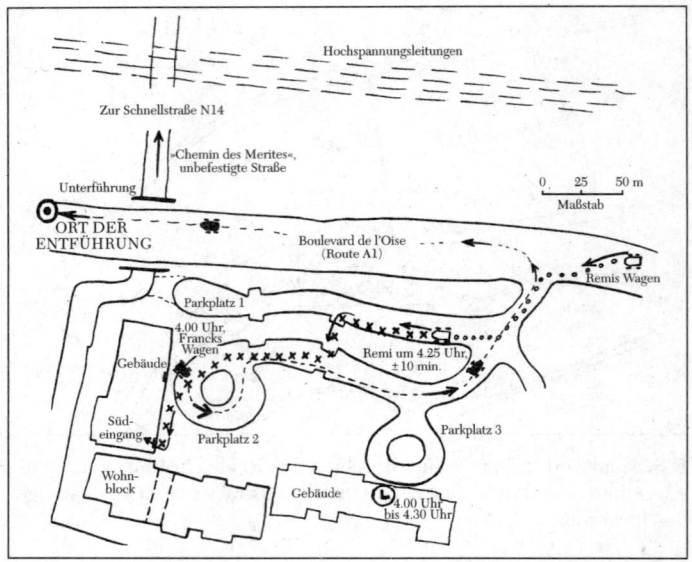

xxxx	Der Weg, den Remi am 26. November 1979 zu Fuß zurücklegte
oooo	Der Weg, auf dem Remis Wagen hineinfuhr
—	Der Weg, auf dem Francks Wagen hinausfuhr
Ⓛ	Lisettes Zimmer

Kuchen zerschnitten und einen Teil den Reichen und einen weiteren der Mittelschicht gegeben. Die Armen konnten sehen, wie sie hinter der Autobahn zurechtkamen. Die neue Stadt war ein schlimmes Beispiel für Fehlplanung am grünen Tisch.

In einem dieser deprimierenden Gebäude, das die Nummer 11 und den Namen La Justice Mauve (die purpurne Gerechtigkeit) trägt, lebten unsere drei Zeugen. Es waren der neunzehnjährige Franck Fontaine, ein großer, schlanker Bursche mit langem, braunem Haar; Salomon N'Diaye El Mama, ein Schwarzer aus Senegal, fünfundzwanzig Jahre alt und wortkarg, aber immer aufmerksam für alles, was um ihn herum geschah; und der sechsundzwanzigjährige Jean-Pierre Prevost, muskulös und klein mit einem Bart, der Intellektuelle der Gruppe.

Am Sonntag, dem 25. November 1979, hatte Franck den ganzen Tag über seiner Mutter geholfen. Abends gesellte er sich zu seinen Freunden, und sie sahen zusammen das Spätprogramm im Fernsehen. Sie konnten nur eine Stunde schlafen, bevor sie wieder aufstehen und zum Markt in Gisors fahren mußten, wo sie eine Fuhre Jeans und Pullover verkaufen wollten.

Am Montagmorgen um 4.00 Uhr begannen sie, den roten Lieferwagen zu beladen, den sie sich von einem Freund geliehen hatten. Es war ein alter Ford Taunus, dessen Anlasser kaputt war und den sie deshalb anschieben mußten. Es war eine kalte, dunkle Nacht. Plötzlich erschrak Franck und machte seine Freunde auf ein seltsames leuchtendes Objekt am Himmel aufmerksam. Es war größer als der Vollmond, länglich und weiß, und schien hinter einem Nachbarhaus zu landen. Er wollte sich die Sache näher ansehen, während Salomon hinaufging, um seinen Fotoapparat zu holen.

Prevost ging ebenfalls wieder ins Haus, um die letzte Fuhre Kleidung und Gerätschaften zu holen. Durch das Objekt, das er am Himmel gesehen hatte, neugierig geworden, öffnete er das Wohnzimmerfenster, das nach Westen ging. Er sah etwas Seltsames: Francks Auto stand am Straßenrand, der Motor lief nicht mehr. Das bedeutete, daß sie den Wagen noch einmal anschieben mußten. Ärgerlich schloß Prevost das Fenster und fuhr mit dem Fahrstuhl hinunter. Als Salomon auf dem Parkplatz zu ihm stieß, wirkte er sehr aufgeregt; er habe eine große dunstige Kugel gesehen, die den Wagen eingehüllt habe. Sie rannten zusammen um das Gebäude herum.

Das Auto stand am rechten Straßenrand, die Parkleuchten waren eingeschaltet. Tatsächlich lag eine große Kugel aus weißem Nebel über dem Wagen, um den sich außerdem drei oder vier kleinere Kugeln bewegten. Die kleineren Kugeln drangen in die größere ein, die ihrerseits in einem Zylinder verschwand, der mit hoher Geschwindigkeit davonflog.

Völlig verblüfft angesichts dieses Phänomens konnten sie zunächst nicht reagieren. Endlich rannten sie zum Auto. Franck war verschwunden.

Die beiden jungen Männer drehten durch. Sie suchten nach Franck, konnten ihn aber nirgends finden. Von der nächsten Telefonzelle aus riefen sie dann die Polizei.

Die erste polizeiliche Ermittlung

Die Polizei kam um 5.00 Uhr. Salomon und Franck erzählten ihre Geschichte, die mit Ironie und Skepsis aufgenommen wurde. Dennoch wurden alle Details des Vorfalls sorgfältig aufgezeichnet. Zwei Stunden später erfuhren die Beamten über Funk, daß die Gendarmerie die Ermittlungen übernehmen werde, die sich über den ganzen Tag hinziehen sollten. Die beiden Zeugen wurden getrennt vernommen. Die Gendarmen zogen ihre Sonderabteilung hinzu – die Renseignements Generaux – die sogleich erklärte, Prevost sei bei ihnen bereits als Anarchist aktenkundig. Die Behörden gingen nun von der Annahme aus, es handele sich um ein abgekartetes Spiel, möglicherweise weil Franck versuchen wollte, sich vor dem Militärdienst zu drücken. Unter Leitung von Adjutant Maniela wurden die Verhöre am nächsten Tag und auch noch am Mittwoch fortgesetzt. Doch es gab nichts Neues. Franck tauchte nicht wieder auf, obwohl inzwischen alle Zeitungen auf den Titelseiten und alle Nachrichtensendungen über den Fall berichteten. Grenzpatrouillen und der Zoll waren alarmiert, die Flughafenpolizei hielt nach ihm Ausschau.

Salomon und Prevost wurden rund um die Uhr überwacht. Man durchsuchte ihre Wohnung, um sich zu vergewissern, ob Franck sich nicht irgendwo versteckt hielt. Tagsüber war ein Zivilbeamter bei ihnen, angeblich, um sie vor den Nachstellungen der Medien zu schützen, in Wirklichkeit aber, um sie zu belauschen und ihre Interviews mitzuhören.

Die Gendarmen kamen nun auf eine neue Idee: Vielleicht hatten Prevost und Salomon Franck ermordet und die Leiche irgendwo versteckt! Sie verhörten Francks Mutter und seine Freundin Mamina. Beide wiesen die Mordtheorie empört zurück.

Die Polizei und die Gendarmerie kamen in Fahrt. Man konsultierte Commandant Cochereau, der für die Sammlung von Berichten über ungewöhnliche Phänomene zuständig war. Er erklärte, die Vorstellung, ein unidentifiziertes Flugobjekt könne für Francks Verschwinden verantwortlich sein, für »völlig unglaubwürdig«. Das sogenannte Opfer könnte aus leicht nachvollziehbaren Gründen einfach fortgelaufen und sich »zu Fuß oder per Anhalter« entfernt haben.

In der Zwischenzeit belagerten die Medien die beiden erschöpften Zeugen, und mehrere UFO-Gruppen versuchten begierig, ihre Aussage zu nutzen, um ihre Theorien zu bestätigen. Die offizielle französische Einsatztruppe für die Untersuchung von UFOs, die GEPAN, hielt sich bewußt aus der ganzen Sache heraus. Und dann, am Montag, dem 3. Dezember 1979, um 4.20 Uhr, war das Opfer plötzlich wieder da.

Franck kehrt zurück

Als die Türklingel ertönte, stand Salomon im Schlafanzug auf, öffnete die Tür und sah sich dem Mann gegenüber, den alle Polizisten in Frankreich seit einer Woche suchten. Franck Fontaine war verwirrt und wütend. Warum war Salomon wieder ins Bett gegangen, wo sie doch schon zum Markt unterwegs sein sollten? Wo war Prevost? Und was war mit dem Auto? Es war verschwunden. Offenbar war es samt Inhalt gestohlen worden!

Salomon begann zu weinen, umarmte seinen Freund und sagte ihm, es sei alles in Ordnung. Der Lieferwagen stünde auf dem Parkplatz, und inzwischen sei eine ganze Woche vergangen! Franck mußte verwirrt einräumen, daß er tatsächlich einen mehrere Tage alten Bart hatte, und auf dem Parkplatz stand richtig der Ford. Er starrte sprachlos aus dem Fenster, während Salomon über die Straße rannte, um Prevost zu holen, der mitten in einem längeren Interview mit der Lokalreporterin Iris Billion-Duplan war, die in der Nähe von La Justice Mauve wohnte.

Zu dritt rannten sie zur Wohnung zurück und begrüßten Franck erstaunt und bewegt. Sie zeigten ihm die Schlagzeilen, die alle Zeitungen Frankreichs über ihn veröffentlicht hatten.

Da das Telefon in der Wohnung abgestellt war, nachdem die Rechnung nicht beglichen worden war, rannte Iris zur Telefonzelle hinunter und rief Mamina und Francks Mutter an, um ihnen Bescheid zu geben.

Nach und nach fügte der Entführte seine Erinnerungen an den letzten Montag wieder zusammen. Wie alle Medien zwischen Moskau und Brasilien bald ausführlich berichten sollten, hatte er, als er den Parkplatz erreichte, vergeblich nach dem zuvor beobachteten Phänomen Ausschau gehalten. Er fuhr weiter und bemerkte bald ein leuchtendes Objekt in der Größe eines Tennisballs, das über dem Kohlfeld schwebte. Er geriet in Panik und wich nach links aus. Als er auf gleicher Höhe mit der Kugel war, ging der Motor aus, den er natürlich nicht mehr anlassen konnte. Die leuchtende Kugel kam heran und schwebte über der Motorhaube. Franck wurde von Nebel eingehüllt. Er konnte die Straße und die Umgebung nicht mehr sehen, und er bekam die Autotür nicht auf. Seine Augen brannten, die Augenlider wurden schwer, und er fiel in tiefen Schlaf. Im Kohlfeld wachte er wieder auf, wußte aber nicht, daß eine ganze Woche vergangen war. Das Auto war nicht mehr da. Er rannte voller Angst zur Wohnung und klingelte Salomon aus dem Bett.

Dieses Mal leisteten die Gendarmen ganze Arbeit. Sie hatten die Nase voll von diesem dummen Geheimnis, das sie zur Zielscheibe des Spotts machte. Sie waren nach wie vor überzeugt, daß die ganze Sache ein übler Streich sein mußte. Ein Mord schied nun aus, denn das Opfer lebte ja noch. Also brachten sie alle in die

Stadt, einschließlich Prevosts Freundin Corinne, die nach einer schweren Operation auf Anweisung ihres Arztes eigentlich Ruhe brauchte.

Die zweite polizeiliche Ermittlung

Von 8.00 Uhr bis 16.00 Uhr wurde Franck an diesem Montag von den Gendarmen verhört. Sie wollten ihm das Geständnis abringen, daß die ganze Sache ein abgekartetes Spiel gewesen sei. Adjutant Maniela und Commandant Courcoux fragten immer wieder, wo er gewesen sei und was er in den sieben Tagen getan habe. Franck wiederholte, daß er keine Erinnerung an die fehlende Zeit habe.

Um 11.00 Uhr wurde Franck zusammen mit einer Menge von Gerätschaften wieder zum Ort des Geschehens gebracht. Ein Polizist machte sich mit dem Versuch lächerlich, mit Hilfe eines Kompasses feststellen zu wollen, ob »sein Gehirn magnetisiert« sei. Mit einem Geigerzähler wurde die Radioaktivität des Kohlfeldes gemessen. Es gab keine. Dann fuhren alle wieder ins Büro der Gendarmerie zurück.

Erst jetzt kamen die Ermittler auf die Idee, daß es sinnvoll sein könnte, Franck Urin- und Blutproben zu entnehmen. Der Hausarzt Dr. Vivien Hassoun wurde gerufen und nahm um 15.00 Uhr die Proben. Ein hinzugezogener Psychiater erklärte, Franck sei normal.

Während der Entführte auf diese Weise beansprucht wurde, unterzog man Prevost und die anderen jungen Leute barschen, strengen und demütigenden Verhören, um ihnen Geständnisse zu entlocken. Francks Freundin Mamina, die zwei Monate zuvor einen Jungen zur Welt gebracht hatte, erfuhr von den Beamten, daß Franck möglicherweise verrückt sei und daß ihr Kind deshalb geistig gestört sein könne. Deshalb müsse sie mit den Behörden zusammenarbeiten, statt den Schwindel »zu decken«.

Um 16.00 Uhr wurden die Hauptbeteiligten zum Gerichtsge-
bäude gebracht, wo sie zwei Stunden auf den Staatsanwalt warten mußten, der sie schließlich noch einmal verhörte. Beim
Staatsanwalt befanden sich vier Wissenschaftler der GEPAN unter
Leitung von Dr. Alain Esterle, eines französischen Raumfahrt-
wissenschaftlers. Sie boten den Zeugen an, sie zu einigen Untersuchungen in die Bonneval-Klinik zu begleiten, eine staatliche
medizinische Einrichtung, die von Professor Fauré geleitet
wurde. Franck widersetzte sich diesem Angebot nicht, schlug
aber vor, die Wissenschaftler sollten am nächsten Morgen zu ihm
kommen, nachdem er etwas geschlafen hatte.
Die Polizisten und der Staatsanwalt teilten den jungen Leuten
schließlich mit, daß keine Anklage gegen sie erhoben würde.

Die Untersuchung der GEPAN

Der einfachste Weg, die Arbeit der GEPAN zusammenzufassen,
besteht darin, Schritt für Schritt den offiziellen Bericht nach-
zuvollziehen, der unter dem Titel »Technischer Bericht Nr. 6«
unter dem Datum des 31. März 1981 abgelegt wurde. Leiter der
Untersuchung war Alain Esterle, ihm zur Seite standen M. Jime-
nez, Jean-Paul Rospars und P. Teyssandier. Ihrem Bericht bei-
gefügt ist ein Anhang von Dominique Andrerie über »Phantasien,
Delirium und UFO-Themen«.
»Wie verabredet, trafen wir am 4. Dezember 1979 um 10.00 Uhr
bei Prevost ein«, beginnt der Ermittlungsbericht der GEPAN. Niemand öffnete. Auch Salomon reagierte nicht auf die Türklingel.
Anrufe bei anderen Beteiligten blieben ebenfalls ergebnislos. Die
Wissenschaftler brauchten den ganzen Tag, um die Gruppe zu
finden, und die Diskussion begann mit dem Thema »Wir sind
müde und wollen nicht mehr belästigt werden.«
Als die Wissenschaftler Franck Fontaine noch einmal anboten,
mehrere Tage in der Bonneval-Klinik zu verbringen, sagte er, er

146

Die UMMO-»Klinik« in Argentinien

Jean-Pierre Prevost und Salomon N'Diaye

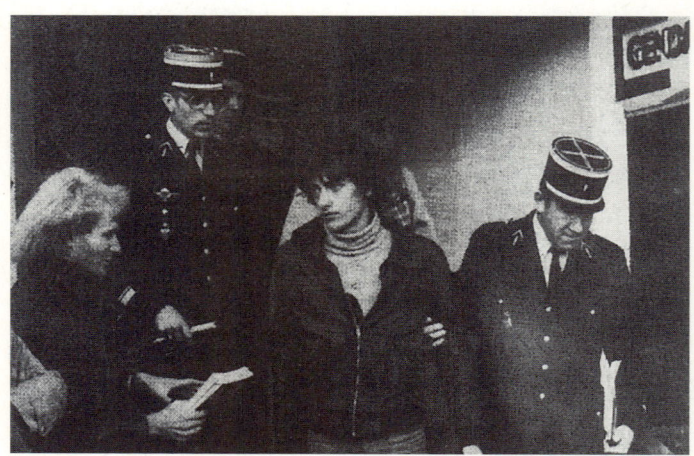

Franck Fontaine nach seinem ersten Verhör

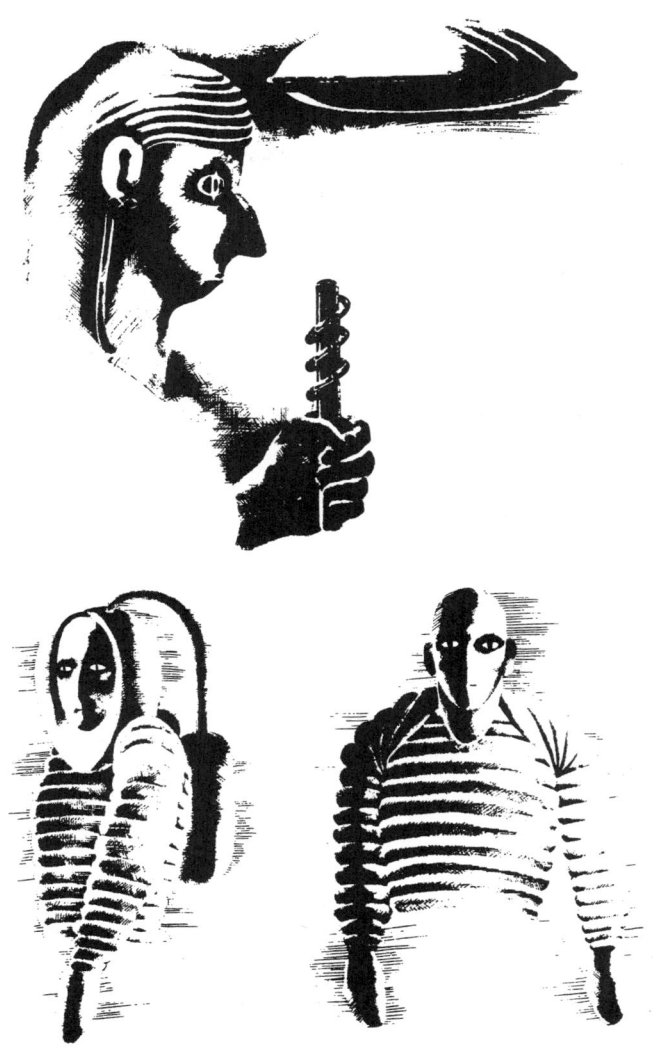

Die »Aliens« auf dem Luftwaffenstützpunkt in Sandlers
Dokumentarfilm *UFOs Past, Present and Futur*

Typisches Foto eines UMMO-UFOs

Carlos Allende,
um 1983 von Linda Strand
in Boulder, Colorado,
fotografiert. »In zwei Jahren
sind Sie mausetot.«

Bild eines sowjetischen Malers zur Landung in Woronesch

Jacques Vallée und Vladimir Azhazha während des von
ihnen geleiteten Moskauer Symposions über das wissenschaftliche
Studium der UFOs im Januar 1989

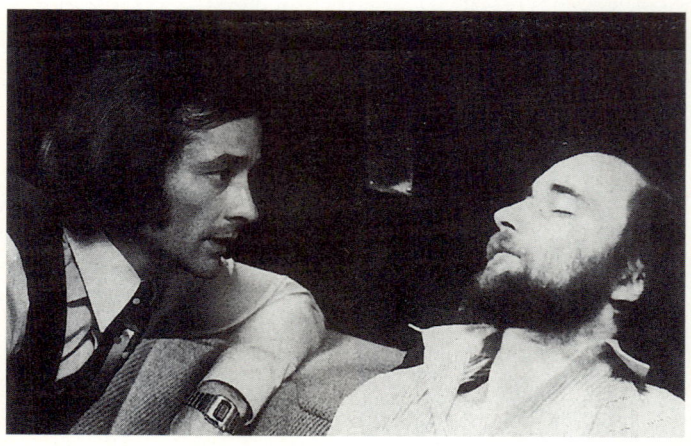

Daniel Huguet, während er Prevost hypnotisiert

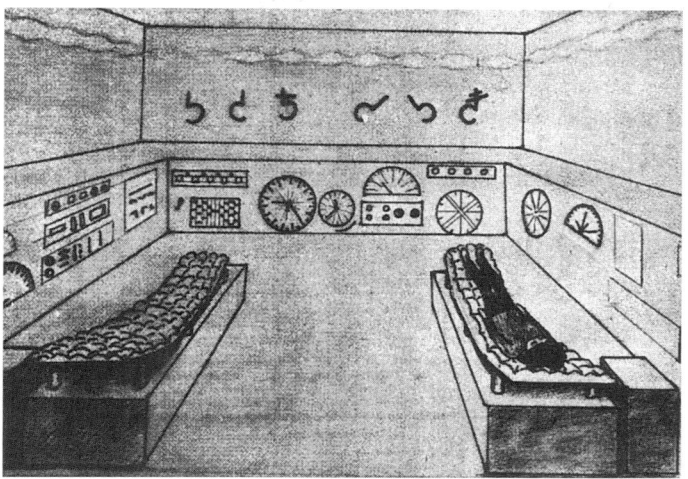

Das »Labor«, an das Franck Fontaine sich unter Hypnose erinnerte

FLYING SAUCER News

SAUCER

25¢

DECEMBER / 1975

Best-Selling Authors of UFO Book Reveal ...

U.S. Gov't Ready to Say:
'Flying Saucers Are Real'

Die *Flying Saucer News* vom Dezember 1975.
Schon damals gab es Gerüchte, die amerikanische Regierung stehe unmittelbar davor, »die Wahrheit über die Realität
der UFOs zu enthüllen.«

würde es nur tun, wenn Dr. Vivien Hassoun mitkäme. Man stimmte zu, doch es kam nicht zum Klinikaufenthalt.

Im nächsten Teil des Gesprächs, an dem die Lokalreporterin Iris, mehrere Freunde und zwei UFO-Amateure teilnahmen, spielte Prevost die Hauptrolle. Salomon brachte nur sein Mißtrauen gegen alles, was irgendwie wissenschaftlich klang, zum Ausdruck. Doch er war von den Hypnose-Demonstrationen, die er früher am gleichen Tag bei mehreren Sitzungen mit privaten UFO-Gruppen gesehen hatte, beeindruckt. Besonders erstaunt war er über die posthypnotische Suggestion, die jemand beispielsweise daran hindern konnte, aufzustehen oder zu rauchen. Als ihm die Wissenschaftler entgegenhielten, daß unter Hypnose gewonnene Erkenntnisse eben wegen der möglichen Einflüsse des Hypnotiseurs mit Vorsicht zu genießen seien, wollte Salomon nichts davon wissen.

Prevost setzte die GEPAN mit der Gendarmerie gleich und erklärte stolz, er sei Anarchist. Verachtung empfand er auch für die amerikanischen Journalisten (vom *National Enquirer*), die versucht hätten, ihn und die anderen Zeugen mit je 1000 Dollar zu bestechen.

Um etwa 23.00 Uhr traf ein entsetzter Franck ein. Er hatte gerade eine Fußgängerin, eine ältere Frau, angefahren. Es stellte sich heraus, daß der Ford nicht versichert war.

Im folgenden Gespräch brachte Franck seinen Gedanken zum Ausdruck, daß »alles eine Bedeutung hat, nichts geschieht aus Zufall.« Er erwähnte, daß er in der Vergangenheit einige Erfahrungen mit Drogen gemacht habe. Den Film *Unheimliche Begegnung der Dritten Art* hatte er gesehen, aber er hatte nicht viel Freude daran gehabt. An UFO-Beobachtungen glaubte er nicht, sagte er, nur an nahe Begegnungen und Entführungen.

Da ihm nicht garantiert werden konnte, daß die Informationen nicht von der Polizei gegen ihn verwendet werden würden, weigerte er sich, über seine Erlebnisse während der letzten Woche zu sprechen. Doch er sagte, er hätte »einige Dinge im Kopf«. Als er im Kohlfeld »aufwachte«, glaubte er zuerst, er »habe geträumt«. Im Schlaf hatte er einige seiner Erlebnisse noch einmal gesehen. Gewisse Wesen, die er als *sie* oder als *jemand* bezeichnete, hätten sich ihm nonverbal mitgeteilt.

Franck hatte das Gefühl, daß diese Wesen alles wußten und durch Wände sehen konnten. Dort, wo er war, »gab es keine Zeit und keine Grenzen«. Das Erlebnis war jedoch nicht mit Trunkenheit oder einem Drogenrausch zu vergleichen, mit zwei Zuständen, in denen »du der bleibst, der du bist«. Es war wie ein Traum, weder angenehm noch unangenehm. Er war in diesen Träumen ein reiner Beobachter und hatte keine Angst.

Am nächsten Tag, dem 5. Dezember, nahm Dr. Hassoun gegen Mittag neue Blutproben. Eine Untersuchung von Francks Haut ergab nichts Auffälliges. Für den nächsten Tag wurden eine Urinuntersuchung und eine Röntgenuntersuchung vereinbart, doch Franck hielt den Termin nicht ein.

Das Verhältnis zwischen den GEPAN-Mitarbeitern und den Zeugen, das schon von Anfang an nicht besonders warmherzig gewesen war, wurde immer schlechter, als die Zeugen keine einzige der Verabredungen einhielten. Die Sache wurde ausgesprochen unangenehm. Salomon beispielsweise äußerte sich aggressiv über die enge Zusammenarbeit zwischen den Wissenschaftlern und der Polizei, und die Aufklärungsarbeit der GEPAN wurde systematisch verzerrt wiedergegeben, wenn die Zeugen mit der Presse sprachen. Sie nahmen eine arrogante und aggressive Haltung ein. Nach den enttäuschenden Begegnungen mit den Zeugen gaben Esterle und seine Kollegen die Interviews auf und führten ihre Untersuchung auf drei anderen Ebenen weiter: Erstens suchten sie weitere Zeugen, zweitens forschten sie nach physischen Beweisen, drittens wollten sie die Äußerungen der Beteiligten unter die Lupe nehmen.

Die Nachforschungen führten sie zu zwei wichtigen neuen Zeugen, die im offiziellen Bericht die Codenamen Remi und Lisette erhielten.

Remi lebt in Zentralfrankreich, etwa dreihundertfünfzig Kilometer von Cergy-Pontoise entfernt, wo er vorübergehend eine Wohnung gemietet hatte, weil er in der Nähe auf einer Baustelle beschäftigt war. Den Sonntag vor Francks Verschwinden hatte er daheim bei seiner Familie in Poitiers verbracht. Nach dem Spätfilm war er losgefahren und um 4.25 Uhr, plus oder minus zehn Minuten, in La Justice Mauve eingetroffen. Er hielt an der Einfahrt des ersten Parkplatzes an und sah einen Lieferwagen auf dem zweiten (tiefer gelegenen) Parkplatz. Er ist sicher, daß er nicht einen, sondern *zwei* Menschen einsteigen sah.

Remi ging zum Gebäude, während der Wagen mit den beiden Insassen davonfuhr. Er betrat seine Wohnung, ging ins Bett und schlief bis in den Vormittag. Erst dann hörte er von Francks Verschwinden.

Remi sah keine ungewöhnlichen Phänomene in der Umgebung. Angesichts der Lage der Parkplätze ist klar, daß Franck und seine beiden Freunde Remis Wagen nicht sahen, als dieser auf den oberen Parkplatz fuhr. Remis Aussage paßt jedoch nicht zur Aussage der jungen Leute, weil er zwei Menschen im Wagen sah.

Lisette ist ein vierzehnjähriges Mädchen, das in der Nähe von La Justice Mauve wohnt. Ihr Schlafzimmerfenster geht zum Kraftwerk und zu den Feldern hinaus. Sie kann oft nicht schlafen. In dieser Nacht ging sie um 4.00 Uhr ins Bad. Als sie in ihr Schlafzimmer zurückkehrte, sah sie Lichter am Himmel. Sie trat ans Fenster und blieb dort nach eigenem Bekunden zehn bis fünfzehn Minuten stehen. Sie sah in Höhe der Masten und Stromleitungen ein Leuchten:

> Es war blau, orange, rot. Es war sehr hell, phosphoreszierend. Ich habe die Farben ganz deutlich, ganz klar gesehen ... es war rund. Ich sah nur Kreise aus verschiedenen Farben ... es bewegte sich viele Male im Zickzack von links nach rechts.

Sie ging um 4.25 Uhr oder 4.30 Uhr wieder ins Bett und schlief ein.

Ihre Beschreibung läßt an eine ringförmige Entladung der Starkstromkabel denken. Doch es ist ungewöhnlich, daß ein solcher Effekt in der Nähe von Hochspannungsleitungen so lange dauert. Die Forscher befaßten sich als nächstes mit dem Kraftwerk in der Nähe von La Justice Mauve.

Das Kraftwerk gehört zu einem regionalen Verbund, der zwei Leitungsnetze mit 225000 V und 400000 V speist. Es ist mit modernen automatischen Überwachungssystem ausgerüstet, die sofort auslösen, sobald eine Spannungsschwankung auftritt. Außerdem tun dort zwei Nachtwächter Dienst. Zwischen dem 25. November und Mitte Dezember gab es keinen Alarm, auch am Morgen des 26. November, an dem Montagmorgen, als Franck verschwand, gab es keine Störungen.

Bekannte Lichteffekte wie Lichtbögen treten typischerweise bei Gewittern oder bei hoher Luftfeuchtigkeit auf. Am fraglichen Morgen lag die Temperatur bei 3°C und die Luftfeuchtigkeit bei 90%, doch es gab kein Gewitter. Von Süden wehte ein schwacher Wind mit einer Geschwindigkeit von 10 km/h.

Nachfragen bei benachbarten Flughäfen ergaben, daß es in dieser Nacht in der Gegend von Cergy keine Flugbewegungen gegeben hatte.

Die Blutanalyse ergab völlig normale Werte. Besonders der Cortisonspiegel, der mit der inneren Uhr und dem Rhythmus von Schlafen und Wachen zu tun hat, wies keine Störung auf. Der Cortisonspiegel verändert sich beispielsweise durch die Zeitverschiebung, die nach weiten Reisen mit dem Flugzeug auftritt. Er steigt um den Faktor 10 bis 100, wenn der Betreffende sich in Schwerelosigkeit etwa im Weltraum befindet oder in Phasen großer Belastung. Mit einem Cortisonspiegel von 15 Mikrogramm pro Milliliter Blut waren bei Franck keine ungewöhnlichen Belastungen festzustellen.

Es wäre interessant gewesen, diese Ergebnisse mit der Blutprobe zu vergleichen, die am Vortag während des Verhörs durch die Gendarmerie genommen worden war. Leider wurden die Proben

150

nicht richtig konserviert und erreichten Paris in einem Zustand, in dem eine Analyse nicht mehr möglich war. Leider wurden auch keine Versuche unternommen, im Blut oder im Urin Drogen nachzuweisen.

Schließlich analysierte die GEPAN das Verhalten und die Äußerungen der Beteiligten. Die Wissenschaftler zogen den Schluß, daß diese durch die Erklärungen verschiedener UFO-Gruppen bereits so stark beeinflußt worden waren, daß die Äußerungen voreingenommen oder verfälscht wären. Demnach, schloß Esterle, »ist dieser Fall für eine wissenschaftliche Studie der physischen Aspekte nicht identifizierter Objekte im Luftraum nicht von Interesse«.

Der Leser bekommt nach Lesen des Berichts den starken Eindruck, daß die ganze Sache ein ausgemachter Schwindel war.

Die Ermittlungen der UFO-Forscher

Sobald der Rundfunk Francks Verschwinden meldete, nahmen mehrere UFO-Gruppen mit Prevost und Salomon Kontakt auf, und als Franck zurückkehrte, stürzten sie sich auf ihn. Während die GEPAN-Mitarbeiter vor der Wohnungstür warteten, wurde der junge Mann bereits auf Veranlassung einer dieser Gruppen einer Hypnose unterzogen.

Einige Gläubige sahen Francks Rückkehr als Kommen eines neuen Messias und meditierten im Kohl oder sangen in Prevosts Küche Mantren, doch einige unter denen, die ihn interviewten, waren auch ernsthafte Forscher. Die aktivste und bekannteste Gruppe war wahrscheinlich die von Jimmy Guieu geleitete IMSA – Guieu ist ein beliebter, produktiver Science Fiction-Autor –, bei der auch Daniel Huguet mitwirkte, der bei Veranstaltungen oft als Dany Franck auftritt.

IMSA (übersetzt etwa »Weltinstitut für fortgeschrittene Wissenschaften«) ist an der Cote d'Azur beheimatet, das Sekretariat befindet sich in Toulon. Die Gruppe hat sich zum UFO-Phänomen bereits eine eindeutige Meinung gebildet, die einer der Leiter in Guieus Buch *Contacts Ovni Cergy-Pontoise* (Paris, Editions du Rocher, 1980) zum Ausdruck brachte. Es ist »absolut gewiß«, schreibt er, »daß diese Objekte in Wirklichkeit außerirdische Flugzeuge sind, die von einer intelligenten Spezies von einer anderen Welt gebaut wurden.«

Bereits am Mittwoch dem 28. November 1979 wurde Jimmy Guieu in einer Marseiller Zeitung, zu Francks vermeintlicher Entführung befragt, folgendermaßen zitiert: »Ich glaube daran.«

Kurz vor diesen Ereignissen, am 7. November 1979, hatte IMSA einen anderen Entführungsfall untersucht, dessen Hauptbeteiligter als Gamma-Delta bezeichnet wurde. Ein Arzt hatte die Gruppe über dieses Ereignis informiert. Der Zeuge, der zwischen zwei Dörfern in einer einsamen Gegend mit dem Auto unterwegs war, wurde um 20.30 Uhr in der Nähe eines Waldes von einem seltsamen Licht aufgehalten. Er erinnert sich vage, daß er auf vier Bäume zuging, die sich irgendwie in eine Treppe verwandelten. Die Treppe führte in ein ovales Objekt, aus dem ein ungewöhnliches vielfarbiges Licht drang. Kurze Zeit später wachte er fünfunddreißig Kilometer weiter in seinem Auto wieder auf. Sein Rücken tat weh, und sein Hals war steif.

Auf Bitten von IMSA wurde der Mann am 11. November von Huguet hypnotisiert. Unter Hypnose erinnerte er sich an zahlreiche weitere Details. Das Licht war eine Kuppel, die Baumstämme waren Wesen, die ihm ihre Sprache und ihre Zeichen erklärten. Er war in dieser seltsamen Kuppel mitgeflogen. In Trance machte Gamma-Delta eine bemerkenswerte Voraussage: Am 26. November sollte es in Frankreich zu einem wichtigen UFO-Ereignis kommen. *Dies war tatsächlich der Tag, an dem Franck verschwand.*

Deshalb war IMSA gut auf den neuen Fall vorbereitet. Sobald die Meldungen im Radio begannen, rief Guieu Commandant Courcoux in Pontoise an und fuhr mit Daniel Huguet zum Ort des

Geschehens. Sie kamen am Dienstag um 9.00 Uhr, vierundzwan-
zig Stunden nach Francks Verschwinden, bei der Gendarmerie
in Pontoise an.

Bei ihrem ersten Treffen mit den Gesetzeshütern machten sie
eine Reihe von Gründen dafür geltend, daß es sich *nicht* um einen
Schwindel handeln konnte: Die drei jungen Männer waren der
Polizei bereits als »verdächtige Elemente« bekannt. Sie fuhren
ohne Zulassung und ohne Versicherung, wie den Gendarmen inzwischen bekannt war. Sie ließen sich oft von Freunden helfen,
die aufgrund von Behinderungen Rente bekamen oder von der
Sozialhilfe lebten. All dies zeigte, daß sie herzlich wenig vom Gesetz hielten, auch wenn sie keine regelrechten Straftaten begingen. Mit anderen Worten waren die drei Zeugen in den Augen der
Gendarmen kleine Gauner, also mit Sicherheit die letzten, die um
fünf Uhr morgens die Polizei zu Hilfe rufen würden. Überzeugt,
daß die jungen Männer, ob verdächtige Elemente oder nicht, die
Wahrheit über ihre Erlebnisse erzählten, führten Guieu und
Huguet eine sehr gründliche Untersuchung durch.

Jimmy Guieu beschreibt die Ereignisse der nächsten paar Tage
in seinem Buch in einem klaren, angenehmen Stil, der wunder-
bar die Atmosphäre und die Charaktere wiedergibt. Er befragte
beispielsweise Francks Mutter in Saint-Ouen-l'Aumone, einem
Vorort von Pontoise jenseits des Flusses. Sie war aufgrund der
jüngsten Ereignisse offensichtlich sehr erschüttert. Noch am gleichen Nachmittag befragte er auch die drei Hauptzeugen, die in
Cergy versammelt waren: Corinne (Prevosts Freundin), Mamina
(Francks Freundin) und Jean-Luc, einen weiteren Freund.

Indem er sich zunächst auf Franck konzentrierte, erfuhr Guieu,
daß dieser 1961 in Pontoise als ältestes von vier Kindern geboren
wurde. Er hatte die Schule Parc-aux-Charettes besucht und abgesehen von Comicbüchern noch nie ein Buch bis zu Ende gelesen, wie er selbst lachend erklärte. Für UFOs, Politik oder Religion interessierte er sich nicht. Er hatte noch nie ernsthaft
gearbeitet, bis er Mamina kennengelernt hatte, eine bezaubernde

junge Frau, mit der er einen Sohn hatte. Später bestätigte er die Fakten, soweit er sich erinnern konnte, und erzählte Guieu die Geschichte, die er schon den Behörden erzählt hatte.

Allerdings fügte er einige Details hinzu, die noch nicht bekannt waren. Zuerst einmal glaubte er, daß er telepathisch zu der Stelle geführt worden war, an der ihn der eigenartige Nebel einhüllte. Zweitens hatte er das Gefühl, der Wagen glitte von allein weiter, während er in Schlaf fiel. Ob eine Hypnose helfen könne, Francks fehlende Zeit wiederzufinden? Daniel Huguet schlug eine Demonstration vor. Er versetzte Prevost in Trance. Als er wieder erwachte, konnte der junge Mann seine Zigarette nicht anzünden und stellte fest, daß seine Freunde ihn auslachten! Huguet mußte ihn noch einmal in Trance versetzen, um seine posthypnotische Suggestion aufzuheben. Durch diesen Beweis von der Macht der Hypnose überzeugt, erklärte sich Prevost, der sich als hervorragendes Subjekt erwies, mit einer vollen Hypnosesitzung einverstanden.

Unter Anleitung von Daniel Huguet erinnerte Prevost sich an das Auto, das von Franck gefahren wurde und das von einer leuchtenden Kugel eingehüllt wurde. Er hörte Stimmen, die etwas sagten, erklärte er. Sie gaben Befehle: »Wir brauchen ihn, wir müssen ihn fortbringen, doch wir werden ihm nicht wehtun... rasch, da kommen Leute...«

Die Leute, die kamen, waren Prevost und Salomon. Eine der Stimmen war eine langsame Frauenstimme gewesen, die französisch sprach.

Hatte Prevost bei diesem Kontakt eine aktive Rolle gespielt? fragten sich die Ermittler. Als sie die Wohnung verließen, bemerkte der ehemalige Anarchist: »Nichts wird sein wie zuvor. Jetzt muß ich alles in Frage stellen.«

Er war zwar von der Demonstration beeindruckt, doch nach wie vor weigerte sich Franck Fontaine, sich selbst einer Hypnosesitzung zu unterziehen. »Die halten uns jetzt schon für verrückt«, bemerkte er. »Wenn ich alles erzähle, sperren sie uns ins Heim!«

Guieu und Huguet verließen Pontoise nach dieser Sitzung wieder. Sie waren überzeugt, daß Prevost und Franck die Wahrheit sagten, doch sie waren nicht sicher, wie sie ihre Ermittlungen weiterführen sollten. Bevor sie sich verabschiedeten, forderten sie die Zeugen auf, genau auf alle möglichen Anzeichen zu achten, egal wie klein oder absurd, die darauf hinweisen könnten, daß die Außerirdischen sie immer noch im Visier hatten.

Anfang Januar 1980 fuhr Prevost zusammen mit Franck und Salomon im Auto eines Freundes nach Südfrankreich. Sie trafen mit Guieu zusammen, und die Ermittlung wurde fortgesetzt.

Die erste interessante Tatsache, die während ihres Aufenthaltes in Südfrankreich ins Auge sprang, betraf Franck, dessen Schlafgewohnheiten sich nach seinem Erlebnis drastisch verändert hatten. Er schlief manchmal tagsüber ein und war nicht mehr aufzuwecken. Weitere neue Informationen kamen von Salomon und Prevost, die behaupteten, sie seien von drei wie Leibwächter gebauten Männern aufgesucht worden, die sie aufgefordert hätten, nicht über ihre Erlebnisse zu sprechen.

Als Guieu wieder auf die Begleiterscheinungen von Francks Verschwinden zu sprechen kam, berichtete dieser weitere Einzelheiten über seine Entführung, an die er sich inzwischen erinnerte. Als er im Auto aus seinem tiefen Schlaf erwachte, fühlte er sich auf das vorbereitet, was kommen würde. Etwas später lag er dann auf einer ebenen Fläche, auf einer Maschine, die in einer Art Labor stand. Die Oberfläche war bequem, er war nicht gefesselt. An den Wänden standen hohe Schränke mit blinkenden Lichtern und Anzeigen, darüber waren Zeichen, die er nicht lesen konnte. Er schlief wieder ein, er weiß nicht, wie lange er bewußtlos blieb, doch er ist sicher, daß er *oft* erwachte und wieder einschlief. Er befand sich dabei immer im gleichen Raum, und die kleinen, leuchtenden Kugeln in der Größe von Tennisbällen schwebten meist über ihm in der Luft. Stimmen sprachen zu ihm, angenehme Stimmen, die aus diesen Kugeln zu kommen schienen. Sie sprachen mit ihm über das Überleben der Menschheit und nann-

155

ten ihm das Datum des offiziellen Kontakts zwischen *ihnen* und der Erde.

Nachdem Franck sich an diese Details erinnert hatte, konzentrierte IMSA die Nachforschungen auf Prevost, der laut Guieu die »wirkliche Kontaktperson« war. Huguet hypnotisierte Prevost abermals, der daraufhin enthüllte, daß sich ein Wesen namens Haurrio an ihn gewandt habe. Es sei aufgetaucht, während Franck verschwunden war. Dieses Wesen, von dem Prevost eine Zeichnung anfertigte, sah aus wie ein sehr junger Mann, etwa 1,80 Meter groß, mit sehr langem blondem Haar und länglichen asiatischen Augen seitlich im Gesicht.

Haurrio forderte Prevost eindringlich auf, eine Gruppe von Gläubigen aufzubauen. Man müsse ihm, Haurrio, vertrauen und an die Realität der Außerirdischen glauben. Sie hätten auf der Erde eine Mission zu erfüllen: Die Menschen müßten verstehen lernen, daß sie ihre eigene Lebensgrundlage zerstörten. Diejenigen, die den Außerirdischen auf der Erde gedient haben, *diejenigen, die geholfen haben, die Botschaft zu verbreiten, sollten verschont werden.* Und sie sollen später wie Noah in der Bibel eine neue Zivilisation gründen. Haurrio behauptete, der verhängnisvolle Lauf der Dinge auf der Erde könne nur verändert werden, wenn sich an einem Ort Tausende von Menschen versammelten, die gemeinsam den Willen hätten, mit den Außerirdischen Kontakt aufzunehmen.

Wenn Prophezeiungen versagen

Nach der Hypnosesitzung mit Huguet und den erwähnten Enthüllungen wurde das Leben für Prevost und Franck immer seltsamer. Sie fielen immer wieder in Zustände, in denen sie sich nicht mehr an ihre Handlungen erinnerten. Sie begegneten auf der Straße fremden Menschen, die ihnen drohten, die sich aber kurze Zeit später in Luft auflösten.

Prevost wurde zum Star. Einige Monate später veröffentlichte er ein Buch mit dem Titel *The Great Contact*, für das Roger-Luc Mary, Parapsychologe und prominentestes IMSA-Mitglied, das Vorwort schrieb. Dort hieß es:

> Ich bin völlig davon überzeugt, daß dieses Buch eine große Zahl von Menschen anregen wird, einen Bund der Liebe auf dem ganzen Planeten zu bilden, der dann zu einer NEUEN ERDE wird.

In diesem Buch, das von Jesus bis Einstein (und natürlich Haurrio) viele große Denker zitiert, appelliert Prevost an seine Leser, seine neue, in Toulon erscheinende Zeitschrift zu abonnieren.

Leider kam und verging der 15. August 1980, der Tag, an dem der ersehnte Große Kontakt mit den Außerirdischen beginnen sollte, ohne irgendeine ungewöhnliche Erscheinung. Hunderte von Gläubigen, die sich im Kohlfeld zu Cergy versammelt hatten, zogen mit leeren Händen wieder von dannen. Natürlich war auch die Presse vertreten, die mit Scherzen nicht sparte. Fotos der armen Gläubigen, die am nächsten Tag veröffentlicht wurden, überzeugten Frankreich davon, daß der Vorfall ein Schwindel war, wie ja GEPAN bereits erklärt hatte.

Der Fall von Pontoise wurde in den Vereinigten Staaten gründlich mißverstanden und verfälscht. Private Forscher und Journalisten, die mit der sozialen und psychologischen Herkunft der Zeugen nicht vertraut waren, setzten die eigenartigsten Gerüchte in Umlauf. So erhielt ich aufgeregte Briefe von Ufologen, die gehört hätten, daß die französische Regierung gedroht habe, Franck umzubringen, »wenn er die Wahrheit über die UFOs verrät!« Kevin Michael Cape, Kolumnist der *Los Angeles Times,* schrieb aus Paris:

> Ein achtzehnjähriger Junge aus einem Pariser Vorort erzählte dem Land, er sei von außerirdischen Wesen entführt worden. Anscheinend wollen die »kleinen grünen Männchen«, die ihn kidnappten, in Paris eine Botschaft einrichten. Sie erklärten dem jungen Mann, sie würden wieder anrufen.

Diese Kolumne, die von vielen Zeitungen nachgedruckt wurde, erschien am 11. Januar 1980 auch im *San Francisco Chronicle*. Franck Fontaine hatte in Wirklichkeit während seines ganzen Erlebnisses keine Wesen gesehen, ganz zu schweigen von kleinen grünen Männchen. Die Bemerkung über die Botschaft und den bevorstehenden Anruf sind vom Journalisten frei erfunden.

Kevin Cape fügte hinzu, daß nach Angaben eines Freundes, der für *l'Humanité* schrieb, die ganze Geschichte ein Trick der Regierung war, um die Leute von den wirtschaftlichen Problemen und der hohen Arbeitslosigkeit abzulenken. (Cape vergaß zu erwähnen, daß *l'Humanité* das führende kommunistische Blatt in Frankreich ist.) Cape deutete auch selbst an, daß die Geschichte vielleicht nur eingefädelt wurde, um das Interesse der Medien von Präsident Valery Giscard d'Estaing abzulenken, der gerade in einen peinlichen Skandal verwickelt war, nachdem er von einem afrikanischen Diktator Diamanten als Gastgeschenk angenommen hatte.

1983 hatte Prevost eine kleine Gruppe um sich geschart, die jedoch nie als echte Sekte in Erscheinung trat. In einem kleinen Dorf in der Bretagne betrieben die Gläubigen einen UKW-Sender, den sie »Radio Korrigan« nannten. Ich besuchte den Bauernhof, wo der Sender untergebracht war, fand aber keine Hinweise auf irgendwelche größeren Aktivitäten.

Am Tag des nächsten erwarteten Kontakts (15. August 1983) versammelten sich wieder mehr als tausend Menschen vergebens in Pontoise, um auf die Außerirdischen zu warten.

Im Juni 1983 wurde die französische Übersetzung meines Buchs *Messengers of Deception* unter dem Titel »UFOs: Die große Manipulation« veröffentlicht. In dieser überarbeiteten Auflage lenkte ich die Aufmerksamkeit der Leser auf die Möglichkeit, daß UFO-Geschichten leicht als psychologische Experimente dienen könnten. Ich deutete an, daß La Justice Mauve möglicherweise ein Beispiel für eine solche Manipulation war.

Die Folgen waren verblüffend: Wenige Tage später gestand Jean-Pierre Prevost in einem Interview mit Emile Bouchon, dem Präsidenten der Forschungsgruppe AURIAE, daß die ganze Sache ein Schwindel gewesen sei. Er wollte nicht sagen, ob es ein Streich war, der außer Kontrolle geriet, ob er eine neue Religion aufbauen wollte oder ob er einfach nur auf das Geld aus war. Die französische Presse berichtete über sein Geständnis, und die Öffentlichkeit konnte sich mit dem Gedanken beruhigen, daß alles wieder im Lot war.

Nach Prevosts Geständnissen ließen die Ufologen den Fall natürlich wie eine heiße Kartoffel fallen und schämten sich, je damit zu tun gehabt zu haben. Auch sie hielten ihn nun für einen Schwindel. Was sollte es sonst sein? Jimmy Guieus Buch verschwand von den Regalen. Doch in einem Artikel in NOSTRA (Nr. 587, 8. September 1983) wies er Prevosts Geständnis zurück. Er sagte, im Rahmen weiterer Untersuchungen, die seine Gruppe durchgeführt habe, sei man auf Kontaktpersonen gestoßen, die ebenfalls Botschaften von Haurrio erhalten hätten, von eben jenem Außerirdischen, der auch mit Prevost gesprochen hatte. Guieu griff nun Prevosts Glaubwürdigkeit an. Er wies darauf hin, daß Prevost sich von seinen früheren Freunden gelöst und eine kleine Gruppe junger Menschen aufgebaut habe, die seine Botschaft verbreiten sollten. Er gründete einen Verlag, der bald darauf Schulden von 50000 Dollar hatte. Wenig später verließ Prevost den Süden und ging in die Bretagne. Trotz seines Verhaltens glaubte Jimmy Guieu nach wie vor, daß der Kontakt mit Haurrio wirklich stattgefunden hatte.

Der Fall von La Justice Mauve bietet uns eine hervorragende Gelegenheit, den UFO-Mythos auf mehreren Ebenen der Gesellschaft in Aktion zu sehen: Jeder hat hineingelegt, was er aufgrund der eigenen Vorurteile, Werkzeuge und Fähigkeiten erwartete.

Die Polizei sah in den drei Zeugen sofort eine Gruppe sozialer Außenseiter und behandelte sie entsprechend. Es waren Randelemente, kleine Gauner und Linke. Von Anfang an wurden sie wie Kriminelle behandelt, man wendete jeden Trick aus dem Lehrbuch an, um sie zu einem Geständnis zu bewegen, man drohte ihnen sogar mit einer Anklage wegen »Behinderung der Justiz«.

Die französischen Wissenschaftler, durch GEPAN vertreten, nahmen das Problem so ernst wie es nur ging, strauchelten aber über die mangelnde Kooperationsbereitschaft der Zeugen. Dr. Alain Esterle, mit dem ich den Fall diskutierte, als er mich in San Francisco besuchte, empfand ich als fähigen, aufrichtigen und ernsthaften Wissenschaftler, der es sich zur Aufgabe gemacht hat, unser Wissen in den Bereichen zu erweitern, mit denen er sich auskennt. Doch die Aussagen der drei Zeugen – die aus einer ganz anderen Schicht stammten – gaben ihm nicht viele Ansatzpunkte. Es war klar, daß die GEPAN schloß, der Fall sei ein Schwindel.

Die Ufologen stürzten sich begeistert auf den Fall, weil sie sahen, daß er möglicherweise in die mittlerweile gut bekannten Muster von Entführungen und fehlender Zeit paßten. Man muß sich vor Augen halten, daß *nur wenige Jahre zuvor die Erlebnisse von Travis Walton das erste dokumentierte Beispiel für das Verschwinden eines Zeugen in Zusammenhang mit einer UFO-Beobachtung* waren. Am Mittwoch, dem 5. November 1975, sahen sieben Männer, die im Apache-Sitgreaves National Forest arbeiteten, ein Objekt bis dicht über den Boden herabkommen. Es war eine abgeflachte Scheibe von etwa sechs Metern Durchmesser und drei Metern Höhe. Als einer der Männer, Travis Walton, näher heranging, um sich die Sache anzusehen, wurde er von einem grellen, blaugrünen Lichtstrahl getroffen, der ihm das Bewußtsein raubte. Die anderen Männer gerieten in Panik und fuhren fort. Als sie zurückkamen, war das Objekt verschwunden, und auch Travis war nirgends zu finden. Fünf Tage und sechs Stunden später tauchte er in Heber, Arizona, wieder auf. Als er wieder zu Bewußtsein kam, lag er auf dem Bauch. Er sah ein gekrümmtes, strahlendes Objekt, das lautlos über ihm schwebte und nach kurzer Zeit in den Himmel davonschoß.

Dr. James Harder, Befürworter der Theorie der Außerirdischen und Professor für Ingenieurwissenschaften an der University of

California in Berkeley, hypnotisierte Travis Walton, woraufhin dieser sich daran erinnerte, an Bord des Raumschiffs verschiedenartige Wesen gesehen zu haben, darunter drei kleine Humanoide mit länglichen, »riesigen und leuchtenden braunen Augen«. Bei ihnen war ein großer, freundlicher Mann, der einen blauen Anzug trug.

Ich lernte Travis Walton und den Vorarbeiter Mike Rogers kennen, der das Flugobjekt und den Strahl gesehen hatte. Ich bin sicher, daß sie die Wahrheit so erzählen, wie sie sie erlebten, doch die unter Hypnose gewonnenen Daten kann ich aus Gründen, die ich in anderen Büchern bereits darlegte, nicht wörtlich nehmen.

Die französischen Ufologen, die den Fall Travis Walton kannten, begriffen, wie wichtig Franck Fontaines Verschwinden war: Wie Walton war auch Franck in der Nähe einer Gruppe anderer Zeugen verschwunden. Wie in Waltons Fall hatte man mehrere Tage intensiv nach dem Verschwundenen gesucht. Wie Walton war er plötzlich wieder aufgetaucht und konnte sich an seine Erlebnisse nicht erinnern. Und wie Travis Walton hatte Franck Fontaine bald genug von der Art und Weise, wie die Medien, die Polizei und die Wissenschaftler ihn behandelten. Er tauchte unter und weigerte sich, über seine Erlebnisse zu sprechen – über einen Vorfall, der zwar vergessen, aber nie wirklich erklärt wurde.

Die Suche nach der Wahrheit über La Justice Mauve

An diesem Punkt hat der Leser natürlich jedes Recht, mir zu sagen: »Der Anführer dieser Männer, die ja ohnehin nicht aufrichtig scheinen, hat gestanden, daß es ein Schwindel war. Sein wichtigster Unterstützer Jimmy Guieu hat Prevost das Vertrauen entzogen. Die Polizei und GEPAN haben tagelang nachgeforscht und Tausende von Franc ausgegeben und sind zum Schluß gekommen, daß es ein Schwindel war. Warum legen Sie den Fall nicht zu den Akten wie die anderen?«

Die Antwort ist einfach: Ich glaube nicht, daß Franck Fontaine von Außerirdischen entführt wurde. Aber ich glaube auch nicht, daß er lügt. Das Verschwinden des Franck Fontaine ist eine der seltsamsten Episoden in der gesamten UFO-Geschichte. Aber ein Schwindel war es nicht.

Bevor ich die lange Analyse nachzeichne, die mich zu einer Schlußfolgerung führte, die sich radikal von den bisher erwähnten unterscheidet, muß ich Ihnen etwas über meine eigene Herkunft und über meine Motive verraten, mich mit dem Fall von Pontoise besonders intensiv zu befassen.

Ich wurde in Pontoise geboren. Ich bin nicht nur dort geboren, sondern ich ging ein Jahr lang auch zur gleichen Schule wie Franck Fontaine. Als Kind fuhr ich oft mit dem Fahrrad in das Gebiet, wo jetzt La Justice Mauve steht. Früher war es eine weite, offene Ebene mit weiten Kohlfeldern und Äckern mit Rüben, die von den Fabriken in der Nähe zu Zucker verarbeitet werden. Besonders erinnere ich mich an den dicken Schlamm, der von den Lastwagen tropfte und die Straßen schlüpfrig und bei Regen für Radfahrer gefährlich machte.

Mein Vater, Richter und später Gerichtspräsident in Pontoise, kannte Cergy wie seine Westentasche. Einmal nahm er mich dorthin mit und zeigte mir ein paar große, unregelmäßig verteilte Steine in den Feldern. Er erklärte mir, es seien die Überreste einer Römerstraße, die Julius Cäsar gebaut hatte. Ich glaube nicht, daß die Bewohner von La Justice Mauve wußten, daß sie an einem Ort lebten, wo vor zweitausend Jahren römische Legionen marschierten, die unterwegs waren, um Britannien zu erobern.

Als ich im Juni 1980 nach Pontoise fuhr, um dem Fontaine-Fall nachzugehen, stürmten diese Kindheitserinnerungen auf mich ein. Ich konnte verstehen, in welcher Atmosphäre Franck seine Erfahrungen gemacht hatte, und ich war in einer besseren Position als Guieu und Esterle, wenn es darum ging, die Beweise zu prüfen. *Und die Beweise waren widersprüchlich.*

Die erste Ungereimtheit ist natürlich eine wichtige Tatsache, die bereits von den anderen Ermittlern vorgebracht wurde: Das letzte, was Fontaine und seine Freunde im Sinn haben konnten, war, die Polizei auf sich aufmerksam zu machen. Sie waren bereits als verdächtige Typen aktenkundig. Sie fuhren ohne Papiere, ohne Zulassung und Versicherung, und sie waren bei den örtlichen Behörden nicht besonders gut angesehen. Es bestanden sogar Zweifel an der Herkunft der Kleidung, die sie in Gisors verkaufen wollten. Sie müssen schon einen sehr starken Schock erlitten haben, wenn sie die Polizei anriefen.

Der zweite Widerspruch ist noch bedeutsamer. Wenn der Fall ein Schwindel war, stellt sich die Frage, wo Franck Fontaine zwischen Montag, dem 26. November, und Montag, dem 3. Dezember 1979 war. Niemand hat diese Frage bisher beantwortet. Eigenartigerweise machte sich auch keiner der Reporter, die eifrig über Prevosts Geständnis berichteten, die Mühe, dieser naheliegenden Frage nachzugehen.

Einer meiner Helfer in diesem Fall, den ich Francis Leuhan nennen will, schrieb mir im August 1983, nachdem er Prevost aufgesucht hatte.

> Ich habe heute nachmittag wieder unseren Freund Prevost besucht. Er hockte zusammengesunken auf dem Sofa im Wohnzimmer. Er schien deprimiert. Sein Haar ist extrem lang geworden, und er kam mir noch rätselhafter vor als 1979. Wissen Sie, wenn Sie jemand mit solchen Augen ansieht, so kalt, dann verrät er Dinge, die nicht trügen. Er hat offensichtlich einen weiteren Schritt getan und sich noch weiter von der Gesellschaft entfernt.
>
> Als die erste Überraschung verflogen war, sprach ich mit ihm über die jüngsten Artikel in den Zeitungen.
>
> »Ja«, sagte er, »ich habe alles aufgegeben.«
>
> »Was aufgegeben?« wollte ich wissen.
>
> »Die Sache in Cergy. Das ist vorbei. Ich habe es Ihnen doch schon gesagt, das ist vorbei. Ende.«
>
> »Nun, die Zeitungen behaupten, Franck habe sich bei einem Ihrer Freunde in Pontoise versteckt. Bei wem eigentlich?«

163

»Ach, das... er war nicht in Pontoise. Er war... er war bei mir.«

»Das ist unmöglich. Die Polizei hat doch Ihre Wohnung genau durchsucht...«

An diesem Punkt wurde Jean-Pierre sehr aufgeregt. Er fragte mich, ob ich die französische Ausgabe Ihres neuen Buchs *Messengers of Deception* gelesen habe. »Lesen Sie die Einleitung«, sagte er. »Da stehen ein paar sehr interessante Sachen...«

Aus diesem Gespräch und den zahlreichen Widersprüchen, in die er sich verwickelte, gewannen wir den Eindruck, daß Prevost keine Ahnung hatte, wo Franck die sieben Tage verbracht hatte. Er war nicht in der Lage, sein Geständnis zu bekräftigen.

In den letzten Jahren versicherten mir mehrere französische Forscher, sie wüßten, wo Franck diese schreckliche Woche verbracht habe. Einer erzählte mir, er sei an Bord eines Bootes gewesen, das auf der Oise herumgefahren sei. Wirklich, ein geniales Versteck. Ein anderer Forscher behauptete jedoch, er wisse aus zuverlässiger Quelle, daß sich der junge Mann im Keller eines Hauses in der Nähe von Pontoise versteckt habe.

Als ich Franck 1989 traf, erklärte er, er habe keine Ahnung, wo er in diesen sieben Tagen gewesen sei.

Der dritte Widerspruch hängt mit einer anderen wichtigen Aussage zusammen, die von einem französischen Kernphysiker stammt, den ich Dr. Metanel nennen will. Er konnte einen Polizisten vom Nachtdienst interviewen, der als einer der ersten vor Ort eintraf, nachdem Francks Verschwinden gemeldet worden war. Wie sich der Leser erinnern wird, ging die Verantwortung für den Fall erst nach mehreren Stunden auf die Gendarmerie über.

Der Beamte erklärte, als er mit seinem Streifenwagen eintraf, sei Francks Wagen von dichtem Nebel umgeben gewesen. »Wir fanden das auffällig«, fügte er hinzu. Der Nebel schien keinen bestimmten Geruch zu haben. Doch diese wichtige Beobachtung findet sich weder in den Akten der Polizei noch im Bericht der Gendarmerie. GEPAN machte sich nicht die Mühe, die ersten Beamten zu befragen, die nur eine halbe Stunde nach Francks Verschwinden vor Ort eintrafen.

Die Beobachtung des dichten Nebels durch den Beamten bestätigt die Aussagen der drei Zeugen und die Sichtung des Mädchens, das im GEPAN-Bericht den Namen Lisette bekam.

Nachdem wir diese Widersprüche bemerkt hatten, setzten wir die Untersuchung auf einer ganz neuen Ebene fort, an die weder die Polizei, noch die GEPAN oder die Ufologen gedacht hatten: War es möglich, daß der Fall ein Schwindel war, daß aber trotzdem die Zeugen oder einige der Zeugen teilweise die Wahrheit sagten?

War Franck wirklich entführt worden – nicht von Außerirdischen, sondern von einer geheimen irdischen Organisation, die ganz eigene Ziele verfolgte? Mehrere Tatsachen, die entweder vernachlässigt oder unter den Teppich gekehrt wurden, deuten in diese Richtung.

Ich erwähnte bereits, daß die GEPAN einen unabhängigen Zeugen fand, den man Remi nannte. Der Mann fuhr jeden Sonntag nach La Mauve Justice und traf stets um etwa 4.30 Uhr dort ein. Er hatte angegeben, Franck Fontaine sei nicht allein gewesen, als sein Auto den Parkplatz verließ. Eine wichtige Frage, die man hätte stellen müssen: Wo war Remi am folgenden Montag? Und was sah er zu der Zeit, als Franck wieder auftauchte? Die Antwort lautete, daß Remi am folgenden Montag nicht da war. Warum nicht? Er war krank.

»Hören Sie«, erzählte er einem Wissenschaftler von der GEPAN, »ich habe bisher ruhig gelebt, und ich will mit *diesen Leuten* keinen Ärger bekommen. Ich bin krank, und damit fertig.«

Er weigerte sich, mehr zu sagen. Aber dieser Teil seiner Zeugenaussage wird im GEPAN-Bericht nicht erwähnt. Wer sind die Leute, vor denen er solche Angst hat? Gewiß fürchtet er keine Vergeltungsmaßnahmen durch Franck Fontaine und seine Freunde, die nie eine Neigung zu Gewalttaten zeigten. Ist noch eine andere, gefährlichere Gruppe im Spiel?

Eine weitere eigenartige Tatsache betrifft die Lage der beiden Wohnungen in La Justice Mauve, in denen die Zeugen lebten. Francis Leuhan fiel ein loses Telefonkabel auf, halb unter dem Teppich verborgen, das Prevosts mit Salomons Wohnung verband. Wenn ihm die Fragen von Reportern oder zivilen Forschern zu sehr zusetzten, verschwand Prevost oft für ein paar Minuten im Schlafzimmer und kehrte mit der Antwort zurück. Rief er jemand an, der sich in Salomons Wohnung versteckte?

Neue Möglichkeiten rückten in den Bereich des Möglichen. Was, wenn jemand sich für das UFO-Thema interessierte und beschlossen hatte, einen Test nach dem Modell des Travis Walton-Falls zu inszenieren?

Es war nicht schwer, eine passende Gruppe von Zeugen aufzutreiben – besonders nicht, wenn sie am Rande der Gesellschaft im soziologisch idealen Milieu einer Trabantenstadt lebten. Junge Menschen, die unglaubwürdig und der Polizei bereits bekannt waren, sind in dieser Umgebung leicht zu finden.

Was, wenn dieser Jemand unter dem Deckmantel irgendeiner Autorität die Entführung eines Hauptbeteiligten sorgfältig inszenierte? Wer war der Mann, mit dem Franck sich, meinen neuesten Informationen zufolge, heimlich dreimal traf, immer am späten Sonnabend um 23.00 Uhr? Er trug einen teuren Geschäftsanzug und fuhr einen schwarzen BMW mit einem Kennzeichen aus Nordfrankreich. Er besucht jedes Mal zusammen mit Franck ein Café, wo sie sich mehrere Stunden unterhielten.

Auch die Rolle des Hypnotiseurs Daniel Huguet ist in diesem Zusammenhang fragwürdig. Huguet hatte die Gegend von Pontoise schon einige Monate vor dem Zwischenfall besucht. Er hatte außerdem zusammen mit Guieu an der Gamma-Delta-Affäre gearbeitet und hypnotische Rückführungen beim Zeugen vorgenommen. In seiner Aussage erklärte Gamma-Delta, am 26. November 1979 werde es in Frankreich ein wichtiges UFO-Ereignis geben. Die sensationelle Bestätigung dieser Voraussage veranlaßte Guieu und seine Gruppe, sofort zu handeln, als der Fall aus Pontoise berichtet wurde. Während der folgenden Untersuchung wurde Franck jedoch vom Hypnotiseur nicht berücksichtigt. Huguet konzentrierte sich auf Prevost, der schließlich einige Offenbarungen von sich gab, die gut als Grundlage eines neuen Kultes dienen konnten: Der Kontakt mit einem Wesen mit länglichen Augen, Botschaften von universeller Liebe und Erlösungsprophezeiungen.

Prevost machte sich wirklich daran, eine kleine Sekte aufzubauen und später einen Radiosender einzurichten, aber es gelang ihm nicht, ein größeres Gefolge um sich zu scharen.

Leider bin ich, was einige wichtige Schritte der Untersuchung angeht, zur Verschwiegenheit verpflichtet. Ich kann aber sagen, daß das Szenario einer Entführung durch Menschen tatsächlich in eine bestimmte Richtung führte – nämlich zu völlig irdischen Organisationen und Wesen aus Fleisch und Blut, die dem militärischen und technologischen Establishment Frankreichs angehören. Einer der Ermittler in diesem Fall bekam sogar einen Termin bei einem gewissen Mr. D., der im französischen Verteidigungsministerium für die Abteilung STET (Service Technique des Engines Tactiques) arbeitet.

Der kleine, kahlköpfige und völlig humorlose Mr. D. hat sein Büro im Hauptquartier der französischen Luftwaffe. Sein voller Name ist mir bekannt.

Das Treffen fand am 14. November 1980 in einer nicht näher beschriebenen Wohnung in der Nähe der Goutte d'Or in Paris statt. Es war ein typisches Geheimdiensthaus: einige saubere, sterile Räume, beige gestrichen und spärlich mit einem Schreibtisch, zwei Stühlen und einem Tisch mit Rauchglasplatte möbliert.

Mein Freund hatte seine kompletten Unterlagen über den Fall mitgebracht, weil das Treffen von beiden Seiten als Gelegenheit arrangiert wurde, diskret Informationen auszutauschen.

Doch Mr. D. fegte die Sache vom Tisch. »Ich kann mir denken, was in Ihren Akten steht. Wir brauchen sie nicht durchzugehen.«

167

»Können Sie mir dann sagen, was es mit dem Verschwinden von Franck Fontaine auf sich hat?«

»Wir betrachten die Operation in Cergy als Übung in allgemeiner Synthese«, sagte Mr. D. ruhig, als spräche er über den Test einer neuen Rakete. »Eine hochrangige Persönlichkeit hat den Plan in allen Einzelheiten entwickelt.« Er nannte den Namen eines Kabinettsmitglieds, das gute Verbindungen zur Welt der Hochtechnologie hat.

»Wieviele Menschen waren eingeweiht?«

»Nicht mehr als zehn oder fünfzehn. Alle hoch genug eingestuft, um zu wissen, welche Manipulationen im Namen der nationalen Sicherheit zulässig waren.«

»Welche Ziele verfolgten Sie?« fragte mein Informant, erstaunt über die Wendung, die das Gespräch in diesem Augenblick genommen hatte.

»Die Operation diente militärischen, wissenschaftlichen und politischen Zwecken. Es war eine innere Angelegenheit, die jederzeit auf unser Land beschränkt blieb.«

»Was ist mit Fontaine passiert?«

»Wir haben ihn betäubt und in einem äußerst beeinflußbaren Bewußtseinszustand gehalten.«

»Wußten Polizei und Gendarmerie, daß es sich um einen auf höherer Ebene eingefädelten Schwindel handelte?«

»Natürlich nicht. Ihr Verhalten unter diesen Bedingungen war einer der Faktoren, die wir untersuchen wollten.«

»Welche Rolle spielten Sie dabei?«

»Mein Interesse an der Sache ist rein persönlicher Natur. Es hat nichts mit meiner Position bei der Luftwaffe zu tun.«

»Könnte man sagen, daß Sie absichtlich ein wichtiges UFO-Ereignis produzierten, um herauszufinden, ob Sie sich auf die Reaktionen und die Ermittlungstätigkeit der örtlichen Behörden verlassen können?« fragte der immer noch staunende Forscher.

»So könnte man es ausdrücken.«

»Was ist mit der GEPAN?«

Mr. D. zuckte die Achseln. »Natürlich wollten wir auch wissen, wie wissenschaftliche Experten reagieren.«

»Benutzten Sie auch die Medien? Hatten Sie noch weiter reichende Ziele?«

»Das kann ich nicht beantworten. Doch wenn die Operation abgeschlossen worden wäre, dann wäre die nächste Phase erheblich schlimmer geworden.«

»Warum erzählen Sie mir das alles?«

»Ich habe meine Gründe.«

»Haben Sie keine Angst, daß ich dieses Gespräch veröffentliche?«

»Alles, was Sie veröffentlichen, wird man einfach abstreiten.«

Der Mann stand auf, um anzudeuten, daß das Interview beendet sei. Man kann mit gutem Grund annehmen, daß die Operation in Cergy ein Test war, vielleicht das Vorspiel zu einem noch größeren Experiment. Meine Freunde glauben, daß jemand intervenierte, so daß die zweite Phase der Operation unterblieb.

Wenn Mr. D. die Wahrheit und die ganze Wahrheit sagte, dann bekommen viele bisher unerklärliche Punkte der Ereignisse von La Justice Mauve ihren Sinn. Der Nebel war möglicherweise Theaternebel, der künstlich erzeugt wurde, um die kleine Einsatzgruppe vor etwaigen Beobachtern zu verbergen, bis sie Franck fortgeschafft hatten. Der Nebel könnte außerdem eine Chemikalie enthalten haben, die Franck in seinem Wagen in einen tiefen Schlaf fallen ließ.

Wir fanden eine Unterführung, die vom Parkplatz bis zu einem Weg führt, der sich durch die Felder zieht. Dieser Durchgang läuft unter der Hauptstraße hindurch. Die Stelle wäre ideal für ein solches Vorhaben. Wir sind den Weg entlang bis zum Parkplatz gefahren. Von dort aus hätte man Franck ohne weiteres bis zur 300 Meter entfernten Schnellstraße Paris-Rouen geleiten oder tragen können.

Im modernen Arsenal der Pharmakologen befinden sich genug Drogen, die Menschen beeinflußbar machen, die eine selektive Anmesie auslösen oder die gar einen Teil aus dem Leben des

Betreffenden löschen können, der anschließend durch eine künstlich konstruierte Realität ersetzt wird.

Ich finde es erstaunlich, daß Franck Fontaine nicht sofort nach seiner Rückkehr von Kopf bis Fuß auf Einstiche oder andere Zeichen untersucht wurde. Die Nachlässigkeit, mit der Blut- und Urinproben genommen und verarbeitet wurden, ist sicherlich eine Unterlassungssünde. Mittels einer gründlichen Analyse seiner Körperflüssigkeiten hätte man Spuren von Drogen selbst dann nachweisen können, wenn man keine Einstiche gefunden hätte. Leider aber interessierte sich niemand für solche Nachweise: Von den Medien gehetzt, suchten die Ermittler entweder nach fliegenden Untertassen oder nach Beweisen für ein Täuschungsmanöver.

Francks Erinnerungen, er habe sich in einer Art Labor befunden und auf einer Maschine gelegen, und er sei eine Woche lang abwechselnd bei Bewußtsein und bewußtlos gewesen, entspricht der Behauptung, er habe die fragliche Zeit in einer geheimen Einrichtung verbracht, in einer jener »Kliniken«, wo Verräter und vermeintliche Spione verhört werden. Die Franzosen sind Pioniere in der Entwicklung neuartiger Drogen, die zu diesen Zwecken eingesetzt werden. Dank der Kontakte zur finanzkräftigen pharmazeutischen Industrie Frankreichs und der Schweiz spielten die französischen Geheimdienste auch bei der Entwicklung von LSD in den fünfziger Jahren, geplant als bei Verhören einzusetzende Droge, eine Schlüsselrolle. Alles, was Franck erlebte, wäre mit unseren heutigen Möglichkeiten machbar.

Die Auswertung

Wenn der Sinn der Operation unter anderem darin bestand, eine geheime Sekte ins Leben zu rufen, die man später beobachten oder für soziologische Experimente benutzen konnte, dann wurde dieses Ziel nicht erreicht. Die private, von Guieu geleitete UFO-

Forschungsgruppe, deren Aufrichtigkeit und Ernsthaftigkeit nicht in Frage steht, mag benutzt worden sein, um Prevosts Botschaft weiterzutragen, doch nach kurzer Zeit entschied man sich anscheinend, das Experiment abzubrechen.

Sobald die für die Affäre verantwortlichen Personen ihre Unterstützung einstellten, wurde Guieus Buch diskreditiert, die Medien verloren das Interesse, und Prevost geriet immer tiefer in Schulden. Seine Radiostation hatte keinen Erfolg, und es gelang ihm nicht, die Tausende von Gläubigen um sich zu scharen, durch die andere UFO-Größen wie Vorilhon, ein bekannter französischer Kontaktmann, der als »Rael« auftritt, zu Führern großer internationaler Kulte mit gewaltigen Mitteln wurden.

Für die drei Hauptpersonen ging das Leben nach der Affäre von Pontoise wieder seinen gewohnten Gang. Die folgenden Ereignisse wurden nicht einmal von den französischen Ufologen registriert, die viel zu sehr damit beschäftigt waren, sich mit den transzendenten Offenbarungen UMMOS auseinanderzusetzen oder die neuesten amerikanischen Gerüchte über Majestic 12 und die abgestürzten Untertassen des Pentagons zu verstehen. Sie waren nicht in der Lage, ernsthaft zu untersuchen, was direkt vor ihrer Nase geschah.

Ende November 1981 starb Francks Mutter bei einer Massenkarambolage. Von Mamina und seinem kleinen Sohn getrennt lebend, war Franck auf Sozialhilfe angewiesen und wurde mit der Zeit sehr verbittert. Prevosts Freundin Corinne verschwand spurlos.

Im Sommer 1982 wurde Franck, der Hauptakteur, in La Baule verhaftet. Er wurde angeklagt und verurteilt, weil er mehrere Touristinnen bestohlen hatte. Aus gesundheitlichen Gründen wurde er im Dezember 1982 wieder auf freien Fuß gesetzt.

Als ich im Mai 1989 in Pontoise mit ihm sprach, hatte Franck sich von diesen Episoden mehr oder weniger erholt. Er wirkte entspannt und erklärte noch einmal, daß sich der UFO-Zwischenfall so ereignet habe, wie er ihn anfangs geschildert hatte: Etwas oder jemand hätte ihn tatsächlich entführt. Er neigt zu der Ansicht, daß er und seine Gefährten schon weit im Vorfeld ausgewählt wurden. Er ist sicher, daß er in der betreffenden Woche niemals Kontakt mit irgendwelchen Humanoiden hatte. Den Kontakt mit Haurrio bezeichnet er inzwischen als reine Erfindung von Prevost und Jimmy Guieu. Doch das ganze Ereignis ist für ihn nach wie vor rätselhaft.

6
SPEZIALEFFEKTE

Ende Dezember 1980 gab es einen bemerkenswerten Zwischenfall. Auf dem von Royal Air Force und amerikanischer Luftwaffe gemeinsam betriebenen Stützpunkt Woodbridge in England sahen Wachleute ein seltsames Objekt am Boden. Auf Karten ist das Gelände als längliches Gebiet ein paar Kilometer von Bentwaters entfernt eingezeichnet, auf dem sich zwei Stützpunktgebäude befinden. Zwischen den beiden Stützpunkten liegt ein Wald, der als »Rendlesham Forest« bezeichnet wird.

Der Amerikaner Larry Warren, der im Stützpunkt Woodbridge Wachdienst hatte, sagte, er habe im Wald ein UFO landen gesehen. Dutzende anderer Soldaten sowie einige Zivilisten sahen es ebenfalls. Der befehlshabende Offizier kam angeblich heraus und *setzte sich mit den drei Insassen* des Flugobjekts auseinander. Angesichts der Dokumente, die es über diese Affäre gibt, und der sehr gründlichen Untersuchung, die Janny Randles, Dot Street und Brenda Butler durchführten – sie veröffentlichten ihre Ergebnisse in dem Buch *Sky Crash*, London, Neville Spearman, 1984 –, besteht kein Zweifel daran, daß sich an diesem Abend tatsächlich etwas Ungewöhnliches ereignete. Doch es muß nicht unbedingt ein UFO gewesen sein. Möglicherweise war es nichts weiter als ein weiterer Schritt des Täuschungsmanövers.

Der Absturz von Rendlesham

Zunächst müssen wir uns vor Augen halten, daß in dieser Gegend seit langem militärische Forschungsprojekte durchgeführt werden. In dieser Region wurden zu Anfang des Zweiten Weltkrieges die ersten Radaranlagen in Betrieb genommen. Angeblich sind die oberirdisch sichtbaren Anlagen zwergenhaft klein im Vergleich zum Gewirr von Unterkünften und Lagerhallen, die unter East Anglia gegraben wurden.

Die beiden Stützpunkte gehören den Briten, sind aber durch einen NATO-Vertrag an die Amerikaner verpachtet. Das 81. taktische Jagdgeschwader hat in Bentwaters vier Staffeln und in Woodbridge weitere zwei Staffeln von Panzerabwehrjägern A-10 stationiert. Laut Jenny Randles und ihrer Co-Autoren ist dort auch das 78. Raumfahrt-Rettungs- und Bergungsgeschwader staioniert, eine Eliteeinheit, die zum Einsatz kommt, wenn amerikanische Astronauten irgendwo auf dem Planeten eine Notlandung machen müssen.

Geschwaderkommandant Gordon Williams war damals der leitende Offizier beider Stützpunkte, sein Stellvertreter war Lieutenant Colonel Charles Halt.

Brenda Butler, eine Forscherin aus Suffolk, die ungewöhnlichen Phänomenen nachspürt, hörte von einem amerikanischen Freund, der bei der Luftwaffe beschäftigt war, als erste von den Ereignissen in Bentwaters. Es gelang ihr, weitere Zeugen zu finden, die bereit waren, mit ihr zu sprechen. Sie erkannte rasch, daß über das exakte Datum des Vorfalls keine Klarheit bestand. Es gab einander widersprechende Gerüchte über Abstürze von Hubschraubern und anderen Flugzeugen im Wald und von Fehlfunktionen von Waffen.

Ein weiterer Flieger, der mit Brenda sprach, erzählte ihr, daß es am späten Abend des 27. Dezember auf dem Stützpunkt plötzlich sehr unruhig wurde, als ein Konvoi von Lastwagen in Richtung Wald in Marsch gesetzt wurde. Zu dieser Zeit erfuhr er von seinen

Vorgesetzten, daß knapp einen Kilometer hinter der Startbahn ein UFO abgestürzt sei.

Allein diese Aussage sollte uns schon mißtrauisch stimmen. Bei echten UFO-Fällen hat das Militär im allgemeinen alles abgestritten. Erst als letzte Zuflucht und oft erst nach langen Nachforschungen gab die Luftwaffe dann zu, daß ein Phänomen als »unidentifiziert« bezeichnet werden müsse. Hier wurde dagegen von Anfang an den Zeugen die Idee eingegeben, ein UFO sei abgestürzt.

Dann meldetete sich ein Waldarbeiter und erzählte seine Geschichte. Er hatte einen Bereich gefunden, in dem die Astspitzen abgeknickt und die Baumstämme versengt waren. Er meldete diese Beobachtung, doch es wurde keine Untersuchung eingeleitet.

Ein vierter Zeuge, ein ziviler Elektriker, wurde auf den Stützpunkt gebracht, um am Ende der Hauptlandebahn die auf hohen Masten angebrachten Anflugfeuer zu reparieren. Er dachte, sie seien von einem Flugzeug zerstört worden, das eine Notlandung versucht habe. Besonders seltsam kam ihm die Tatsache vor, daß er während der ganzen Reparatur von ungewöhnlich viel Wachpersonal umgeben war.

Insgesamt schienen diese Berichte dafür zu sprechen, daß es in diesem englischen Wald tatsächlich eine Begegnung zwischen Offizieren der amerikanischen Luftwaffe und einem UFO gegeben hatte.

Die Ermittlung

Die Geschichte des Falls von Rendlesham, die ich hier mit Hilfe des Buchs von Butler, Street und Randles zusammenfasse, entwickelte sich in den Jahren von 1981 bis 1984 weiter, während die drei englischen Forscher neuen Spuren nachgingen und Daten von neuen Zeugen erhielten. Ein wichtiger Informant war ein ziviler Radarbediener aus Watton in Norfolk. Er sagte, am 27. Dezember 1980 habe er ein ungewöhnliches Objekt registriert, das von der Küste aus hereinkam, das er aber in der Nähe des Rendlesham Forest verlor. Besonders interessant war die Tatsache, daß zwei Geheimdienstoffiziere der amerikanischen Luftwaffe – möglicherweise vom inzwischen berüchtigten OSI, für das auch Richard Doty in New Mexico arbeitete – zwei Tage nach der Registrierung des Objekts in der Radaranlage auftauchten und die Aufzeichnungen zur Untersuchung verlangten.

Sie erzählten dem erstaunten Radarbediener, sie hätten ein metallisches UFO aufgespürt. Auch diese normalerweise schweigsamen Beamten zeigten sich untypisch redselig. Sie fügten noch hinzu, das geheimnisvolle Objekt sei von Soldaten gestellt worden, deren Jeep versagt habe, als sie sich ihm näherten. Die beiden Männer erklärten sogar, das Objekt sei am Boden beobachtet worden, als die außerirdischen Besatzungsmitglieder versuchten, es zu reparieren. Hochrangige Offiziere hätten dies von einem nahegelegenen Stützpunkt aus beobachtet, und der kommandierende Offizier selbst habe sich mit den Insassen verständigt.

Die englischen Forscher wurden zwar vom britischen Verteidigungsministerium abgewimmelt – die für UFO-Nachfragen verantwortliche Frau erzählte sogar, ihrem Büro sei *noch nie* eine nahe Begegnung gemeldet worden! –, doch es kam zu einem Durchbruch, als ein Dokument veröffentlicht wurde, das in Großbritannien zwar der Geheimhaltung unterlag, das in den USA aber dank des Freedom of Information Act herausgegeben werden mußte.

Wichtigster Teil des Dokuments war eine Aktennotiz von Lieutenant Colonel Charles Halt. Dort wurden zwar nicht alle Details erwähnt, die die Forscher bereits aus den Aussagen von Informanten kannten, doch die wichtigsten Tatsachen wurden bestätigt: Allerdings, am 27. Dezember 1980 hatten sich um 3.00 Uhr ungewöhnliche Lichter dem Stützpunkt genähert. Ja, das Wachpersonal ging der Sache nach und fand ein eigenartiges, glühendes Objekt im Wald. Es war metallisch, dreieckig, hatte ein pulsierendes rotes Licht auf der Spitze und blaue Lichter an der Unterseite. Ja, am nächsten Tag fand man Abdrücke und Radioaktivität. Ja, man sah auch ein rotes Licht, das Lichtpartikel fortzuschleudern schien, das in fünf weiße Objekte zerfiel und dann verschwand.

Mit diesem nicht wegzuleugnenden offiziellen Dokument bewaffnet kehrten die Frauen in den Stützpunkt zurück, befragten Halt und andere Offiziere und füllten viele Lücken in ihren Akten.

Einer der Wachsoldaten, die das Objekt bewacht hatten, der in *Sky Crash* als Art Wallace bezeichnete junge Mann, der in Wirklichkeit Larry Warren hieß, konnte in den USA aufgespürt werden. Die Luftwaffe hatte ihn nach dem Vorfall versetzt. Er konnte viele weitere Details nennen. Andere, darunter Halts halbwüchsiger Sohn, bestätigten den exakten Ort und die Ereignisse auf dem Stützpunkt in Zusammenhang mit der Landung.

Doch diese Enthüllungen konnten nicht alle Widersprüche der Geschichte aufklären. Geschah die Landung nun am 27.12., wie ursprünglich berichtet wurde, oder am 30., wie einige andere Zeugen erklärten? Gab es am 26. noch einen weiteren Vorfall, wie einige spätere Enthüllungen andeuteten? Gab es Sichtungen in den folgenden Nächten? Und wer war zu dieser Zeit im Dienst, Lieutenant Colonel Halt oder Geschwaderkommandant Gordon Williams? Schließlich müssen wir fragen, ob tatsächlich Außerirdische gesehen wurden, oder ob man nur ein Objekt mit einigen Lichtern beobachtete? Klar war jedenfalls, daß man systematisch versucht hatte, die Sache zu vertuschen. Vielleicht ist der Fall von Bentwaters auf dieser Ebene am interessantesten – denn er lehrt uns etwas über die Natur und die Struktur solcher Beobachtungen in der Nähe militärischer Stützpunkte.

Täuschung oder Irreführung?

Die englischen Forscher legten überzeugende Beweise dafür vor, daß die verschiedenen der Öffentlichkeit vorgetragenen Erklärungen für den Fall von Bentwaters – angeblich sei es der Strahl eines fernen Leuchtturms in Verbindung mit einigen hellen Sternen gewesen – grober Unfug waren. Man ist versucht, den Schluß zu ziehen, daß das Militär tatsächlich mit einem außerirdischen Raumschiff und dessen Insassen konfrontiert wurde. Dies mag die Lösung sein. Doch es gibt interessante Alternativen.

Die plausibelste Theorie ist für mich die, daß das amerikanische Militär ein Gerät oder gar mehrere entwickelte, die aussehen wie fliegende Untertassen, die hauptsächlich für die psychologische Kriegführung gedacht sind und die bei ahnungslosen Soldaten getestet werden. Die Personen, die das Experiment leiten, können deshalb jederzeit kontrollieren, wie und auf welche Weise Informationen über die Geschichte durchsickern. OSI könnte eingesetzt worden sein, um die Beobachter auf Kurs zu bringen – daher der Besuch beim Radarbediener – und um die Übung selbst zu vertuschen.

Wenn tatsächlich etwas durchsickert, könnte man die Sache einfach dadurch verschleiern, daß man behauptet, es habe sich um ein UFO gehandelt. Das ist eine sehr bequeme Erklärung und zugleich eine Sackgasse: »Was sollten wir denn tun? Wir konnten das Objekt nicht identifizieren. Wir wissen nicht mehr als Sie ...« Mit anderen Worten: OSI könnte gerade dadurch die Tatsache vertuschen, daß es sich bei solchen Fällen eben *nicht* um echte UFOs handelt! Kein Wunder, daß Amateur-Ufologen verwirrt sind, wie sie durch die Beobachtung seltsamer, scheibenförmiger Lichter über Area 51 verwirrt waren.

Der Mechanismus der Vertuschung scheint immer der gleiche zu sein – die Geheimdienste reagieren sehr schnell, wischen alle Beweise vom Tisch und versichern sich, wenn nötig, der Kooperation der wichtigsten Zeugen. Wenn dann doch etwas ans Licht kommt, reichen die normalen militärischen Verfahren, um der Öffentlichkeit alle Dokumente vorzuenthalten, die etwas anderes vermuten ließen. Und wenn auch dies fehlschlägt, greifen die Geheimdienste zu einer Verwirrungstaktik, die im wesentlichen aus drei Maßnahmen besteht:

1. Sie schicken ihre professionellen Wegerklärer aus (Astronomen, Skeptiker oder »Rationalisten«), die sich auf jede greifbare Erklärung stürzen, je absurder desto besser.
2. Sie übersteigern die UFO-Erklärung und legen großen Wert darauf, daß es Außerirdische gewesen sein müßten. Wenn beispielsweise ein Objekt am Boden beobachtet wird, dann sorgen sie dafür, daß die Medien vor allem über Zeugen mit irrem Blick oder Angehörige eines örtlichen Kultes berichten, die behaupten, sie hätten eine Botschaft für die Menschheit bekommen. Auf diese Weise wird die ganze Sache rasch über die Maßen aufgeblasen.
3. Sie lassen einige korrekte Informationen an die Forscher durchsickern, durchmischen sie aber mit verwirrenden Elementen, was das Datum, die Zeit und die Identität der Zeugen angeht.

Alle diese Elemente sind nicht nur im Fall von Bentwaters, sondern auch in anderen Fällen zu finden, an denen das Militär beteiligt war.

Gibt es Beweise dafür, daß Bentwaters in Wirklichkeit eine bewußte Irreführung und nicht nur einfach eine Sinnestäuschung war? Ich glaube, in diesem Zusammenhang ist die Aussage von Larry Warren sehr interessant.

In einer Fernsehsendung mit dem Titel *Dimensions in Parapsychology* trug Warren ausführlich seine Erinnerungen vor. Der Fall von Bentwaters lag mittlerweile acht Jahre zurück. Inzwischen, erklärte er, sei er für Öffentlichkeitsarbeit zuständig. Er war ein schlanker junger Bursche mit langem Haar, das über den Hemdkragen fiel, er schien völlig entspannt und hatte, während er sprach, die Hände in den Gürtel gehakt.

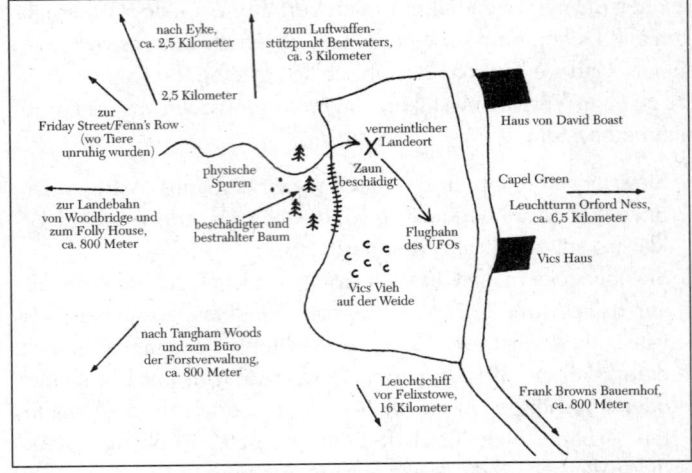

Bentwaters: Detailkarte des Landeortes (nach J. Randles, *Sky Crash*).

Er war damals in Bentwaters bei der Militärpolizei, sagte er. Am fraglichen Abend wurde er zum Wagenpark geschickt, um Beleuchtungsgeräte zu holen. Den Grund wußte er nicht. Er besorgte einige Scheinwerfer, lud sie auf und fuhr zum vorher festgelegten Ort in der Nähe des Waldes, wo weitere Fahrzeuge geparkt waren. Dort befahl man ihm, seine Waffen abzulegen. Zu Fuß marschierte er zusammen mit anderen Soldaten knapp einen Kilometer in den Wald hinein. Vor einer kleinen Steinmauer blieben sie stehen. Von hier aus konnte er dichten Bodennebel oder Dunst sehen, der angestrahlt wurde.

Nirgends war ein UFO zu sehen, doch die Inszenierung war beeindruckend. Wachleute, Offiziere und anderes Personal war versammelt und stand unbewaffnet in einem Bereich, in dem eine Art Nebel – ähnlich wie in Pontoise – geheimnisvoll wallte. Es fällt schwer, den Gedanken abzuschütteln, daß sie aus gutem Grund hergebracht wurden – nicht um etwas zu bewachen, sondern um

Zeugen eines ganz besonderen Phänomens zu werden, während insgeheim ihre Reaktionen auf die Ereignisse getestet wurden.

Bald befanden sich etwa vierzig Menschen im Rendlesham Forest. Sie hatten Filmkameras, Videokameras und Fotoapparate. Larry Warren fragte sich, warum man einen so großen technischen Aufwand trieb, nur um den leuchtenden Nebel zu dokumentieren.

Über Funk hörte er jemand fragen: »Was sollen wir hier?«

Kurz darauf sagte eine andere Stimme: »Da kommt es« – und dann kam von Norden das UFO heran.

Es war nur ein kleines rotes Licht, etwa anderthalb Kilometer in Richtung Nordseeküste entfernt. Es bewegte sich so schnell, daß Warren ihm mit den Augen kaum folgen konnte. Plötzlich war es da, schwebte etwa 6 Meter über dem Boden und glühte rot über dem Nebel. Die Soldaten starrten hinauf.

Dann ereignete sich eine lautlose, kontrollierte Explosion, und danach war das rote Licht einem festen Objekt gewichen. Das rote Licht schien »Lichtstücke« in alle Richtungen zu verstreuen. Das Objekt schwebte ruhig. Es war wie eine Pfeilspitze geformt. Oben befand sich ein rotes Licht, an der Unterkante war eine Reihe blauer Lichter.

Die Soldaten kamen in Bewegung. Zwei britische Polizisten, die Fotos gemacht hatten, mußten ihre Apparate abgeben. Ein Katastrophenschutzteam erklärte, man sei starker Strahlung ausgesetzt. Stützpunktkommandant Colonel Gordon Williams traf am Ort des Geschehens ein und näherte sich drei Lebewesen, die rechts aus grellem Licht herausgetreten waren. Handelte es sich um außerirdische Besatzungsmitglieder? Oder um die Mitwirkenden bei einem inszenierten Experiment?

Die amerikanische Luftwaffe zeigte sich nicht gerade überrascht, als ein unidentifiziertes Objekt über ihrem Stützpunkt auftauchte. Vielmehr schien man vorher informiert worden zu sein und war auf das Ereignis vorbereitet. Eine große Zahl von Soldaten mit ganz unterschiedlichen Aufgabenbereichen war zusammengezogen worden, um das Ereignis zu bezeugen. Ihre Waffen waren ihnen

abgenommen worden. Man hatte sie sorgfältig auf vorher festge-
legten Positionen verteilt. Beleuchteter Bodennebel und verschie-
dene Lichteffekte hatten vor der Sichtung des Objekts selbst die
Bühne beherrscht. Sobald die Männer gesehen hatten, was sie
sehen sollten, wurden sie zurückgezogen und hatten dienstfrei.
So würde es nicht laufen, wenn wirklich ein UFO gelandet wäre.
Doch genauso würde es laufen, wenn man die Reaktionen von
Männern auf einen vorher definierten Reiz testen will.

Jenseits des Spiegelkabinetts

In Zusammenhang mit der Täuschungstheorie müssen wir zwei
Fragen untersuchen, die sich gleichermaßen im Fall von Pontoise,
bei den UMMO-Offenbarungen und in Bentwaters stellen.
Zunächst einmal: Wie kann eine kleine Einheit des militärischen
Geheimdienstes derart komplexe UFO-Ereignisse simulieren?
Und zweitens: Warum sollten sie es überhaupt tun?
Die erste Frage ist überraschend leicht zu beantworten. Es ist
nicht ein einziger Trick, sondern eine Kombination verschiedener
technischer Geräte, in einer bestimmten Reihenfolge und im
richtigen psychologischen Zusammenhang eingesetzt, so daß die
Beobachter – und wenn nötig auch die Bevölkerung – unweiger-
lich zur Schlußfolgerung kommen, es sei tatsächlich ein UFO am
betreffenden Ort gewesen.
Zwar waren solche ferngesteuerten Fahrzeuge Anfang der fünfziger Jahre nicht ohne weiteres herzustellen, so daß sie keinesfalls
das gesamte UFO-Phänomen erklären können, doch zur Zeit des
Vietnamkrieges waren sie schon recht weit entwickelt und standen
in der Zeitspanne, mit der sich die drei vorangegangenen Kapitel
befaßten, ohne weiteres zur Verfügung. Die fraglichen Apparate
könnten mit mechanischen, optischen und elektronischen Geräten
ausgerüstet sein, die nacheinander oder gleichzeitig benutzt sehr
spektakuläre UFO-Sichtungen produzieren können.

Das einfachste solcher denkbaren Geräte ist das Modell einer fliegenden Untertasse in der Größe 60 mal 120 Zentimeter. Ich meine jetzt keine buckeligen Mülleimer, an denen ein Bastler Hobbyraketen befestigt, sondern ausgezeichnet kontrollierbare Systeme mit Mikroprozessoren, die über Funk gesteuert werden. Winzige Fernsehkameras dienen der Überwachung der Umgebung und senden ihre Bilder an die Bediener. Die Apparate können in einen Baum hinein- und wieder herausfliegen. Der Erfinder eines solchen Geräts, der es in den sechziger Jahren für einen amerikanischen Geheimdienst entwickelte, erzählte mir, er könne es durch ein Fenster in einen Konferenzsaal schicken. Dabei gab es nicht mehr als ein leises Surren von sich.

Nächster Punkt auf der Liste mechanischer Geräte sind die echten fliegenden Untertassen, wie sie von Dr. Moller in der Nähe von Sacramento in Kalifornien entwickelt wurden. Diese Flugzeuge sind äußerst wendig und besitzen genug Schubkraft, um einen Piloten samt Ausrüstung zu tragen. Sie werden zur Erkundung von feindlichem Terrain eingesetzt. Ihr Durchmesser beträgt knapp drei Meter. Sie sind mit Lampen ausgestattet und möglicherweise von echten fliegenden Untertassen nicht zu unterscheiden.

Kompliziertere UFOs mit Projektoren, Lasern und Geräuscheffekten wurden bei Medienspektakeln wie der Eröffnung der Olympischen Spiele in Los Angeles oder bei Konzerten des Electric Light Orchestra eingesetzt. In diesen Fällen kann das UFO von beliebiger Größe und Komplexität sein, weil es keinen eigenen Antrieb hat, sondern an einem fliegenden Kran hängt, der sinnvollerweise durch künstlichen Nebel vor den Zuschauern verborgen wird.

Einige meiner Kollegen und ich dachten über andere Arten des Fliegens und der Kontrolle von *echten* fliegenden Untertassen nach, die vom Boden aus gesehen und fotografiert und auf Radarschirmen von völlig aufrichtigen Zeugen erfaßt werden können.

183

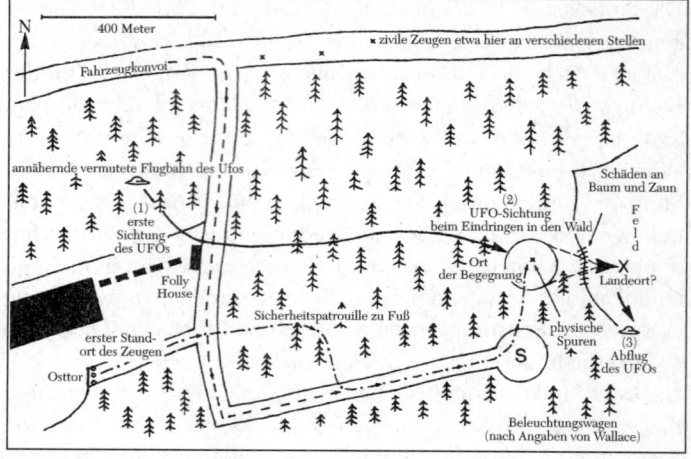

Bentwaters: Flugbahn des Objekts

Wenn man solche mechanischen Apparate mit optischen und elektronischen Geräten verbindet, können die Resultate sogar noch erstaunlicher sein. Man könnte mit ihnen perfekte Illusionen erzeugen, die *nie* von Wissenschaftlern, die sich am Boden befinden, widerlegbar wären. Schon lange weiß man, daß man nichts weiter als einen mächtigen Diaprojektor braucht, um einer ahnungslosen Menge himmlische Wunder zu zeigen, vorausgesetzt, es gibt eine dichte Wolken- oder Nebelbank in der Nähe, die als Leinwand dienen kann. Nebelmaschinen gibt es bei jedem Zulieferer von Filmstudios. Diese Methode wurde tatsächlich schon im Rahmen der psychologischen Kriegführung eingesetzt. Bereits im Ersten Weltkrieg benutzte das deutsche Militär künstlichen Rauch, auf den ein Bild der Jungfrau Maria projiziert wurde. Die Erscheinung hatte die Arme in einer Geste des Friedens ausgebreitet, und dieses Bild wurde über die Schützengräben projiziert, um die Franzosen zu verwirren. (Siehe Katalog der Special Effects Services von Tri-Ess Sciences, Inc.)

Das Problem bei Diaprojektionen ist, daß sie eben sind. Einen zufälligen Zeugen können sie zum Narren halten, doch ein intelligenter Beobachter wird sie rasch als das erkennen, was sie sind. Der nächste Schritt wäre eine Lasershow, die nicht nur ein zweidimensionales Bild, sondern eine Skulptur in der Luft erschaffen kann, ähnlich den Hologrammen der Prinzessin Leia in dem Film *Krieg der Sterne*.

In allen diesen Szenarien ist es sinnvoll, die Beobachter mit grellem Licht – das jeden blendet, der versucht, in Richtung des Projektors zu blicken – und mit Geräuschen zu verwirren, mit widersprüchlichen Äußerungen und mit der Behauptung, ein paranormales Phänomen spiele sich ab, auf das die normalen Regeln der Logik nicht anwendbar seien.

Da wir nun wissen, daß die technischen Möglichkeiten zur Simulation von UFOs heute schon zur Verfügung stehen, bleibt die Frage: Warum sollte das amerikanische Militär diese Methoden einsetzen?

Auch hier gibt es wieder eine ganze Reihe vernünftiger und logischer Antworten. Allen gemein ist die Frage des persönlichen Glaubens der Zielpersonen. Deshalb will ich der Erklärung die Beschreibung einer einfachen Situation vorausschicken.

Nehmen wir an, Sie sind als Soldat zur Bewachung eines Raketenstützpunktes eingeteilt. Sie wissen, daß der Feind möglicherweise eindringen wird, um Sprengköpfe zu stehlen, um sich Spaltmaterial zu beschaffen, um die Abschußcodes zu bekommen oder einfach, um die Abwehrmaßnahmen zu testen.

Plötzlich sehen Sie einen Hubschrauber, der knapp über den Elektrozaun hinweg in Ihre Richtung fliegt. Er hat keine Positionslampen. Was tun Sie? Wahrscheinlich tun Sie Ihre Pflicht. Sie heben Ihr Maschinengewehr und beginnen zu schießen.

Nehmen wir nun an, Sie sind ein gläubiger Katholik. Über den Zaun kommt keine gefährliche fliegende Kriegsmaschine, sondern ein wundervolles Bild der Jungfrau Maria, die Sie anlächelt und Rosenblüten auf den Boden streut. Was würden Sie tun? Ich glaube nicht, daß viele Katholiken ihr Maschinengewehr anlegen und schießen würden.

Lassen Sie uns noch einen Schritt weitergehen. Nehmen wir weiter an, das Objekt, das über den Zaun kommt, sei weder eine erkennbare Bedrohung, noch eine religiöse Erscheinung wie die Jungfrau Maria, sondern eine von Lampen umgebene fliegende Untertasse. Vielleicht ist in der Glaskuppel sogar ein Außerirdischer zu sehen. Wenn Sie jetzt schießen, könnten Sie einen interplanetarischen Krieg vom Zaun brechen. Die meisten Wachen würden in so einer Situation zögern und um weitere Befehle bitten. Die sich daraus ergebende Verzögerung, und wenn es nur Sekunden oder Minuten sind, reicht den Angreifern möglicherweise schon aus, um den Stützpunkt zu erobern.

Weit hergeholt? Ja. Aber Antiterror-Übungen, bei denen die Angreifer ihr Flugzeug als fliegende Untertasse tarnten, wurden tatsächlich mehr als einmal durchgeführt, und solche Überprüfungen der Sicherheit von Stützpunkten erklären wahrscheinlich eine ganze Reihe jener UFO-Sichtungen in der Umgebung von Raketenstellungen, die von den UFO-Amateuren und von vielen Fernsehdokumentationen als Beweis dafür zitiert werden, daß die Außerirdischen unsere Rüstung überwachen. Der Stützpunkt, der auf diese Weise zum Schein angegriffen wird, erfährt wahrscheinlich nie, was wirklich geschah, weil ein Test sinnlos wird, wenn das Objekt Bescheid weiß.

Ich habe die Bestätigung für solche Manöver von Männern bekommen, die dazu ausgebildet wurden, in Atomkraftwerke und Raketenstellungen einzudringen. Doch es gibt noch weitere Gründe dafür, in der psychologischen Kriegführung als fliegende Untertassen getarnte Apparate einzusetzen. Einer dieser Gründe ist ganz einfach die Einschätzung der Reaktionen der Beobachter. Wie würden die Wachen reagieren, wenn ein realer Feind in so einer Verkleidung daherkäme? Wie würden Berufssoldaten, Geheimdienstoffiziere, Piloten und Polizisten reagieren? Würden sie immer noch den Befehlen gehorchen? Was würde die Öffentlichkeit denken? Welche Mittel könnte man einsetzen, um die Verwirrung zu steigern oder aufzulösen?

Und schließlich und endlich könnte das Militär solche Geräte einsetzen, um herauszufinden, ob die eigenen Wissenschaftler fähig sind, zwischen echten und simulierten UFOs zu unterscheiden. Dies natürlich nur für den Fall, daß es UFOs wirklich gibt...

Die oben genannten Punkte sind *taktische* Gründe für die Simulation von UFOs in bestimmten Situationen, und so könnte es auch in Bentwaters gewesen sein. Jenseits dieser Überlegungen könnten die höheren militärischen Ränge in verschiedenen Ländern jedoch noch ein weitaus wichtigeres *strategisches* Ziel anstreben. Dieses Ziel würde nicht nur lokale Übungen wie die in Pontoise, UMMO und die in Bentwaters erklären, sondern auch die systematischen Desinformationsspiele etwa in Zusammenhang mit Majestic 12 – die Spiele, an denen sich Agent Doty und der UFO-Forscher Bill Moore bereitwillig beteiligten und denen Männer wie Dr. Bennewitz, John Lear, Bill Cooper und Bill English zum Opfer fielen.

Sobald wir diesen Irrgarten einmal betreten haben, gibt es kein Zurück mehr. Wir können nur immer tiefer in die Dunkelheit vorstoßen und neue Daten sammeln, während wir doch genau wissen, daß vieles von dem, was wir finden, verzerrt und vielleicht sogar bewußt verfälscht worden ist, um uns zu einem unverrückbaren Glauben an Außerirdische zu bekehren. Die einzigen Menschen, die diese Verwirrung beheben könnten, sind die Ufologen selbst. Sie sind diejenigen, die die Daten besitzen, sie sind es, die die schreienden Diskrepanzen zwischen *echten* UFO-Phänomenen und inszenierten Simulationen bemerken und offenlegen könnten. Doch die Gemeinschaft der UFO-Forscher hat ganz andere Probleme.

Vertuschungen und Sackgassen

In den Buchläden verbiegen sich die Regale geradezu unter der Flut der UFO-Bücher, die behaupten, die Vertuschung des Phänomens durch die Regierung bloßzustellen. Das ist auch gut so. Es ist keine Frage, daß die Luftwaffe von Anfang an versuchte, das Thema unter den Teppich zu kehren. Sie hat gelogen, Zeugen lächerlich gemacht und sogar vor dem Kongreß geleugnet, daß einige der überzeugendsten Fälle von ihren eigenen Offizieren berichtet wurden. Dies ist mehr als Vertuschung – es ist ein glatter Meineid. Eine oder wahrscheinlich sogar mehrere Forschungsgruppen der Regierung sind seit den fünfziger Jahren an der Arbeit.

Vor diesem Hintergrund findet jeder, der behauptet, die Wahrheit aufzudecken und die Vertuschungen bloßzustellen, unter den UFO-Gläubigen wie in der Öffentlichkeit ein dankbares Publikum.

Doch dabei geschieht etwas Seltsames. Diejenigen, die behaupten, uns diese erstaunlichen Enthüllungen anbieten zu können, stehen meist mit dem Militär oder den Geheimdiensten in Verbindung. Was sie offenbaren, ist nicht die geheime Gruppe selbst, sondern eine äußere Schicht aus faustdicken Lügen und Täuschungen, die von vornherein zur Veröffentlichung bestimmt waren. John Lear war nicht nur Pilot einer von der CIA kontrollierten Fluglinie, Bill Cooper war nicht nur beim Geheimdienst der Marine, nein, auch Bill English diente als Informationsanalytiker auf einem Horchposten nördlich von London. Bill Moore gab selbst zu, Informant der Luftwaffe gewesen zu sein – und sein wichtigster Kontaktmann Richard Doty ist in Desinformation und psychologischer Kriegführung ausgebildet.

Mit welchem Zaubertrick haben es diese Männer geschafft, so viele geistig gesunde UFO-Forscher, darunter sogar Wissenschaftler, davon zu überzeugen, daß es in der Area 51 einen Hangar voller fliegender Untertassen und unter New Mexico eine Höhle voller Menschenfleisch fressender Aliens gebe? Man sollte doch erwarten, daß Ufologen mißtrauisch werden, wenn unbestätigte Behauptungen gerade aus solchen Quellen kommen.

Die Antwort ist so traurig wie einfach. Die meisten Ufologen sind unglaublich naiv, wenn es um die Methoden der Geheimdienste geht. Selbst die Wissenschaftler unter ihnen haben sich nie die Mühe gemacht, die Grundregeln zu erlernen, die sich auf die Kontrolle, den Gebrauch und die Freigabe klassifizierter Informationen beziehen. Wenn dann einmal ein solcher Plan ans Licht kommt, weigern sie sich, die Sache auch nur in Betracht zu ziehen, *solange sie nicht ihre Vorurteile bestätigt.*

1979 veröffentlichte ich in *Messengers of Deception* eine Reihe solcher Drehbücher für Täuschungen. Ich erklärte, daß der UFO-Autor Major Keyhoe, der so interessante Bücher wie *The Flying Saucer Conspiracy* geschrieben hatte, der die NICAP in die Lage versetzte, die Silent Group bloßzustellen, der die Freigabe von UFO-Informationen erzwingen konnte, tatsächlich unter Kontrolle eines Leitungsgremiums stand, das sich aus Fachleuten für psychologische Kriegführung und Geheimdienstleuten rekrutierte. Ich erklärte, daß andere Gruppen unter ähnlicher Überwachung standen.

Die amerikanischen UFO-Forscher waren nicht bereit, die einfache Wahrheit anzuhören: Das Buch wurde von den Gläubigen abgelehnt.

Es brauchte weitere zehn Jahre, bis die Aussagen des Buches bestätigt wurden. Als die Rahmenbedingungen der Luftwaffengruppe von 1953 – zu ihr gehörten Louis Alvarez und andere wissenschaftliche Größen – endlich bekannt wurden, kam zugleich ans Licht, daß in Wirklichkeit die CIA dahintergesteckt hatte. Eins der geheimen Ziele war die Unterwanderung der UFO-Gruppen gewesen.

Doch viele haben die Lektion immer noch nicht gelernt.

Ein beliebtes Spiel der Ufologen besteht darin, verschiedene Regierungsbehörden im Namen des Freedom of Information Act zu verklagen und sich durch die Tausende von Seiten zu wühlen, die sie auf diesem Weg erhalten.

Viele Dokumente, die in den achtziger Jahren auf diese Weise ans Licht kamen, erkannte ich als Papiere, die ich in den sechziger Jahren als Dr. Hyneks Kollege bereits gelesen hatte. Wie kamen sie in die geheimen Archive, aus denen sie durch den Freedom of Information Act wieder herausgeholt wurden?

Auch hier ist die Antwort wieder verblüffend einfach.

Vor zwanzig Jahren saß ich öfter in Dr. Hyneks Arbeitszimmer in Evanston und las zweiseitige Fernschreiben, die an die Foreign Technology Division auf dem Luftwaffenstützpunkt Wright-Patterson geschickt wurden. Sie stammten beispielsweise vom Kontrollturm des Luftwaffenstützpunktes Okinawa und waren an die FTD und eine verwirrende Vielzahl anderer Adressaten gerichtet, darunter die CIA, die NSA, die JCS (vereinigte Stabschefs), das Weiße Haus, das State Department und ein Dutzend andere Stellen. Am Ende der Berichte wurde immer die Sichtung selbst erwähnt: »Mrs. Brown hat ein seltsames Licht gesehen.«

Ich zeigte das Papier dann Hynek und fragte ihn: »Allen, warum in aller Welt wollen das Weiße Haus und die NSA wissen, ob Mrs. Brown ein Licht gesehen hat?«

Er lachte dann und erklärte mir, daß die Luftwaffe es nicht einem einfachen Telegraphisten überlassen könne zu entscheiden, wer welche Informationen bekäme. *Alles*, was vom Kontrollturm in Okinawa gemeldet würde, müßte an *alle* diese Empfänger verteilt werden. Die Maschinerie war eben so programmiert, und es lag dann bei den Empfängern, sich zu überlegen, ob sie die Botschaft interessant fanden oder ob sie den Zettel wegwerfen wollten.

Dreißig Jahre später verklagt eine UFO-Gruppe die NSA unter dem Freedom of Information Act und erfährt nach langen Prozessen die erstaunliche Tatsache, daß Mrs. Brown einmal irgendwo in Japan ein seltsames Licht gesehen hat. Inzwischen hat der Bericht natürlich eine ganz besondere Bedeutung angenommen. Er strahlt in der Aura geheimer Informationen, die den Ein-

geweiden unserer geheimsten Geheimdienste entrissen wurden.
Die traurige Realität ist aber, daß dieser Bericht, ob geheim oder
nicht, ein Stück Müll ist.

Ich bewundere zwar die Geduld der Erforscher der UFO-Geschichte, die Stück für Stück die offiziellen Reaktionen auf das
Phänomen zusammentragen, doch zugleich staune ich immer
wieder über ihre Naivität.

Diese kindische Haltung gipfelt im Glauben an abgestürzte Untertassen und kleine Außerirdische.

Die meisten Ufologen sind nach Jahren schwieriger Forschungen
derart frustriert – ganz zu schweigen von der Lächerlichkeit ihrer
Bemühungen in den Augen von Freunden, Kollegen und Verwandten –, daß sie ein sehr dringendes Bedürfnis nach Bestätigungen haben. Dieses Bedürfnis ist so brennend, daß sie sogar
ihre Achtung vor der Wahrheit verlieren und vergessen, wie wichtig es ist, elementare Tatsachen auch zu validieren.

Daher wurden die Behauptungen, daß MJ-12 existiert, von vielen
sonst vernünftigen Forschern sofort akzeptiert, und mehrere gute
Leute, die ich kenne, haben alles stehen und liegen gelassen, um
sich über die Bedeutung anatomischer Details auf den Bildern von
Außerirdischen den Kopf zu zerbrechen. In Wirklichkeit waren die
Bilder mit einem Computer in Hollywood für den Dokumentarfilm *Cover-Up* von Seligman hergestellt worden. Dieser Film ist
auch als *Strawberry Ice-Cream Show* bekannt [Die Erdbeereis-
Show].

Die jüngsten Enthüllungen von Lear, Cooper oder von Lears an-
geblichem Informanten Robert Lazar über fliegende Untertassen
in der Area 51 sind mittlerweile bei allen Treffen von UFO-Forschern ein wichtiges Thema geworden, während sich jeden Monat
echte UFO-Sichtungen zu Dutzenden abspielen, die jedoch niemand ernsthaft untersucht, von einer Sicherung der physischen
Spuren ganz zu schweigen!

Jemand benutzt die Sehnsucht der Gläubigen, endlich die
schreckliche Wahrheit über die UFOs herauszufinden. Jemand

191

hat Geschichten über kleine Außerirdische fabriziert, genau wie jemand UMMO erfunden und Pontoise ausgeschlachtet hat. Wie wir im dritten Teil dieses Buches noch sehen werden, funktioniert die Sache auch heute noch, weil sie auf sehr wirksame psychologische Mechanismen zurückgreift.

Klug angelegte Geheimdienstoperationen sind in einander überlagernden Schichten angelegt wie eine Zwiebel. Die Daten, die wir bereits betrachteten, zeigen, daß die äußerste Schale der Zwiebel um die offizielle Behauptung, es gebe überhaupt kein UFO-Phänomen, gelegt wird. Dies ist die Ebene, an die die meisten Skeptiker und Wissenschaftler glauben.

Meiner Ansicht nach deuten sehr überzeugende Beweise darauf hin, daß es tatsächlich so etwas wie ein UFO-Phänomen gibt, doch ernsthafte, gründliche und energische Forschungen sind nötig, um diese erste Schicht abzutragen und die wahren Tatsachen zu finden.

Die zweite Schicht kann man am Beispiel von MJ-12 beschreiben. Auf dieser Ebene wird behauptet, es gebe eine weitverzweigte Verschwörung mit dem Ziel, die Informationen zurückzuhalten. Die Regierung – der weise weiße Vater im Weißen Haus – kenne die Wahrheit, doch in seiner Güte verriete er sie uns nicht, wahrscheinlich, um seine Kinder zu schützen.

Ich zeigte bereits, daß diese Annahme kaum haltbar ist. Das UFO-Phänomen stellt die Grundlagen unserer Physik in Frage, und der Präsident kann nichts dagegen tun. In Washington mögen unzählige Daten versteckt sein, vielleicht gibt es sogar ein großes Forschungsprojekt, das insgeheim an der Entschlüsselung der Daten arbeitet, aber es gibt keine geheime Wahrheit! Ich muß wiederholen, daß Daten noch keine Informationen sind. (Wir haben alle Daten der Welt über Krebs, aber wir wissen immer noch noch nicht genau, durch welchen Mechanismus er ausgelöst oder wie er verhindert werden könnte, obwohl im letzten halben Jahrhundert Milliarden für die Forschung ausgegeben wurden.)

Die dritte Schicht der Zwiebel haben wir Menschen wie den Herren Lear und Cooper zu verdanken. Diese Leute behaupten, die Außerirdischen seien schon hier und regierten gar die Welt. Vielleicht ist die dritte Schicht lächerlich, aber sie erfüllt ihren Zweck. Die Kraft der amerikanischen UFO-Forschung wurde durch diesen Unfug, der nicht einmal zu einem Science Fiction-Roman taugt, gelähmt.

Die unausweichliche Schlußfolgerung lautet, daß die Leute, die so wortreich behaupten, die Vertuschung *bloßzulegen,* möglicherweise die sind, die die Vertuschung überhaupt erst bewerkstelligen. Irgend jemand gibt sich große Mühe, uns von der Existenz von *Außerirdischen* zu überzeugen und schließt damit andere, möglicherweise viel wichtigere Hypothesen über UFOs aus.

Um uns der Wahrheit anzunähern, müssen wir geduldig Schicht um Schicht der Zwiebel abtragen. Auch dann, wenn uns diese Arbeit manchmal die Tränen in die Augen treibt.

Das Fiasko von Gulf Breeze

In den letzten drei Jahren gab es in der amerikanischen Ufologie eine sehr ungesunde Entwicklung. Früher wurden die meisten Ufologen einfach durch ihre wissenschaftliche Neugierde motiviert. Das war sicherlich auch bei mir der Fall, und ich bleibe hartnäckig bei meiner alten Überzeugung, daß UFOs ein echtes, bisher nicht erklärtes physikalisches Phänomen sind. Ich glaube, wir könnten aus einer gründlichen Untersuchung eine Menge lernen. Viele Wissenschaftler stimmen mit mir nicht überein und wenden ein, daß bisher nicht einmal gemeinsame Strukturen gefunden wurden. *Meine Antwort lautet, daß dies auch nicht anders sein kann, weil die dazu nötige wissenschaftliche Arbeit bisher noch nicht geleistet wurde.* In den sechziger und siebziger Jahren glaubten Dr. Hynek und ich mehrmals, es könnte möglich sein, diese Forschungsarbeit unter entsprechenden Maßgaben in Gang zu bringen, doch wurde die Idee nie verwirklicht.

Neu ist, daß sich die Motivation der amerikanischen Ufologen selbst nachhaltig verändert hat. *Das Feld ist überlaufen von Leuten, die es nicht nötig haben, irgendwelche Forschungen durchzuführen, weil sie alle Antworten schon kennen.* Sie nennen sich Wissenschaftler, obwohl sie weder die Referenzen noch die Fähigkeiten eines ausgebildeten Wissenschaftlers mitbringen, und sie haben damit jene verprellt, die dem Problem nach wie vor mit wissenschaftlichen Methoden begegnen wollen. Um ihre Lieblingsphantasien zu propagieren, beuten sie die Erlebnisse der Zeugen aus und formulieren sensationelle Erkenntnisse, während sie die traumatischen Erlebnisse der Zeugen einer bestimmten Interpretation des Entführungs-/Kontakt-Syndroms unterwerfen. Angesichts dieser neuen Entwicklung sind die wenigen ums Überleben kämpfenden Gruppen von amerikanischen UFO-Amateuren mit ihrem Latein am Ende. Die amerikanische Ufologie dreht sich heute nur noch darum, mehr oder weniger ungeschickt Zeugen unter Hypnose zurückzuführen und aufzudecken, was die jeweiligen Verantwortlichen für DIE WAHRHEIT über angebliche außerirdische Rassen halten, die uns angeblich unterwandern. Die angewendeten Methoden sind wertlos, was meiner Ansicht nach früher oder später auch ans Licht kommen muß. In der Zwischenzeit verletzen jedoch blutige Anfänger, die diese Spiele spielen, die Zeugen, die voller Angst und Schmerz zu ihnen kamen. Viele dieser selbsternannten Therapeuten haben keinerlei psychiatrische Ausbildung und sind unfähig, die wirklichen Probleme zu diagnostizieren, die hinter den offensichtlichen Symptomen der Zeugen liegen könnten. Sie wissen nicht, wie sie echte Entführungsopfer von den ebenfalls aufrichtigen aber manchmal getäuschten Beobachtern ungewöhnlicher Phänomene oder von Opfern anderer Traumata wie Kindesmißbrauch oder Ritualverbrechen unterscheiden sollen. Noch wichtiger ist, daß sie oft verzerren, was die Zeugen ihnen erzählen und die Macht mißbrauchen, die sie über die hypnotisierten Zeugen haben, um deren Erfahrungen in eine schon vorher aufgestellte Theorie einzupassen.

Die selbsternannten Wissenschaftler, die heute die Forschung über Entführungen betreiben, sind nichts weiter als Neokultisten, die die Angst der Menschen vor dem Unbekannten ausbeuten. Sie füllen ein Vakuum, das die offizielle Wissenschaft hinterließ, als sie sich vom Studium des UFO-Phänomens abwandte. In vielen Fällen fügen sie den Zeugen, die sie angeblich behandeln oder untersuchen, Traumata zu.

Diese unglückliche Entwicklung, die schlampigen Recherchen, führten infolge eines sensationellen UFO-Falls in Gulf Breeze in Florida zu einer Reihe tragischer Zwischenfälle. Ein nicht näher identifizierter Zeuge aus der Gegend, der sich selbst Mr. Ed nannte, legte mehrere Polaroidfotos eines außergewöhnlichen Objekts vor. Nach Dr. Bruce Maccabee vom in Washington ansässigen Fund for UFO Research waren es mit Sicherheit keine Fälschungen. Der bei der Marine beschäftigte Physiker Dr. Maccabee sagte mehrmals, daß »Ed die Bilder nicht gefälscht haben kann.« Mehrere Amateurgruppen, vor allem das Mutual UFO Network (MUFON) machten viel Wirbel um den Fall. Ein üppig illustriertes Buch erschien, für das Mr. Ed angeblich einen sechsstelligen Vorschuß erhielt, und man plante sogar eine Miniserie im Fernsehen.

In den folgenden Monaten brach jedoch das Kartenhaus von Gulf Breeze zusammen und zerstörte einen großen Teil der Glaubwürdigkeit, die einige wichtige UFO-Organisationen in den USA noch genossen. Mr. Ed, der sich als Bauunternehmer aus dem Ort entpuppte und der mit richtigem Namen Ed Walters hieß, hatte einen jungen Mann aus seiner Bekanntschaft gebeten, ihm bei der Fälschung der UFO-Bilder zu helfen. Der junge Mann fand schließlich den Mut, an die Öffentlichkeit zu treten und die Fälschung zu gestehen. Auf dem Dachboden von Mr. Eds früherem Haus fand man ein Modell einer fliegenden Untertasse. Der

Physiker, der die Fotos als authentisch bezeichnet hatte, gab zu, zehn Prozent vom Vorschuß des Verlages erhalten zu haben, weil er das letzte Kapitel des Buches geschrieben hatte. Der Entführungsspezialist Budd Hopkins untersuchte Mr. Ed und fand heraus, daß – was auch sonst – der Bauunternehmer von kleinen Außerirdischen entführt worden war, die ihn brauchten, um etwas über menschliche Emotionen zu lernen! Die Reaktionen der Medien reichten von Skepsis bis zu schallendem Gelächter. Einige erfahrene Ufologen zogen sich von MUFON zurück und arbeiteten auf einer Ebene weiter, die Dr. Hynek einmal als »Unsichtbares College« bezeichnet hatte.

Skeptiker wie Philip Klass, die über diese absurden Behauptungen hergezogen waren, hatten ihre helle Freude, als herauskam, daß Mr. Ed, »die Stütze der Gesellschaft«, in den vergangenen Jahren mehrmals mit dem Gesetz in Konflikt gekommen war. Doch der eigenartigste Akt dieser Schmierenkomödie sollte erst noch geschrieben werden. Die Sache nahm plötzlich eine unerwartete Wendung. Und dieses Mal standen die amerikanischen Geheimdienste selbst im Kreuzfeuer.

Befreit die Sechs von Gulf Breeze!

Am 9. Juli 1990, drei Wochen vor der Invasion Kuwaits durch den Irak, desertierten sechs Spezialisten des Geheimdienstes der amerikanischen Armee von ihren Posten in Augsburg. Diese mehrfache Desertion sorgte in der 701st Military Intelligence Brigade, deren Aufgabe die Analyse ausländischer Kommunikation ist, für einigen Wirbel. Doch man glaubt es kaum, die sechs Soldaten wurden erst am 14. Juli gefaßt, als ein Polizist in Gulf Breeze wegen eines defekten Rücklichts einen Lieferwagen anhielt. Was taten die Männer in der Kleinstadt in Florida, die zum Mekka der amerikanischen Ufologen geworden war? Ein Soldat, der nie den Führerschein gemacht hatte, saß am Lenkrad. Angeblich bat er den Polizisten, seine Daten nicht mit dem Computer zu überprüfen. »Sie unterzeichnen damit mein Todesurteil«, flehte er.

Natürlich tat der Polizist, was er tun mußte: Er überprüfte den Namen des Mannes, verhaftetete ihn wegen Abwesenheit ohne Erlaubnis und rief die Armee an. Doch als er zur Wache zurückkehrte, erlebte er eine Überraschung: Eine höhere Stelle übernahm sofort den Fall und wies die Polizei in Gulf Breeze an, den jungen Mann zwar festzuhalten, aber nicht zu befragen!

In den folgenden Tagen wurden vier der fünf noch fehlenden Soldaten im Haus des Mediums Anna Foster gefunden, die in einem New Age-Buchladen in Gulf Breeze arbeitete. Sie hatte an der letzten MUFON-Konferenz im benachbarten Pensacola teilgenommen und kümmerte sich fast ausschließlich um den Fall von Gulf Breeze. Wie der erfahrene Ufologe James Moseley, der in Key West lebt, erklärte, weckte diese Frau möglicherweise das Interesse der Soldaten an dem von Bill Cooper ausgestreuten Material, das auf eine Verschwörung hindeuten sollte. Sein letzter Bericht behandelte im großen und ganzen genau die ausgefallenen Thesen, die Cooper mir schon bei unserem Essen an Bord der *Queen Mary* aufgetischt hatte.

Die letzte der Desertierten war eine Frau aus Connecticut namens Annette F. Eccleston. Man fand sie an einem Strand in der Nähe, wo sie allein zeltete.

Wie einige Zeitungen bald berichten sollten, steckte mehr dahinter (siehe z.B. den *San Jose Mercury* vom 19. Juli 1990, die *Seattle Times* vom gleichen Tag oder die *Oakland Tribune* vom 12. August, in der die *Los Angeles Times* zitiert wurde. Mitte August hörten die Presseberichte über die Ereignisse jedoch abrupt auf.)

Die sechs Soldatinnen und Soldaten wurden rasch hinter den Zaun von Fort Benning in Georgia geschafft, wo sie vom Geheimdienst der Armee, von der CIA und der NSA vernommen wurden. Wie sich herausstellte, hatten sie ihre Posten verlassen, weil sie fest davon überzeugt waren, daß Harmagedon unmittelbar bevorstehe. Der von verrückten christlichen Fundamentalisten vorausgesagte große Schlußstrich könne jederzeit gezogen werden, und sie seien auserwählt worden, um außerirdische Raumschiffe zu begrüßen, die die Rückkehr von Jesus Christus ankündigten. Man fand in ihren Quartieren in Deutschland eine Notiz, aus der dies hervorging, außerdem Bibelzitate und Hinweise auf einen Kult namens »End of the World«. Anführer der Gruppe war anscheinend der sechsundzwanzigjährige Kenneth G. Beason aus Middlesboro, Kentucky. Einer seiner zivilen Freunde, Stan Johnson, ein Fotograf, der in Bylee in Tennessee lebte, erzählte Zeitungsreportern, daß Beason ihn ein paar Jahre zuvor gebeten hatte, Modelle von Raumschiffen zu fotografieren. Am 7. Juli 1990 holte Johnson seinen Freund Beason und einen weiteren Soldaten – Michael J. Hueckstadt, neunzehn Jahre alt, aus Farson, Wyoming – am Flughafen von Knoxville ab. Er half ihnen, einen gebrauchten VW-Bus zu kaufen, in dem sie später auch verhaftet wurden. Zuerst fuhren sie nach Chattanooga, wo sie sich mit den anderen Mitgliedern der Gruppe trafen, dann ging es weiter nach Gulf Breeze, wo sie am 6. August eintrafen. Eins ihrer Ziele auf dieser Fahrt nach Gulf Breeze war es, den Antichristen zu finden und zu töten.

Suchten sie Ed Walters?

Aus Gulf Breeze hörte man, daß sie die Absicht gehabt hätten, geradewegs nach New Mexico zu fahren, aber diese Version ist mit ziemlicher Sicherheit falsch. Ich hörte noch weitere Versionen ihrer Pläne, in denen von noch komplizierteren Missionen die Rede war.

Beason erzählte Johnson, im Nahen Osten werde bald ein Krieg ausbrechen, und das amerikanische Militär werde einiges zu tun bekommen. Er hätte dies, sagte er, aus medialen Botschaften erfahren, die der fünfundzwanzigjährige Vance A. Davis aus Wichita, Kansas, empfangen habe. Letzterer wurde später mit ihm zusammen verhaftet. Die beiden anderen Deserteure waren der zwanzigjährige William N. Setterberg aus Pittsburgh, Pennsylvania, und Kris P. Perlock, zwanzig, aus Hudson, Wisconsin.

Von Fort Benning aus wurden die sechs Deserteure rasch nach Fort Knox verlegt. Dann kam eine bemerkenswerte Reihe von Ereignissen in Gang. Die Army erklärte sie in einer routinemäßigen Ermittlung wegen Spionage für nicht verdächtig, sprach eine allgemeine Entlastung aus und ließ sie frei! Ihre Freundin Anna Foster spricht mit niemand mehr, und die Zeitungen, darunter die Illustrierten in den Supermärkten, die so eine Geschichte normalerweise mit fetten Schlagzeilen verkaufen würden, verloren plötzlich jegliches Interesse an dem Fall.

Der neugierige Ufologe hat das Recht, an diesem Punkt einige bohrende Fragen zu stellen. Wie, um alles in der Welt, konnten diese Soldaten fast einen Monat vorher schon vom Kriegsausbruch im Nahen Osten wissen? Wie ist die unglaubliche Nachlässigkeit der Army zu erklären, die sechs Kommunikationsspezialisten einfach freiließ, nachdem diese eine ganze Woche vermißt gewesen waren? Und wie schafften es die Soldaten, so lange dem FBI und der Army zu entgehen? Wie kamen sie in die Vereinigten Staaten zurück, ohne bei den Einwanderungsbeamten aufzufallen, in deren Computern ihre Namen in Fettdruck ganz oben auf der Liste stehen mußten?

Die ganze Geschichte riecht nach Kollaboration und Manipulation auf hoher Ebene. Außerdem muß die Manipulation von jemand fabriziert worden sein, der mit der UFO-Szene äußerst vertraut ist, von jemand, der die Erwartung der Soldaten, in Gulf Breeze ein wichtiges UFO-Ereignis erleben zu können, ausnutzte.

Ich habe auf die oben formulierten Fragen keine endgültigen Antworten. Beispielsweise stellte sich heraus, daß es für in Europa stationierte amerikanische Soldaten durchaus Wege gibt, in die Staaten zu kommen, ohne irgend jemand einen Paß zeigen zu müssen. Das erklärt aber nicht, warum sie so leicht wieder freikamen, nachdem man sie gefaßt hatte.

James Moseley mag auf die Wahrheit gestoßen sein, als er bekanntgab, daß die örtlichen Medien in Florida am 25. Juli ein sehr merkwürdiges Fernschreiben mit folgendem Inhalt erhalten hätten:

> US ARMY
> BEFREIT DIE SECHS VON GULF BREEZE
> WIR HABEN DIE FEHLENDEN AKTEN; DIE SCHACHTEL MIT MEHR ALS
> 500 FOTOS UND DIE PLÄNE, DIE SIE ZURÜCKBEKOMMEN WOLLEN.

Diese Botschaft, die mit der Drohung endete, nicht näher bezeichnete UFO-Fotos zu veröffentlichen, endete mit der Zeile:

> ANTWORTCODE AUGSBB3CM

Die sechs Soldaten wurden drei Tage später freigelassen. Die Existenz dieser seltsamen Botschaft eröffnet interessante Möglichkeiten. Ist es denkbar, daß die Deserteure nicht nur hohe Sicherheitsfreigaben hatten, sondern auch die Freigabe für die Verschlüsselungen, so daß sie Zugang zu brisantem, codiertem und sicherheitsrelevantem Material hätten? War der Code am Ende ein Hinweis auf eine Chiffriermethode, mit der die Identität oder die Zugangsberechtigung des Absenders demonstriert werden sollte?

Kommen wir auf die angeblichen medialen Botschaften zurück, die Vance Davis empfangen haben soll. Ist es denkbar, daß sechs kluge Soldaten – vielleicht wurden sie getäuscht, aber sie demonstrierten eindeutig, daß sie nicht dumm sind – einen so radikalen Schritt wie eine Desertion allein aufgrund einer telepathischen Botschaft tun? Ist es nicht wahrscheinlicher, daß die Botschaften von Harmagedon und der Erlösung durch die UFOs über eben den Kanal der Sicherheitsdienste zu ihnen kamen, den sie auch in ihrer alltäglichen Arbeit benutzten? Über einen Kanal, der nach Definition über jeden Verdacht erhaben ist, er könne verfälschte Daten transportieren? Können wir den Schluß ziehen, daß die Kommunikationskanäle des amerikanischen Militärs bereits von einem oder mehreren Kulten unterwandert sind, die extremen Überzeugungen anhängen und die Naivität der Ufologen ausbeuten, um ihre eigenen Ziele zu fördern? Diese Fragen werfen ein neues Licht auf alles, was wir bisher über Ummo und andere Versuche hörten, auf der Grundlage des Glaubens an Entführungen durch Außerirdische fanatische Gruppen aufzubauen und zu manipulieren.

Wenn der Leser meinen Überlegungen bis zu diesem Punkt folgen konnte, dann will ich nun noch eine letzte Frage stellen: Wer könnte die bizarren Motive und das spezialisierte Wissen haben, um sich in ein geheimes Netzwerk einzuschleichen und diese sechs Soldaten zur Durchführung eines so absurden Auftrages auszuwählen? War es eine Übung von der Art, wie sie in Pontoise und Bentwaters stattfanden, ein Projekt, das mit der Gutgläubigkeit der Beteiligten spielte, um innerhalb eines wichtigen Teils der Streitkräfte zu prüfen, wie weit man mit Täuschungsmanövern gehen kann? Ist etwa letzten Endes das amerikanische Volk das Ziel dieses Täuschungsmanövers?

Nach der Freilassung fuhren drei der sechs Soldaten sofort wieder nach Gulf Breeze. Entspannt und beiläufig erzählten sie einem Fernsehreporter in einem Interview, daß sie nie die Absicht gehabt hätten, den Antichristen zu töten. Es sei nur ein großes Mißverständnis gewesen. Sie hatten einfach eine alte Freundin besuchen wollen!

Wenn man natürlich glauben will, daß Mr. Ed tatsächlich von kleinen grauen Außerirdischen entführt wurde, dann kann man auch glauben, daß sechs Abhörspezialisten ohne Erlaubnis den Dienst quittieren, um jenseits des Ozeans eine Freundin zu besuchen. Hatten sie einfach nur Heimweh? Aber wir können die unangenehmen Fragen nicht einfach unter den Teppich kehren. Warum sagt denn niemand die Wahrheit? Und warum sagt niemand, was auf der kostbaren Diskette gespeichert war, die die Soldaten bei sich hatten, als sie in Gulf Breeze gefaßt wurden?

DRITTER TEIL
DAS SPINNENNETZ

Wolkenwogen brechen sich am Ufer,
hinterm See versinkt die Doppelsonne,
die Schatten werden länger in Carcosa

Cassildas Lied, *The King in Yellow*
1. Akt, 2. Aufzug
Robert W. Chambers

Ivan Sanderson, ein bekannter Naturwissenschaftler und Autor, schrieb über die Ufologie, sie sei »ein wahrlich komisches Geschäft«. Er fährt fort:

> Es kann nicht alles Unfug sein. Dennoch sind manche Schlußfolgerungen so bizarr, daß sie mir fast über den Verstand gehen.

In diesem Buch stoßen wir tatsächlich an die Grenzen des Bizarren, doch es gibt noch viel Material zu besprechen. Wie wir noch sehen werden, reicht es nicht aus, Pontoise als isolierten Test der Regierung und UMMO als lokales Experiment in Sachen Kultismus abzutun. Es reicht nicht, über Hangar 18 zu lachen und Majestic 12 als billigen Schwindel zu brandmarken, weil viel mehr dahintersteckt.

Das menschliche Bewußtsein ist nur zu gern bereit, Glaube und Vertrauen in unbewiesene Tatsache zu setzen, doch es gibt außerdem bei verschiedenen undurchschaubaren Gruppen die viel arglistigere Neigung, diese menschliche Schwäche als Mittel zur Kontrolle auszunutzen.

Irgend jemand, der mit der Öffentlichkeitsarbeit der Luftwaffe zu tun hatte, hielt Emenegger 1974 die Möhre vor die Nase und spielte mit Beweisen für die Existenz der Außerirdischen. Die gleiche Möhre wurde auch der Reporterin Linda Howe angeboten. Eigenartigerweise arbeitete der Mann, der sie ihr präsentierte, für die gleiche Abteilung der Luftwaffe und stand außerdem in enger Verbindung mit Bill Moore, mit einem UFO-Forscher also, der erklärte, die Luftwaffe habe ihn als Informanten angeheuert. 1985 wurde das gleiche Spiel mit Hynek und mir wiederholt.

Linda Howe nahm den Köder an, und die Folge war, daß ihr UFO-Dokumentarfilm nie vollendet wurde. Ihre ernsthafte Arbeit beispielsweise über die Verstümmelungen von Vieh geriet teilweise und zu Unrecht ebenfalls in Mißkredit. Dotys sogenannter Beweis – die Enthüllungen über Majestic 12 – wurde von Bill Moore unter den dankbaren UFO-Gläubigen verbreitet. Moore hatte zuvor seine Glaubwürdigkeit bewiesen, indem er (zusammen mit Charles Berlitz als Co-Autor) ein Buch über das Geheimnis von Roswell veröffentlicht hatte, in dem er behauptete, den Beweis für die Interventionen Außerirdischer führen zu können.

Es ist schon seltsam, daß sich in England zur gleichen Zeit das gleiche Szenario entwickelte. Die Forscherin Jenny Randles erzählte mir, man habe sich diskret an sie gewandt, um gewisse Enthüllungen über die angebliche Gegenwart Außerirdischer auf der Erde durchsickern zu lassen. Wie Allen Hynek und ich weigerte sie sich mitzuspielen, solange sie nicht die Fakten überprüfen und mit den Quellen selbst sprechen konnte. So ließ man sie fallen und wich auf einen weniger anspruchsvollen Kanal aus. Man entschied sich für Timothy Good, der die Informationen sogleich unter dem Titel *Jenseits von Top Secret* veröffentlichte. Dort wurde das Täuschungsmanöver von Majestic 12 ohne kritische Analyse weitergeführt mit der Behauptung, die Regierungen mehrerer Länder arbeiteten mit den Aliens zusammen.

Ein weiterer Schritt bei den Bemühungen, die Öffentlichkeit zu verwirren und die ernsthafte UFO-Forschung zu destabilisieren, wurde getan, als John Lear von den Behauptungen Paul Bennewitz' hörte. Ich erklärte bereits, wie dieser Wissenschaftler von Bill Moore – der sich wiederum, wie er selbst zugab, auf Anweisung der Abteilung für Sonderermittlungen der Luftwaffe einschaltete –, davon überzeugt wurde, daß die Außerirdischen regelmäßig Menschen entführten. Er glaubte, die Außerirdischen brächten ihre Opfer zu einer unterirdischen Anlage in Dulce, wo sie verschiedenen Demütigungen ausgesetzt wurden. Bill Cooper und Bill English trugen ihre Erinnerungen an angebliche Geheimdokumente bei, die diese These unterstützten. Ich will nicht ihre in gutem Glauben vorgetragenen Aussagen angreifen. Die fraglichen Dokumente waren möglicherweise nichts weiter als Produkte ihrer Vorgesetzten, mit denen ihre Fähigkeit, Desinformation zu durchschauen, getestet werden sollte. Beide übten damals im Geheimdienst untergeordnete Funktionen aus. Es wäre naheliegend, ihre Leichtgläubigkeit und ihre analytischen Fähigkeiten zu prüfen, indem man ihnen ein Dokument vorlegt, das neben unglaublichen Behauptungen auch einige wahre Fakten enthält, wie es bei jedem ordentlichen Stück Desinformation der Fall ist. Wenn diese Annahme zutrifft, dann haben sie den Test nicht bestanden. Bill English wurde ja kurz nach dem Vorfall von seinen Aufgaben beim Geheimdienst entbunden, was für die wahren Gläubigen natürlich ein Beweis dafür ist, daß die Informationen zutrafen!

Es ist, als hätten hundert Spinnen ein Netz aus menschlicher Dummheit gewoben, ein Netz, in dem die Geister vieler Erforscher des Geheimnisses sich verfangen und verstricken.

Sobald wir erkennen, daß die verschiedenen Täuschungsmanöver, die das wahre Geheimnis der UFOs verbergen sollen, durch Spinnenfäden miteinander verbunden sind, können wir das Netz zerreißen und die häßlichen Insekten verscheuchen, die es im dunkeln gewoben haben. So banal oder wichtig sie auch sind, es muß ein Motiv für die Täuschungsmanöver und Simulationen geben, die ich in diesem Buch bisher behandelte. Nur wenn wir dieses Motiv besser verstehen, können wir, wie es sich für ordentliche Detektive gehört, den nächsten Schritt tun, um unser Problem zu lösen.

7
DER TOD EINES ASTRONOMEN

In der Detektivarbeit sucht man stets nach auffälligen Strukturen und Ähnlichkeiten, nach Vergleichen mit anderen Fällen, in denen der Modus operandi der Täter oder die Tatumstände dem im Augenblick zu lösenden Fall ähneln. Diese Technik sollten wir auch auf den Irrgarten namens Majestic 12 anwenden. In der Tat gibt es zahlreiche Ähnlichkeiten, die eine eingehende Betrachtung wert sind.

Am 20. April 1959 wurde der Astronom Morris K. Jessup sterbend in seinem Kombi in einem Park des Dade County gefunden. Er hatte sich das Leben genommen, indem er die Auspuffgase seines Autos mit einem Schlauch ins Wageninnere geleitet hatte. Die Sanitäter konnten ihn nicht mehr retten.

Jessup hatte mehrere interessante Bücher über das Phänomen der fliegenden Untertassen geschrieben, unter anderem eine übersichtliche Darlegung des ganzen Problems unter dem Titel *The Case for the UFO*. Jessup wurde verleitet, an eine phantastische Verschwörung zu glauben, die Vertuschungen der Regierung, bahnbrechende physikalische Experimente, einen geheimnisvollen Korrespondenten namens Carlos Allende, dem er persönlich nie begegnete, und mindestens zwei Arten von Außerirdischen umfaßte – die den Erdenbürgern freundlich gesonnenen LMs und die feindseligen SMs.

Ich glaube, es ist wichtig, das Geheimnis um Allende aus den fünfziger Jahren noch einmal zu untersuchen, denn es weist beängstigende Parallelen zum Schwindel um Majestic 12 auf, zum Glauben des Dr. Bennewitz und zu den schrecklichen Täuschungen in Zusammenhang mit kleinen Grauen und anderen Wesen, die heute von Männern wie John Lear, Bill Cooper, Bill English und ihrem Gefolge propagiert werden.

Ich habe mich bisher noch nicht zum Fall Allende geäußert. Meine eigene Korrespondenz mit dem Mann, der auf Jessup einen so verhängnisvollen Einfluß hatte, ruhte zwanzig Jahre in meinen Akten. Erst als ich zu verstehen versuchte, wer MJ-12 inszeniert hatte, wurde mir klar, daß dieses Machwerk nur das jüngste einer ganzen Reihe übler Täuschungsmanöver war, die wohlmeinende Erforscher des Phänomens ihre geistige Gesundheit oder gar ihr Leben gekostet hatten.

Die Varo-Ausgabe

Der 1900 auf einer Farm in Indiana geborene Morris Jessup studierte an der University of Michigan in Ann Arbor Astronomie, arbeitete dann dort als Dozent für Astronomie und nahm 1926 an einer Expedition der Universität nach Mexiko teil. Mitte der fünfziger Jahre erwachte sein Interesse für fliegende Untertassen, 1955 veröffentlichte er das Buch *The Case for the UFO*. Er war Wissenschaftler mit einer umfassenden Ausbildung in Astronomie und Archäologie und begann nun, unabhängige Forschungen über das Phänomen durchzuführen. Verlor er im Laufe seiner Forschungen sein inneres Gleichgewicht und seine Vernunft? Oder hatte jemand ein Interesse daran, ihn in die Irre zu führen? Wie auch immer, Ende Juli 1955 wurde dem Leiter des Office of Naval Research (ONR) in Washington ein Exemplar des Buches anonym zugeschickt. Das Päckchen war in Seminole, Texas, aufgegeben worden, und das Buch war von drei verschiedenen Personen oder wahrscheinlich sogar von nur einer, die verschiedenfarbige Stifte benutzte, mit zahlreichen Anmerkungen versehen worden. Diese Anmerkungen verrieten, daß ihre Autoren alles über UFOs wußten, einschließlich ihrer Herkunft und der Geheimnisse ihres Antriebes!

Das Buch erregte die Aufmerksamkeit des beim ONR beschäftigten Major Darrell Ritter, der seinerseits Captain Sidney Sherby und Commander George Hoover, den für Sonderprojekte verantwortlichen Offizier, darauf aufmerksam machte. 1957 wurde Jessup nach Washington eingeladen, um die Angelegenheit mit diesen Männern zu erörtern.

Als er die Anmerkungen sah, staunte Morris Jessup über die Bandbreite und die Vertrautheit mit UFOs, die in ihnen zum Ausdruck kamen. Der Text wimmelte vor eigenartigen, wissenschaftlich klingenden Begriffen wie »Mutterschiff«, »Meßpunkte«, »Strudel« und »magnetische Netze«. Die Marineoffiziere waren von diesem Buch offenbar fasziniert.

Eine Passage der Anmerkungen bezog sich auf ein 1943 durchgeführtes geheimes Experiment der Marine, in dessen Verlauf angeblich ein ganzes Schiff unsichtbar gemacht wurde! Das war bemerkenswert, weil Jessup ähnliche Hinweise auch in anderen Texten gefunden hatte, etwa in einer Reihe von Briefen, die er seit Herbst 1955 von einem Mann namens Carl M. Allen oder Carlos Miguel Allende erhielt. Dieser Mann schrieb ihm aus Gainesville, Texas. Mr. Allen oder Allende behauptete, das fragliche Experiment selbst beobachtet zu haben.

Auf eine entsprechende Bitte der Marine zur Zusammenarbeit bereit, legte Jessup die Briefe Commander Hoover vor. Offensichtlich auf Anregung von Hoover und Sherby druckte die Varo Manufacturing Company in Garland, Texas, eine High Tech-Firma, die hauptsächlich in der militärischen Forschung arbeitet, privat Jessups Text samt Anmerkungen nach und versah sie mit einer Einführung, in die mehrere von Allendes Briefen aufgenommen wurden. Angeblich wurden 127 Stück hergestellt.

Als ich mich Anfang der sechziger Jahre in die amerikanische UFO-Forschung einschaltete, galt die Varo-Ausgabe unter Sammlern als begehrtes, äußerst seltenes Stück. Wer ein Exemplar besaß, hielt es so gut unter Verschluß wie ein Bibliothekar eine Gutenberg-Bibel. Das Varo-Dokument spielte in den sechziger Jahren für die UFO-Anhänger die gleiche Rolle wie die Dokumente von MJ-12 und die Dulce-Papiere in den achtziger Jahren. Angeblich sollte es die absolute und endgültige Wahrheit über die fliegenden Untertassen, ihre Piloten und sogar das Geheimnis der Schwerkraft enthalten. Und es schien die Tatsache zu bestätigen, daß hochrangige Wissenschaftler der Regierung eifrig mit der UFO-Forschung beschäftigt waren.

Die Enthüllungen Allendes, so gewunden und unklar sie auch klangen, waren für Morris Jessup ein schreckliches Geheimnis. Die bizarre Korrespondenz wurde ihm bald zur Besessenheit. Zusätzlich zu einem Autounfall und Eheproblemen, die ihn damals plagten, gefährdeten auch die Briefe das seelische Gleichgewicht des ohnehin schon verstörten Astronomen. Doch alle Versuche seinerseits oder von Seiten der Marine, Carlos Allende aufzuspüren, blieben erfolglos.

Jessup wurde von seinem Freund Dr. Ivan Sanderson folgendermaßen beschrieben: »Ein überschwenglicher Enthusiast ... fast zu enthusiastisch und zu zuversichtlich, daß seine Theorien zutreffen«, der anscheinend »auf einmal alles in Zweifel zieht«, nachdem er den Briefwechsel mit Allende aufgenommen hatte. Ende 1958 verabredete Jessup sich in New York mit Sanderson zum Abendessen und übergab ihm einen großen Teil seines Materials mit der Bitte, es aufzubewahren, »falls mir etwas zustößt«. Er erwähnte mehrmals, wie tief seine Verzweiflung sei. Dann fuhr er nach Florida zurück, wo er sich etwas später das Leben nahm.

Verschwand die USS Eldridge?

Das Element der ganzen Angelegenheit, das vermutlich das Interesse der Marine-Forscher weckte, war wohl der Bericht des undurchsichtigen Carlos Allende über ein großes Experiment, in dessen Verlauf ein ganzes Schiff – die USS *Eldridge* (DE 173) – mit Hilfe magnetischer Manipulationen aus dem Marinehafen von Philadelphia verschwand. Diese Episode übt heute noch eine beachtliche Faszination auf Zuhörer von Vorträgen im ganzen Land aus. Zwei Autoren, die aus dieser Faszination Kapital schlagen wollten, veröffentlichten 1979 ein Buch über dieses Ereignis, in dem sie den folgenden Schluß zogen:

> Es wäre verlockend, die Möglichkeit in Betracht zu ziehen, daß im Rahmen eines von der amerikanischen Marine durchgeführten Experiments tatsächlich eine Tür in eine andere Welt aufgestoßen wurde. (*The Philadelphia Experiment,* Grosset & Dunlap, S. 160)

Was war nun an den Enthüllungen Allendes, daß sie zu so außerordentlichen Schlußfolgerungen kamen? Und warum ließen die Autoren ihre Leser im Glauben, das Schiff sei tatsächlich in ein anderes Reich versetzt worden – und habe auf seiner Reise womöglich sogar Aliens getroffen –, wenn doch andere, viel alltäglichere Erklärungen ins Auge fallen mußten?

Ich sah noch einmal meine Korrespondenz mit Carl Allende durch, um die Antwort zu finden. Zum ersten Mal hatte er mir am 28. Juni 1967 geschrieben, nachdem mein Buch *Anatomy of a Phenomenon* als Taschenbuch herausgekommen war. Mir fällt hier etwas auf: Allende hatte gewartet, bis *The Case for the UFO* in einer billigen Massenauflage herauskam, ehe er Kontakt mit Morris Jessup aufnahm. Mr. Allen ist also wohl kein Kunde, der UFO-Bücher in teuren gebundenen Ausgaben kauft!

In seiner ersten Postkarte – eine Nachtansicht des »wundervollen Sanger Harris Department Store in Dallas, Texas« – informierte er mich, daß ich für die geringe Summe von 750 Dollar seine Anleitungen kaufen könne, in der er beschrieb, »wie Sie selbst eine fliegende Untertasse bauen können«. Er schrieb weiter über seine Schlußfolgerungen, seine Forschungen und über andere Papiere, die er in den letzten neunzehn Jahren gesammelt habe und die »zusammen mit mir wohlbehalten aus dem alten Mexiko in den USA eingetroffen sind«.

Obwohl Carl Allen die Karte in Dallas aufgegeben hatte, sollte ich meine Antwort an eine Adresse in Minneapolis schicken. Der Stil entsprach dem Stil der Briefe an Jessup einschließlich der bizarren Unterstreichungen und der in Großbuchstaben hervorgehobenen Passagen.

Wir schrieben uns in den Jahren 1967 und 1968. Ich sammelte viele Seiten mit Allens klarer, enger Handschrift, darunter einen erstaunlichen Brief von fünfzehn Seiten Länge, in dem es um die Experimente der Marine und ihre Konsequenzen für die Einsteinsche Physik ging. Er hatte die mit vielen Instrumenten ausgerüstete Eskorte eines Zerstörers beobachtet, ein Feld wurde aufgebaut, und eine Explosion ereignete sich. Einige Männer trugen Verletzungen davon, die ihnen noch lange danach zu schaffen machten.

In einem seiner ersten Briefe – er erreichte mich im Oktober 1967 aus Monterrey in Mexiko – beschrieb mir Allende seine Beobachtungen während des Experiments von Philadelphia und die medizinischen Nachwirkungen:

> Nach dieser gewaltigen Explosion blieben die Haare in Büscheln in meinem Kamm hängen, und ich beobachtete bei anderen Angehörigen der Decksmannschaft das gleiche...

Dann bot er mir an, mir die »lange unterdrückte, mit Randbemerkungen versehene [!] Version von Professor [!] Morris K. Jessups Buch« mit den in roter Farbe gedruckten Anmerkungen zu verkaufen. »Das Buch wurde seit Veröffentlichung kontinuierlich mit Notizen versehen und enthält eine Fülle von Informationen und Beweisen, die niemand sonst in den Vereinigten Staaten zur Verfügung stehen... das Buch ist tatsächlich das *einzige* Exemplar, das noch existiert, und es ist angeblich ›das Buch, das Einstein tötete‹ (so hart war der Schlag, den es dem gutmütigen, sanften Einstein versetzte).«

Carlos Allende, der sich als beharrlicher Förderer des Buches erwies, reduzierte den Preis seines wertvollen Dokuments von den ursprünglichen 6000 auf ein Almosen von 1950 Dollar, was einer Gebühr von fünfzig Dollar pro Monat der Forschung entsprochen hätte: »Ich brauche das Geld für eine Herzoperation.« Der Brief schloß mit der Enthüllung, daß die Zigeuner zu Zeiten der Assyrer mit UFO-Landungen zu tun gehabt hätten.

Im Laufe der nächsten paar Monate spielten Allende und ich ein Versteckspiel miteinander, während er mit allen erdenklichen Tricks versuchte, mir sein wertvolles Dokument zu verkaufen. Ich schrieb ihm zurück, daß es für mich nicht in Frage käme, soviel Geld für ein Exemplar von Jessups Buch zu bezahlen, Anmerkungen hin oder her:

> Er hat zwar, was das Sammeln zuverlässiger UFO-Beobachtungen angeht, Pionierarbeit geleistet, doch seine These, die Herkunft der UFOs sei der neutrale Punkt im System Sonne/Erde/Mond scheint mir einigermaßen nutzlos.

Ich forderte Allende auf, mir zu erklären, was Jessup eigentlich gemeint habe. Mein geheimnisvoller Briefpartner antwortete mir nicht ohne Humor:

> Nachdem ich nach Amerika zurückgekehrt bin und mir eine Brille zugelegt habe, kann ich nun besser den GANZEN Sinn der Worte verstehen. Prof. Morris K. Jessup sprach wie ich selbst den Dialekt der Ostküste. »*Der Mond*« bedeutet an der Ostküste soviel wie »IRGENDWO« oder »NIRGENDS«, »*NEUTRAL*« kann durchaus »IN DER MITTE« bedeuten... in der Übersetzung entsteht demnach der deutliche Eindruck, daß Prof. Jessup sich hier einen kleinen Scherz erlaubte – die UFOs kommen von »*THE MIDDLE OF NOWHERE*«, also aus dem Nichts... kurz gesagt meinte unser rätselhafter, erfindungsreicher und phantasiebegabter Professor... (anscheinend): »*ICH WEISS NICHT WOHER DIE UFOs KOMMEN*.«

Dieser Versuch, mich davon zu überzeugen, daß Jessup »eine raffinierte und sicherlich als Scherz gemeinte Wortwahl« getroffen habe, zeigte, daß Allende selbst etwas von einem Philologen und einem Scherzbold hatte. Anscheinend war der Mann durchaus fähig, Worte zu verdrehen und persönlichen Profit aus seiner Fähigkeit zu schlagen, andere zu überzeugen und zu verführen.

214

Ich hatte das Gefühl, mit einem Gauner zu korrespondieren, und ich hätte beinahe die ganze Sache abgetan, doch in seinem nächsten Brief wurde Carl Allen sehr konkret. Er sagte mir, ich müsse unbedingt soviel wie möglich über ein Schiff namens SS *Maylay* und seine Fahrt zwischen Ende Mai und Anfang Juni 1947 herausfinden, weil das Schiff auf dieser Fahrt, so Allende, »bei einer gewaltigen Explosion beinahe gekentert wäre... es ist das einzige Schiff, das die Explosion eines UFOs überstand. Es ist das einzige Schiff, in dessen Wände (kleine) Löcher von einem etwa 530 Meter durchmessenden UFO gebrannt wurden... Es wurde am nächsten Tag vom sogenannten *Engelshaar* bedeckt. Ich muß es wissen, denn ich gehörte zur Mannschaft und steuerte das Schiff am fraglichen Tag«.

Als ich die Küstenwache konsultierte, um Angaben über die *Maylay* zu bekommen, stellte sich heraus, daß es im Register von 1968 kein Handelsschiff dieses Namens gab. Der Marine Documents Branch verwies uns an das Bureau of Customs in New York, wo wir aber auch nicht weiterkamen. Falls einer meiner Leser irgendwelche Angaben über das Schiff und seine Position in der fraglichen Zeit machen kann, würde ich gern davon hören.

Die Wahrheit über das Experiment von Philadelphia

In seinem längsten und interessantesten Brief, den er in Colonia Roma in Mexiko schrieb und in Minneapolis aufgab, erklärte Carlos Allende, daß er nach wie vor sein Buch einem Wissenschaftler verkaufen wolle, der allerdings kein Physiker sein dürfe.

Er wiederholte seine Behauptung, er sei Zeuge eines großen Experiments mit Kraftfeldern gewesen, das von Albert Einstein persönlich durchgeführt worden sei:

> Ich sah dabei zu, ich beobachtete seine Entstehung, seine Entwicklung, seinen Ablauf und die Auswirkungen auf das Fahrzeug, auf das dieses Superfeld gerichtet wurde. Ich *roch* es, und da der

Geruchssinn ein Teil des Geschmacksapparats ist, *schmeckte* mein Mund auch das Ozon, während meine Ohren das helle Summen der elektrischen Hülle hörten, die es umgab.

Das Experiment, sagte er, fand in den letzten Oktobertagen und in der ersten Novemberwoche des Jahres 1943 statt.

Diese Zeit war für die Marine tatsächlich ein Wendepunkt in der Anwendung der Wissenschaft auf das Kriegshandwerk. Pioniere wie von Neuman arbeiteten an der Optimierung, der Größe und dem Fahrplan von Schiffskonvois, die über den Atlantik geschickt wurden. Es war lebenswichtig, die britischen und amerikanischen Streitkräfte in Europa und Afrika zu versorgen, wobei man aber den gefährlichen deutschen Unterseebooten ausweichen mußte.

Ein neues Gerät – das Radar – wurde in Betrieb genommen, um Flugzeuge und Schiffe selbst bei Nacht und Nebel orten zu können.

Wie ich im Laufe der letzten etwa fünfzehn Jahre immer wieder öffentlich erklärte, halte ich es für sehr wahrscheinlich, daß Carl Allen tatsächlich Zeuge eines Experiments wurde, bei dem man versuchte, ein Schiff unsichtbar zu machen – für das Radar!

In ihrem Buch über das Experiment von Philadelphia erwähnen die Autoren diese Möglichkeit und zitieren sogar einen geheimnisvollen Marineoffizier dahingehend, daß »ich von einigen Tests gehört habe ... die sich um die Auswirkungen starker Magnetfelder auf Radarapparate drehen«. Doch sie verfolgen die naheliegenden Schlußfolgerungen nicht weiter.

Sie zitieren seltsame »Tips«, eigenartige »Gerüchte« und erstaunliche »Zufälle« und stürzen sich in ein Gewirr von UFO-Berichten und fremdartigen außerirdischen Wesen. Ein Kanadier namens Robert Suffern soll angeblich am 7. Oktober 1975 eine nahe Begegnung erlebt haben, in deren Verlauf er eine gelandete Untertasse und ein 1,20 Meter großes, menschenähnliches Wesen gesehen habe. Einem kanadischen Ufologen zufolge soll er später von drei Militäroffizieren besucht worden sein, darunter ein Mitarbeiter der Spionageabwehr der amerikanischen Marine, die ihm enthüllten, daß sie bereits seit 1943, vermutlich seit dem Experiment von Philadelphia, mit Außerirdischen Kontakt hätten und sogar mit ihnen zusammenarbeiteten!

Nachdem also ein Test zum Schutz vor Radarerfassung zu einer interplanetarischen Sensation aufgeblasen worden war, deuten die Autoren des Buches an: »Wenn man ein Fahrzeug bewußt oder versehentlich in ein anderes Raum-Zeit-Kontinuum projizieren kann, dann ist es natürlich auch möglich, daß dessen Insassen drüben auf der anderen Seite Wesen begegnen.« Sie nahmen ein ganz normales, wenn auch geheimes Experiment, benutzten es als Sprungbrett für Spekulationen über Außerirdische, die schon unter uns seien, und über Geheimabkommen zwischen den Aliens und der amerikanischen Regierung.

Wer waren nun die Autoren dieses interessanten Stücks vorsätzlicher Irreführung, das vor zehn Jahren unter dem Titel *The Philadelphia Experiment* erschien? Niemand anders als Charles Berlitz und William Moore, die beiden Männer, die ein paar Jahre später bei einer ähnlichen Desinformationskampagne wieder zusammenarbeiten sollten, um der UFO-Forschung eine ungute »Wendung« ins Reich außerirdischer Stützpunkte und geheimer Autopsien zu geben. Dieses Buch trug den Titel *The Roswell Incident.*

Man beachte die Widersprüche. Wenn die Marine 1943 tatsächlich Kontakt zu lebenden Außerirdischen gehabt hätte, warum sollte dann der Absturz von Roswell vier Jahre später eine so große Überraschung sein? Und warum bezeichnete man dieses zweite Ereignis (in Roswell) als das erste, bei dem die amerikanischen Militärbehörden mit außerirdischen Humanoiden konfrontiert wurden?

Die Geschichte ist sinnlos, ebenso sinnlos wie die Tatsache, daß keiner der angeblichen Zeugen des Absturzes von Roswell jemals in Zusammenhang mit den kleinen Leichen einen *Geruch* erwähnte. Ebenso sinnlos ist es, daß sich die Kommunikation mit den angeblichen Außerirdischen so leicht aufbauen ließ, man

217

könnte fast sagen, so beiläufig, daß die USA im Nu ein technologisches Abkommen mit ihnen schließen konnten...

Was wir hier vor uns haben, ist abermals ein Beispiel für Irreführung und Verbreitung eines absurden Glaubenssystems. Nicht wegzuleugnende physische Ereignisse – wie der Absturz in Roswell und der Radartest in Philadelphia – werden als bequeme Ausgangspunkte benutzt, um der Bevölkerung eine künstlich fabrizierte Geschichte aufzutischen. Nur wenige Menschen werden über die Widersprüche stolpern oder die Motive der Beteiligten hinterfragen.

In meinem eigenen Briefwechsel mit Carlos Allende weist nichts darauf hin, daß die Experimente etwas anderes als ein Test von Schutzmaßnahmen gegen Radarortung waren, nichts weist darauf hin, daß die Ereignisse mit UFOs zu tun hatten oder daß Außerirdische gesehen wurden.

Etwa um 1983 tauchte Allende in Boulder auf. Die mit mir befreundete Linda Strand, eine Wissenschaftsautorin, konnte ihn interviewen und sogar fotografieren.

In ihrer Erinnerung war der Mann, den sie damals in einer Studentenkneipe namens Herbie's Deli traf, ein seltsamer Kauz, der unzusammenhängende Sätze von sich gab wie »Alle Leute, denen ich dies erzählte, kamen vorzeitig zu Tode. In zwei Jahren sind Sie mausetot«.

Er schrieb ihr einige Notizen in ihr Exemplar von *The Philadelphia Experiment*, bevor er wieder verschwand, wie es Herumtreiber und Landstreicher eben tun. Doch er gab keine neue Erklärung für die Dinge, die er gesehen hatte.

Irgend jemand benutzte das Experiment von Philadelphia und den Vorfall von Roswell, um einen absurden und dennoch verlockenden Mythos in die Welt zu setzen: Außerirdische seien auf der Erde gelandet und arbeiteten mit unseren Regierungen zusammen.

Der Schwindel um Majestic 12 hat seine Wurzeln in der Verzerrung der Fakten von Philadelphia, und der Vorfall von Philadelphia trug sehr zur Verzweiflung und schließlich zum Tode von Jessup bei. In beiden Fällen war die Folge, daß Forscher von echten UFO-Berichten abgelenkt wurden. Und so geht es heute noch. Nachdem wir vierzig Jahre lang Beobachtungen sammelten, nachdem wir Unmengen physikalischer und psychologischer Daten archivierten, wartet die Welt immer noch auf die erste objektive Untersuchung, auf die erste unvoreingenommene Überprüfung der Beweise.

8
DAS GEHEIMNIS LEBT WEITER

Es gibt hinter der wachsenden Zahl von UFO-Beobachtungen, die viele Zeugen auf der ganzen Welt machen, ein echtes, schwer zu fassendes und komplexes Geheimnis. Ich glaube, dies wäre eine Gelegenheit, echte Forschungsarbeit zu leisten und die Grenzen unseres Wissens zu erweitern. Aus vielen Berichten über nahe Begegnungen und Entführungen geht hervor, daß die Zeugen mit einer Form des Bewußtseins konfrontiert wurden, die unsere moderne Wissenschaft einfach noch nicht versteht.

Geheimnisse, die allzu lange auf ihre Lösung warten, sind ein großer Störfaktor für jedes Bewußtsein, denn sie öffnen Tür und Tor für wilde Spekulationen. Wenn schon die bloße Existenz des Rätsels von arroganten Wissenschaftlern, die sich nicht einmal die Zeit nahmen, die Daten zu betrachten, schlichtweg bestritten wird, wenn die Regierung die Tatsache vertuscht oder leugnet, daß einige ihrer Mitarbeiter mehrere der am besten dokumentierten Sichtungen erlebten, dann ist es nur natürlich, daß Spekulationen sich in Paranoia verwandeln, und daß die Forschung durch phantastische Täuschungen aus der Bahn geworfen wird.

An diesem Punkt erliegen gerade die Menschen, die uns bei unseren Nachforschungen helfen könnten, die UFO-Forscher selbst, ihrem eigenen Bedürfnis, an die bizarrsten Theorien zu glauben, für die es nicht die geringsten echten Beweise gibt. Die meisten Täuschungen lassen sich leicht erklären, wenn man ein wenig Vernunft anwendet und eine kühle, distanzierte Analyse vornimmt. Aber was tun Sie, wenn vor Ihren Augen etwas passiert, das genau das zu *bestätigen* scheint, was Sie zuvor für die wildeste, ausgefallenste und unglaublichste Phantasterei hielten? Würden Sie ein offizielles Dokument, das den Stempel TOP SECRET trägt und das nur unter Druck von unabhängigen Forschern ans Licht kam, einfach abtun? Würden Sie eine Geschichte abtun, die von ausgezeichneten, detailreichen Fotos bestätigt wird? Solche Bestätigungen – oder scheinbaren Bestätigungen – haben viele sonst vernünftige Forscher in einen Zustand getrieben, indem sie bereit sind, den allergrößten Unfug zu glauben.

Ein Besuch auf den Plejaden

In der Sparte des absurden Unfugs ist der berühmte Eduard »Billy« Meier aus der Schweiz kaum zu überbieten. Sein Fall wurde dank einer gut organisierten und gut finanzierten Werbekampagne in den USA eine Mediensensation. Ein Buch mit prächtigen Farbfotos wurde von Colonel Wendelle Stevens, Luftwaffenoffizier im Ruhestand, herausgegeben. Es wurde unter New Age-Anhängern zum Klassiker und verführte viele intelligente Forscher, die sich mit dem Paranormalen beschäftigten.

Die Geschichte des Billy Meier ist so bekannt, daß ich sie hier nur knapp zusammenfassen will. Als junger Mann machte dieser Schweizer Bauer eine Reihe von außergewöhnlichen Erfahrungen mit verschiedenen Wesen, vor allem mit einer Frau namens Semjase, die behauptete, aus dem Weltraum oder genauer gesagt von ERRA zu kommen, einem Planeten in den Plejaden. Meier schoß viele Farbfotos von plejadischen Raumschiffen, die dramatisch über grünen Schweizer Weiden schwebten.

Als ich Colonel Stevens in seinem Haus in Tucson besuchte, war er gerade von einer Reise in die Schweiz zurückgekehrt und äußerte sich begeistert über die Qualität der scharfen, von Meier aufgenommenen Fotos.

»Ein Experte aus Hollywood sagte mir, die Bilder könnte man für eine Million Dollar nicht fälschen«, sagte er begeistert.

Das war natürlich absurd. Für weniger als eine Million Dollar kann man ohne weiteres ein Objekt bauen, das aussieht wie eine fliegende Untertasse und lange genug in der Luft schwebt, damit jemand Fotos von ihm machen kann. Ich staune darüber, daß noch niemand den größten Schwindel überhaupt abgezogen hat: ein *echtes* Foto von einer *echten* fliegenden Untertasse. Die besten Wissenschaftler der Welt könnten die Fotos untersuchen und würden keinen Makel finden. Warum stoßen wir immer wieder auf so zweifelhafte Beweise wie die Objekte Billy Meiers und die eigenartigen leuchtenden Dinge, die Mr. Ed in Gulf Breeze im Hinterhof fotografierte?

Die Flugkörper auf den Meier-Fotos entsprechen, wenn man sie analysiert, dem Verhalten kleiner Modelle, die an Fäden hängen, im Grunde also die gleiche unbeholfene Technik wie beim UMMO-Schwindel. Das ist für die Tausende von Gläubigen, die Billy Meier zum New Age-Guru erhoben haben und ihn in der Schweiz besuchen, um seine Weisheit zu erfahren, aber belanglos.

Als ich mit Wendelle Stevens die verschiedenen Aspekte der plejadischen Wissenschaft, Soziologie und Philosophie erörterte, erfuhr ich, daß die Bürger von ERRA in einer sehr strengen, militärischen Organisation leben, die von unumstößlichen moralischen Prinzipien geleitet ist. Verglichen mit ihren rigiden Moralvorstellungen war das viktorianische England ein Sündenpfuhl.

»Außerhalb der Ehe gibt es in ihrer Gesellschaft keinen Sex«, erklärte Colonel Stevens.

»Was passiert mit Leuten, die sich nicht daran halten?« wollte ich wissen, eine meiner Meinung nach naheliegende Frage.

»Sie werden streng bestraft«, lautete die Antwort. »Die Strafe ist das Exil. Die Männer kommen auf einen Planeten, auf dem es nur Männer gibt, die Frauen auf einen Planeten, auf dem es nur Frauen gibt.«

Ich konnte es mir nicht verkneifen. »So etwas ähnliches haben wir schon in San Francisco.« Aber Colonel Stevens fand meine

Bemerkung nicht komisch, und ich gewann den Eindruck, daß Humor in Gegenwart der erhabenen Plejader nicht erlaubt sei.

Ein gründlicher Blick in Billy Meiers Lebenslauf zeigt, daß er eine weit komplexere Persönlichkeit ist, als man es bei einem Jungen vom Land erwarten würde, der auf seiner Wiese ungewöhnliche Erlebnisse hatte, wie es uns seine Jünger einreden wollen.

Der undurchsichtige Mann geriet schon in jungen Jahren mit dem Gesetz in Konflikt. Er saß eine Zeitlang im Gefängnis, floh nach Frankreich, schloß sich der Fremdenlegion an, desertierte in Afrika von der Legion, wurde Glücksritter, Seemann und Rennwagenfahrer in der Türkei. Bei einem Busunfall irgendwo im Nahen Osten verlor er einen Arm. Schließlich landete er auf einer griechischen Insel, wo er seine jetzige Frau kennenlernte, mit der er in die Schweiz zurückkehrte. Dort warteten schon ganze Flotten von plejadischen Raumschiffen auf seinen Weiden. Nein, er war nicht das, was man sich unter einem durchschnittlichen Schweizer Bauern vorstellt. Es wäre in der Tat naiv, die Geschichte wörtlich zu nehmen. Doch genau dies tun viele New Age-Anhänger.

Im Herbst 1989 besuchte ich mit meiner Frau den Ort, an dem Billy Meier oberhalb von Zürich in den Bergen lebt. Es regnete, und das dicke, grüne Gras glänzte saftig unter dem grauen Himmel. Billy Meier hatte diese Stimmung auf seinen Bildern vortrefflich eingefangen.

Wir machten uns keine Illusionen, zum großen Guru vorgelassen zu werden. Meier, hatte man uns erzählt, verließ seine karge Hütte nur selten, um sich Fernsehkameras zu stellen. Tatsächlich sahen wir im Gästebuch reihenweise lobende Kommentare von Reportern, die aus der ganzen Welt gekommen waren – viele von ihnen aus Japan.

Wir fanden allerdings Beweise dafür, daß Billy Meier alles andere als ein armer Bauer war. Er schien gut versorgt, herrschte er doch über eine ausgezeichnet funktionierende Organisation, die eigenes Land besaß, über ein großes und bequemes Haus und Dutzende eifriger Schüler, die sich um das Land kümmerten. Über allem flatterte das dunkelblaue Banner von Semjase. Mit Hilfe einer Satellitenschüssel konnte man sogar die Sendungen aus den USA auffangen, wo die Organisation mittlerweile mehrere Zentren zur Verbreitung des plejadischen Wissens aufbaut.

Wir sahen alles andere als einen demütigen Arbeiter, der sich von morgens bis abends abrackert, um seine Familie zu ernähren. Billy Meier, der, wie er sagt, keinen regelmäßigen Kontakt mehr mit den Plejadern hat, ist eine Medienpersönlichkeit mit einer Schar von Jüngern geworden, die aufdringliche Besucher abwimmeln. Sein Gefolge verbreitet unterdessen ein Wissen, das weder Zweifel noch die naheliegendsten Fragen erlaubt.

Was nun die Plejaden angeht, so ist diese Gruppe hellblauer Sterne im Winterhimmel deshalb so hell, weil sie sehr jung sind und ihre Energie hauptsächlich im ultravioletten und violetten Teil des Spektrums abstrahlen. Diese Energieform wäre für jede Art von Leben, die sich auf ERRA entwickeln wollte, äußerst schädlich.

Vielleicht muß die wunderschöne Semjase, die vierhundert Jahre alt ist, aus genau diesem Grund regelmäßig zur Erde kommen, um Kosmetika einzukaufen, wie mir Wendelle Stevens an jenem Abend in Tucson anvertraute.

Ist es nicht eigenartig, daß alle diese außerirdischen Welten Namen mit ganz ähnlicher Struktur haben? Es sind jeweils vier Buchstaben, zwei Vokale, die durch einen verdoppelten Konsonanten getrennt werden: AFFA, UMMO, ERRA. Werden wir bald Besucher von OBBA, ELLU und INNO begrüßen können? Oder spiegelt diese kindliche Namensgebung nur das geistige Niveau der Leute, die diese Geschichten erfanden und jener, die sie blindlings schluckten? Offensichtlich haben die Gläubigen in den Fotos und in der verschwommenen Mythologie, die sie umgibt, jene persönliche Bestätigung gefunden, die sie für ihr Leben brauchten.

Fehlerhafte Logik

In der Geschichte des UFO-Phänomens gibt es unzählige Beispiele für sogenannte Beweise von der Art, wie sie von Meier und Stevens vorgelegt wurden. Es braucht schon etwas mehr als nur die Vernunft, um diesen Verlockungen zu widerstehen. Es gilt, das empfindliche Gleichgewicht zu wahren zwischen offenem Akzeptieren neuer Tatsachen – eine Haltung, ohne die es in der Wissenschaft keinen Fortschritt gäbe – und der Weigerung, sich von *irgendeiner* Autorität oder irgendeinem Glauben beugen zu lassen. Diese schwierige Disziplin erfordert Übung: *Es ist die Fähigkeit, zwischen dem, was real ist und dem, was wir gerne für real halten würden, genau zu unterscheiden.*

In meiner beruflichen Arbeit für hochtechnisierte Firmen habe ich viele gute Wissenschaftler und Geschäftsleute an der zuletzt beschriebenen Schwäche scheitern gesehen. Auch ich selbst bin ein- oder zweimal in diese Falle getappt. Wenn Sie sich nicht gezielt kritische Menschen aussuchen, die fähig und bereit sind, einen bestimmten Glauben oder eine Tatsache mit Ihnen zu diskutieren, dann können Sie sehr leicht wichtige Daten übersehen.

Manchmal besteht der beste Weg, um bei Sinnen zu bleiben, darin, sich von den Freunden abzuwenden und zu den Kritikern und sogar den Gegnern zu gehen, um ruhig anzuhören, was sie zu sagen haben, um die eigenen Tatsachen und Überzeugungen anhand des Gehörten noch einmal zu überprüfen. Das ist für die ich-bezogenen Menschen, die es in die höheren Ränge der Wissenschaft, der Technologie und der Wirtschaft treibt, eine bittere Pille, denn sie halten sich am liebsten im sehr engen Kreis ihrer Freunde und Kollegen auf, die einander immer wieder bestätigen, statt gegenseitig ihre Vorurteile zu hinterfragen. Die Vorurteile schießen erst recht ins Kraut, wenn das Thema als geheim eingestuft ist, weil man sich dann nur mit einer kleinen Gruppe Eingeweihter austauschen kann. Dies erklärt die hohe Zahl von Mißerfolgen bei vielen geheimen technischen Projekten. Es über-

rascht nicht, daß in der UFO-Forschung Täuschungen gang und
gäbe sind, auch wenn die grundlegenden Fakten kritisch diskutiert werden. Es mangelt an Gelegenheit zu kritischer Auseinan-
dersetzung, weil jede Gruppe von Gläubigen nur einen engen, beschränkten Teil des Phänomens sieht und alles niedermacht, was
auch nur als Andeutung einer alternativen Sichtweise verstanden
werden kann. Scheinbare Bestätigungen werden sofort ergriffen
und als Beweise für die wildesten Theorien akzeptiert, *weil die
Tatsachen oft so phantastisch sind, daß es leichter ist, die Theorie
zu akzeptieren, als die Tatsachen zu überprüfen.*

Ein weiteres gutes Beispiel für diesen Prozeß ist eine außergewöhnliche Episode, die meine französischen Freunde als »das
Erbe von Teesdale« bezeichnen. Die Ereignisse zeigen, daß über-
aus rege Phantasie nicht auf einarmige Schweizer Bauern, Bauunternehmer in Florida oder die High Tech-Fans der Area 51 beschränkt ist.

Das Erbe von Teesdale

Es begann wie eine richtige Detektivgeschichte mit einer seltsamen Anzeige in der Pariser Zeitschrift *Nouvel Observateur* in
der Ausgabe 11.–17. März 1988.

Der *Nouvel Observateur* ist eine großformatige Zeitschrift für die
anspruchsvolle Linke. Die Artikel behandeln die brennenden
Tagesthemen: Ungerechtigkeit in der Dritten Welt, Zerstörung
der Umwelt, das schwere Los der Armen. Zwischen diesen
großmütigen und idealistischen oder auch empörten Geschichten
sieht man bunte Anzeigen für Luxusautos und teure Parfums.
Die Kleinanzeigen reichen von Yoga-Ausbildungen bis zu privaten Konsultationen bei einer »weiblichen Sexologin«. Es gibt
Therapiesitzungen für Paare, kalifornische Massage, Shiatsu und
die unausweichlichen Diätkuren, damit die Leute dünner und attraktiver werden. Das sind kaum die Dienstleistungen, die ein

Automechaniker bei Renault, ein Obdachloser, der die Nächte unter den Brücken von Paris verbringt, oder ein halb verhungerter Äthiopier in Anspruch nehmen würde. Ganz unten rechts auf der Seite finden wir in einem hübschen Kästchen folgenden Text:

> Die Vermögensverwalter des Nachlasses von A. P. Teesdale, Esq. of Durham County in England, wünschen mit den Verantwortlichen von Organisationen in Kontakt zu treten, die in der Lage sein könnten, den testamentarischen Anforderungen gerecht zu werden.

Mit den Organisationen sind solche gemeint, »die es sich ernsthaft zum Ziel gesetzt haben, Beziehungen zu außerirdischen Wesen aufzubauen oder zu unterhalten«.

> Die Betreffenden mögen ihre Existenz den Vermögensverwaltern zur Kenntnis bringen, indem sie eine kurze Beschreibung ihrer Organisation und ihrer Aktivitäten bis zum 31. März 1988 unter Angabe der Chiffre 1001 an diese Zeitschrift senden.

Verlockt durch diese Anzeige, reichte ein französischer Forscher einige Belege für seine Forschungsarbeit ein. Schon am 31. März 1988 erhielt er aus London ein Telegramm, das mit »Teesdale Bequest« überschrieben war. In gutem Französisch ließ man ihn wissen, daß seine Bewerbung eingegangen sei und daß man »sehr bald« mit ihm Kontakt aufnehmen werde.

Doch bis zum 26. Januar 1989 geschah nichts weiter. Erst dann wurde der Forscher von einem Engländer angerufen, der sich als Mr. Wensley vorstellte und sich für den 28. Februar 1989 in Paris mit ihm verabredete.

Auf den Anruf folgte ein sehr geschäftsmäßiges, auf dem beeindruckenden Briefpapier von Theard, Theard, Smith & Theard verfaßtes Schreiben. Die Firma hatte ihren Sitz in 31 Sussex Mansions, London SW7, der Brief trug das Kürzel T.35.1/MB/WL.89 und war von einem M. Bates unterschrieben. Die Verabredung für 19.00 Uhr im Intercontinental Hotel in Paris wurde bestätigt: »Bitte haben Sie die Freundlichkeit, am Empfang nach Mr. Grapinet zu fragen, der Ihnen dort zur Verfügung stehen wird.«

Zur verabredeten Zeit traf mein Kollege mit einem Freund im Hotel ein. Zwei gut gekleidete Männer, von denen sich einer als Grapinet vorstellte, empfingen ihn. Sie erklärten, man habe das Treffen in das Privatzimmer eines Pariser Restaurants verlegt, wo man auch die anderen Kandidaten erwarte. Im übrigen müsse er allein gehen, ohne seinen Freund, den er als Zeugen mitgebracht hatte.

Die beiden Vertreter von Theard & Co. nahmen ihn im Auto zum betreffenden Restaurant mit, wo er, soweit er sich erinnert, auf folgende bemerkenswerte Gruppe traf: Zunächst waren da die beiden anderen Kandidaten, einmal François Raulin, ein bekannter Chemiker von der Pariser Universität, der über die Natur und den Ursprung des Lebens geforscht hat, und Claude Vorilhon, ein bekannter Sektenführer, der behauptet, mit außerirdischen Wesen in Kontakt zu stehen und der eine weltweite Organisation aufbauen will.

Ich habe zwar schon in früheren Büchern einige Informationen über die Raelian-Gruppe veröffentlicht, doch wir sollten uns vielleicht an dieser Stelle daran erinnern, daß Vorilhons Abzeichen, ein Hakenkreuz innerhalb eines Davidssterns, angeblich von Außerirdischen aus dem Weltraum stammt. Er traf sich mehrmals mit ihnen, begleitete sie und wurde einmal sogar von einer Gruppe attraktiver weiblicher Roboter gebadet.

Bemerkenswert an Rael-Vorilhon ist, daß er eine ganze Reihe von Jüngern um sich scharen konnte – darunter einige tausend im französischen Teil Kanadas –, und daß der Kult anscheinend über Einkommensquellen verfügt, die weitaus ergiebiger sind als die Spenden der Schäfchen. Dies löste Spekulationen aus, daß die Rael-Bewegung – ähnlich wie Prevosts Gruppe nach dem Vorfall von Pontoise, wie UMMO in Spanien und wie Jim Jones' People's Temple – die Aufmerksamkeit von Sozialwissenschaftlern weckte, die beobachten wollten, wie ein solches Glaubenssystem funktionierte und geleitet wurde.

Im Restaurant, das in der Rue du Cloitre Notre-Dame liegt, waren die Tische bereits in U-Form aufgebaut. Abgesehen von

den drei Kandidaten waren die folgenden zwölf Personen anwesend:

Mr. M. Bates von Theard & Co.
Mr. X1, ein Mitarbeiter von Mr. Bates
Mr. X2, ein Mitarbeiter von Mr. Bates
Miss X3, Sekretärin bei Theard & Co.
Mr. Grapinet, Franzose
Mr. X4, ein weiterer Franzose, der zusammen mit Mr. Grapinet
vom Hotel Intercontinental im Wagen gekommen war
Mr. Lalande, der als französischer Spezialist für Computerwissen-
schaften und künstliche Intelligenz vorgestellt wurde
Mr. X5, ein französischer Anwalt
Mr. X6, ein französischer Anwalt
Mr. X7, ein französischer Physiker
Mr. X8, ein französischer Ingenieur
Mr. Cellier, ein Priester

Mein Kollege saß zwischen Mr. Cellier und Ingenieur X8. Keiner
der beiden wußte etwas über Theard & Co., und sie hatten keine
Verbindung zum verstorbenen Mr. Teesdale gehabt. Sie wußten
nur, daß sie zu diesem Abendessen eingeladen worden waren.
Mr. Bates faßte nun die Anforderungen zusammen, die von den
Vermögensverwaltern im Auftrag des verblichenen A. P. Teesdale
gestellt würden und verlas die »Beichte«, die das Testament in seinen Grundzügen zusammenfaßte.

Teesdales Geständnis

»Nicht ohne inneren Widerstand bringe ich nun endlich etliche
meiner Erinnerungen an die beiden großen Auseinandersetzun-
gen dieses Jahrhunderts zu Papier«, beginnt die Beichte.
Als nächstes werden einige persönliche Details über den Verfasser genannt. Er wurde 1899 geboren, 1916 zu den britischen

Streitkräften eingezogen und in die Schützengräben Nordfrank-
reichs geschickt. An einem grauen Novembertag wurde seine Abteilung angegriffen, in der Nähe explodierte eine Granate: »Alles
löste sich in einem langen Blitz auf.« Er dachte, er sei tot, bis er
eine Stimme hörte, die ihm sagte, daß er nicht tot sei, aber auch
nicht mehr lebte: »Du bist außerhalb von all dem.«
Teesdale beschrieb nun seine Nah-Todeserfahrung. Es sei ein
Gefühl von Weiß und Gold gewesen mit einem dunkleren Bereich
im Zentrum, in dem sich eindeutig ein Wesen befand, das sich
ihm vorstellte als »Hüter jener, die Leben auf diesen Planeten
bringen«.

> »Ich versuche seit Äonen, jemand zu fassen zu bekommen«, er-
> klärte die Stimme. Im Laufe des jahrtausendelangen Wartens seien
> die Energiereserven erschöpft worden, und das Wesen konnte sich
> nur manifestieren, wenn in der Nähe der Zielperson eine große
> Energieentladung stattfinde.

Teesdale, der im Schlamm des Schlachtfeldes wieder zu sich kam,
hatte plötzlich ein seltsames Objekt in der Hand. Die innere
Stimme erklärte:

> Es wurde beschlossen, daß die menschliche Rasse einen Hinweis
> bekommen soll. Du brauchst nichts weiter zu tun, als dies euren
> besten Wissenschaftlern zu übergeben.

Teesdale überlebte den Krieg und behielt das Objekt, das er im
November 1916 gefunden hatte, als eine Art persönlichen Talis-
man.
Ein Vierteljahrhundert später diente er abermals im Krieg. Er
befand sich zusammen mit acht anderen Männern auf dem Rück-
zug aus Dünkirchen und rannte gerade zu einem Boot, als ein
Splitter von einer explodierenden Granate seinen Schenkel traf.
Einer seiner Kameraden schleppte ihn zum Boot und warf ihn
hinein. Ein deutsches Flugzeug, das über ihnen kreiste, warf eine
Bombe auf sie ab. In diesem Augenblick wiederholte sich für
Teesdale, was er bereits beim ersten Lichtblick erlebt hatte: Das

Gefühl von Weiß und Gold, das dunklere Zentrum und die Stimme, die ihn schalt, weil er den »Hinweis« nicht den richtigen Leuten übergeben hatte.

Um sicher zu gehen, hatte er den Gegenstand einmal einem befreundeten Arzt gegeben, doch der Mann hatte nur die Stirn gerunzelt. Später hatten ein Chemiker und ein Biologe den Gegenstand kommentarlos zurückgeschickt. War es denn seine Schuld, fragte er, wenn das Objekt, das man ihm gegeben hatte, die Leute nicht beeindruckte?

Die Stimme erklärte, daß man ihm ein zweites Objekt geben werde. Diese beiden zusammen stellten einen eindeutigen wissenschaftlichen Beweis dar.

Teesdale wurde aus dem aktiven Dienst entlassen, blieb aber für den Rest seines Lebens teilweise gelähmt. Er kam nie seinem Auftrag nach und ließ die Objekte, die man ihm gegeben hatte, nicht untersuchen. Die Leute, denen gegenüber er sie erwähnte, taten die Geschichte einfach ab. Er hatte keine Lust, im Verdacht zu stehen, er sei nicht mehr bei Verstand. Er hatte ein abwechslungsreiches Leben hinter sich, schrieb er zum Abschluß, und die Verwaltung des Familienvermögens habe viel Aufmerksamkeit erfordert. Doch er fühlte sich schuldig, weil er die Anweisungen nicht befolgt hatte, die er bei diesen beiden bemerkenswerten Ereignissen erhalten hatte. Deshalb »bestimme ich, daß der Person oder den Personen, denen es gelingt, meine Erfahrungen in Frankreich zu erklären, alle Mittel zur Verfügung gestellt werden.«

Weiter verfügte er, daß

> diese Personen von den kompetentesten Juroren ausgewählt werden sollen, die man nur finden kann ... zu diesem Zweck (und vielleicht auch zur Erlösung meiner unsterblichen Seele) sind keine Mühen und keine Ausgaben zu groß.

Also hatten die Anwälte das Treffen im Privatzimmer eines Restaurants in der Nähe von Notre-Dame in Paris aufgrund der

Anweisungen arrangiert, die Teesdale von einer geheimnisvollen unirdischen Stimme erhalten hatte.

Der Talisman

Nach Verlesung der Beichte und der letzten Wünsche des verstorbenen Mr. Teesdale überließen die Anwälte den Kandidaten das Feld. Mr. Raulin, der mit mir befreundete Forscher und Claude Vorilhon sprachen abwechselnd für jeweils eine Stunde und schilderten ihren Werdegang und ihre Qualifikationen.

Nach dieser formalen Vorstellung zog sich die Kommission zur Beratung zurück. Kurz darauf wurden die Kandidaten ins Eßzimmer gerufen, und das Urteil wurde verkündet:

»Unsere Wahl für das Teesdale-Erbe ist auf Claude Rael-Vorilhon gefallen«, sagte Mr. Bates, »weil er in seiner ganzen Art dem Geist des Testaments am nächsten kommt.«

Vorilhon erhielt einen großen Tiefkühlbehälter, wie man sie in Labors verwendet. Er war etwa 35 Zentimeter breit und 45 Zentimeter hoch. Wegen des Reifs auf den Wänden konnte man den Inhalt nicht sehen. Wahrscheinlich enthielt er den geheimnisvollen außerirdischen Talisman. Teesdales Vermögen würde also der Sekte zufallen.

Drei Tage später telefonierte der französische Forscher mit François Raulin. Keiner von ihnen hatte von Vorilhon gehört, obwohl dieser versichert hatte, ihnen die Proben zur Analyse zu überlassen.

Erst am 16. März nahm ein Mitarbeiter Vorilhons mit meinem Kollegen Kontakt auf. Es war ein gewisser Dominique Renaudin, der einigermaßen aufgeregt wirkte. Es gebe nichts neues über das Erbe zu sagen, es sei kein Geld gekommen, und die Firma Theard & Co. habe sich nicht mehr gemeldet. Die französischen Ufologen kamen erst jetzt auf die Idee, sich ein wenig nachdrücklicher um Antworten aus England zu bemühen.

Der erste Schritt war ein Besuch in den Büros von Theard, Theard, Smith & Theard, deren Adresse ja auf dem schönen Briefpapier stand. Leider war dieser Firma keine Telefonnummer zuzuordnen. Die angegebene Adresse, 31 Sussex Mansions, liegt ganz in der Nähe des Französischen Instituts in Kensington, aber die Hausnummern hören bei 29 auf.

Im Durham County gibt es einen Teesdale River, aber hat es je einen Gentleman namens A. P. Teesdale gegeben? Die Antwort auf diese Frage würden einige Leute sehr gern erfahren. Sie würden außerdem gern wissen, warum sich die Verwalter des Vermögens auf den Weg nach Paris machten, während es in London doch zahlreiche Gruppen gibt, die an ganz ähnlichen Forschungen arbeiten. Warum übergaben sie Vorilhon, den sie offenbar schon vorher ausgesucht hatten, den Behälter, während die anderen Kandidaten viel eher in der Lage waren, den Talisman zu analysieren und die Ergebnisse qualifizierten Wissenschaftlern vorzulegen? Warum luden sie fünfzehn Leute zum Essen in ein Pariser Restaurant ein, warum inszenierten sie förmliche Vorstellungen, wenn doch von vornherein klar war, daß Rael-Vorilhon den Zuschlag bekommen sollte?

Welche Rolle spielten die anderen Anwesenden? Anscheinend waren sie nichts weiter als Kulisse, Statisten auf der Bühne.

Das Teesdale-Erbe ist reines Theater. Die Szene im Restaurant könnte eine Erfindung von John Fowles sein, dem meisterlichen Romanautor, der ein ähnliches Schauspiel in *The Magus* beschrieben hat. Der Sinn des Spiels besteht einzig und allein darin, verborgenen Meistern eine esoterische Freude zu bereiten.

Und doch gibt es in diesen Ereignissen ein Element der Absurdität, das uns an UMMO und die Kontroverse um die abgestürzten Untertassen in den USA erinnert. Aus diesem Grund habe ich die Ereignisse hier geschildert.

Wer könnte leugnen, daß es ein Teesdale-Erbe gibt? Wie können wir behaupten, daß Mr. Teesdales Anwälte nicht existierten? Ein halbes Dutzend französischer Wissenschaftler, Ingenieure, ein

233

Priester und mehrere Forscher begegneten ihnen und aßen mit ihnen. Außerdem wurde der Talisman tatsächlich einem der drei Kandidaten übergeben, nachdem ein formal korrekter Auswahlprozeß stattgefunden hatte. Spielt es eine Rolle, daß es die Firma Theard & Company nicht gibt? Oder daß Tiefkühlbehälter im Jahre 1916 noch unbekannt waren? Oder daß ein wohlhabender Engländer jederzeit gegen Bezahlung ein Institut hätte finden können, das den Talisman analysierte? Hätte er nicht das Resultat der Untersuchung auf eigene Kosten zur Information der ganzen Welt veröffentlichen können, statt auf diese Scharade zurückzugreifen? Ihre Antworten sind wahrscheinlich genauso gut wie meine.

Die Enthüllungen der außerirdischen Quelle im Fall Teesdale, die Behauptung, sie vertrete jene, die das Leben auf der Erde erschüfen, habe aber leider keine Energie mehr, um mit uns in Kontakt zu treten, ist offensichtlich absurd. Aber noch einmal, spielt das eine Rolle?

Vielleicht liegt die Lektion gerade in der Absurdität dieser Aussagen. Auch die Behauptungen von UMMO und die Erinnerungen vieler Entführungsopfer sind absurd. Die Behauptungen von Majestic 12 und die Faszination für die Hieroglyphen beim Absturz von Roswell oder die grauen Außerirdischen von Area 51 sind auch nicht besser.

Das Teesdale-Erbe ist nur die jüngste einer ganzen Reihe von Manipulationen. Im Juni 1974 erhielten Forscher mehrerer britischer Gruppen Kassetten von einer geheimnisvollen Organisation, die sich selbst APEN nannte (Aerial Phenomena Enquiry Network). Die Gruppe beschrieb sich selbst als streng geheime, im Untergrund arbeitende Organisation, die versuchte, die Wahrheit über die UFOs herauszufinden. Der »Leitende Offizier« war ein Mann, der angeblich James T. Anderson hieß, der aber den Kennern der Szene völlig unbekannt war.

1975 und 1976 bekamen dreißig bis vierzig Menschen in England Mitteilungen auf APEN-Briefpapier. Die Stempel wiesen recht entfernte Orte als Absendeorte aus. Immer wieder gab es Hinweise auf Dritte, beispielsweise Aussagen wie: »Jenny Randles weiß mehr über unsere Arbeit.«

Die Organisation BUFORA wurde von zwei APEN-Mitarbeitern aufgesucht, die unbedingt einen Mittler finden wollten, um »einige geheime Informationen ans Licht zu bringen«. Kommt Ihnen das bekannt vor?

Manuskripte wurden anonym an verschiedene Forscher verschickt, die man bat, die Informationen zwecks Veröffentlichung an verschiedene Zeitschriften weiterzugeben. Die britischen UFO-Forscher, die entweder klüger oder einfach zynischer sind als ihre amerikanischen Kollegen, rochen den Braten und lehnten die Zusammenarbeit ab.

Diese fehlende Kooperationsbereitschaft konnte APEN jedoch nicht abschrecken. Falsche Informationen über Sichtungen wurden an Randles und andere geschickt, echte Zeugen bekamen eine Nummer von APEN, die sie anrufen sollten, und man versuchte sogar, die Polizei zur Untersuchung von Ereignissen auszuschicken, die überhaupt nicht stattgefunden hatten.

Als man ernsthafte Anstrengungen unternahm, die Quelle der Briefe ausfindig zu machen, konnte man anhand des Wasserzeichens und des Schriftbildes angeblich eine Verbindung zur geachteten *Flying Saucer Review* herstellen! Offensichtlich hatten die Initiatoren des Schwindels versucht, völlige Verwirrung zu stiften und zwischen britischen Forschern Haß und Mißtrauen zu säen. Anscheinend fand die APEN-Operation 1978 oder 1979 ein Ende.

Es ist ein Spiel. Doch die Karten sind mit unsichtbarer Tinte gedruckt; der Tisch steht mitten in einem Spiegelkabinett, und die Spieler, mit denen wir rechnen, hat es möglicherweise nie gegeben. Sie sind tot oder haben wie der verstorbene Mr. Teesdale, dessen Existenz durch das greifbare Erbe scheinbar so klar bewiesen wird, außer in der Phantasie ihrer Erfinder nie existiert.

Das Treffen in Las Vegas

Ich habe die Geschichte von Billy Meier und die noch befremd-
licheren Geschichten von Teesdale und Apen hier wiedergegeben,
um dem Leser, der noch denkt »das darf doch nicht wahr sein«
oder »das haben sich die Leute doch nur ausgedacht« die letzten
Zweifel zu nehmen. Es sind keineswegs zufällige Produkte einer
eher dunklen Seite des menschlichen Bewußtseins oder willkür-
liche Donnerschläge im psychologischen Sturm unserer modernen Gesellschaft.

So verrückt dies alles auch klingt, all dies geschieht in der wirklichen Welt. Diese Menschen oder zumindest ihre Anwälte existieren, und die Spiele, die sie spielen, sind ernste, gefährliche
Spiele. Ich mußte den Leser von dieser Tatsache überzeugen, bevor ich den nächsten Schritt tun konnte. Nun soll von meinem
Interview mit Dennis, John Lears inzwischen berühmtem Informanten, die Rede sein. Dieser Mann hatte Lear davon überzeugen können, daß in der Area 51 außerirdische Wissenschaftler mit
Menschen zusammenarbeiteten.

John Lear hatte sich zwar geweigert, seine Informationsquelle
preiszugeben, doch nach etwas Detektivarbeit war der Betreffende rasch als Robert Lazar identifiziert, dessen Firma dem
Stützpunkt technische Geräte lieferte. George Knapp, ein Fernsehreporter aus Las Vegas, konnte Lazar Ende 1989 interviewen,
doch der Mann distanzierte sich energisch von UFO-Forschern.

Ich bekam im März 1990 die Gelegenheit, mehrere Stunden lang
mit Robert Lazar zu sprechen. Was er mir erzählte, war zugleich
überraschend und unangenehm, und es legte eine weitere Glasur-
schicht über den geheimnisvollen Kuchen. Leider konnte er mir
keine neuen Informationen über das geben, was sich – wenn überhaupt – im Innern des Kuchens befand.

Das Knapp-Interview mit Robert Lazar schlug unter den amerikanischen Ufologen wie eine Bombe ein. Er war ein klarer, deutlich
formulierender, gebildeter junger Mann, der etwas von Physik

verstand und beiläufig behauptete, in Hangars im Bereich S-4, in der Nähe des Groom Lake und der Area 51, neun fliegende Untertassen gesehen zu haben. Er hatte sie nicht nur gesehen, sondern sie sogar berührt, und man hatte ihn beauftragt, das Antriebssystem auseinanderzunehmen, das auf Antischwerkraft beruhte und ein superschweres Element als Brennstoff benutzte – das Element 115. Lazar hatte das Element 115 selbst in der Hand gehalten und eine Zeitlang sogar ein Stück davon zu Hause gehabt. Angeblich hätte schon jemand versucht, Lazar wegen seiner Enthüllungen zu töten. Um die Scheiben in den Hangars der Luftwaffe kreisen alle möglichen bizarren Spekulationen. Nachts versammeln sich die Leute aus der Gegend auf der Straße, die am Nordrand des Luftwaffenstützpunktes Nellis entlangläuft, um Lichter im Himmel zu beobachten, die Tests von Raketen oder Spionageflugzeugen oder Versuchsflüge mit gekaperten fliegenden Untertassen sein können. Die Veteranen, die im Rachel Café an der Bar sitzen, und die Cowboys aus dem Ort, die Pool Billard spielen, tauschen atemlos Geschichten über eigenartige Objekte aus, die in der Wüste aus dem Nichts erscheinen. Ab und zu tauchen eigenartige Gestalten im Rachel Café auf. Und jedermann kennt Robert Lazar.

Bevor wir mit Lazar in Kontakt kamen, mußten meine Freunde und ich eine Überprüfung durch George Knapp und einen von Lazars engen Mitarbeitern über uns ergehen lassen. Sie erklärten, daß viel zu viele UFO-Enthusiasten Lazar mit ihren eigenen Theorien belagerten und ihn je nach Lage als Helden oder Lügner sahen. Robert Lazar hielt sich jedenfalls für keins von beiden. Ich fand Robert Lazar offengestanden recht einnehmend. Er schien aufrichtig und geradlinig, er hatte eine wohltuende Art, ernsthaft über unsere Fragen nachzudenken, bevor er sie beantwortete. Diese Fähigkeit besitzen die meisten Leute, die ich während der Arbeit an diesem Buch interviewte, leider nicht. Sie hatten alle Antworten schon parat, selbst wenn die Fragen noch gar nicht gestellt waren! Wenn es um Physik ging, benutzten sie die technischen Begriffe nicht richtig, sie verwechselten Masse mit Gewicht und Geschwindigkeit mit Beschleunigung. Viele von ihnen kannten nicht einmal den Unterschied zwischen der Galaxis und unserem Sonnensystem, zwischen der Lichtgeschwindigkeit und der Geschwindigkeit des Schalls. Lazar war anders. Auch seine technischen Erklärungen waren präzise. Und diese Tatsache machte seine Geschichte noch eigenartiger.

Er hatte zwei Abschlüsse in Physik, sagte er, und er hatte am Cal Tech gearbeitet. Er hatte sich auf den Bau von Detektoren für Alphapartikel spezialisiert und verkaufte die Apparate nach wie vor an das Los Alamos National Laboratory. Eines Tages im Dezember 1987 wurde ihm ein Job unter Leitung des Geheimdienstes der Marine angetragen. Vorher wurde er in einer Anlage von EG&G, einer Vertragsfirma des Verteidigungsministeriums, befragt. Allerdings gibt es keine Hinweise darauf, daß diese Firma selbst am Projekt beteiligt war.

Von diesem Zeitpunkt an, erzählte Lazar mir, rief man ihn hin und wieder an, er fand sich an bestimmten Orten ein und wurde von einem Bus mit geschwärzten Fenstern abgeholt. Der Bus brachte ihn zu einer Anlage in der Wüste, wo man mehrere abschüssige Hangars aus den Felsen geschnitten hatte. Im Innern dieser Hangars standen neun massive, metallisch graue fliegende Untertassen.

»Haben Sie sie einmal im Flug gesehen?« fragte ich Lazar.

»Einmal nur, aus dreißig bis sechzig Metern Entfernung. Die Unterseite glühte blau, sonst war keine Ionisation zu erkennen.«

»Welche Art von Arbeit taten Sie dort?«

»Wir versuchten, das Antriebssystem auseinanderzunehmen. Man wies mich entsprechend ein. Viel haben wir nicht verstanden.«

»Was meinen Sie damit?«

»Nun, einmal wurde auf dem Stützpunkt nicht theoretisch gearbeitet. Die physikalische Forschung war einfach unqualifiziert. Sie erzählten uns, eine Gruppe habe einfach einen der Reaktoren in zwei Stücke zersägt. Als sie dann versuchten, das Ding wieder in Betrieb zu nehmen, explodierte es ihnen unter den Händen. Das war im Mai 1987, bevor sie die Russen vom Projekt ausschlossen.«

In der Tat, es war absurd. Niemand, der bei Verstand war, hätte so etwas getan. Jeder Projektleiter hätte die Leute daran gehindert. Lazar war auch dieser Meinung: Es war Unsinn. Auch seine eigene Gegenwart dort war wenig sinnvoll. Er sagte:

»Ich bin kein Physiker aus der Forschung. Wenn das wirklich außerirdische Untertassen waren, dann hätten sie die besten Wissenschaftler des Landes darauf ansetzen müssen. Statt dessen wiesen sie uns kurz ein und sagten uns, wie könnten probieren, was uns einfiel. Nichts wurde aufgeschrieben.«

»Was hatten Sie in Ihrem Labor oder an Ihrem Arbeitsplatz zur Verfügung?«

»Einen digitalen Spannungsmesser«, sagte Lazar.

»War das alles?« rief einer meiner Freunde.

»Und ein Oszilloskop. Das war alles.«

Wo waren die Röntgengeräte, die Mehrkanal-Analysatoren und die Signalgeneratoren, die zur Standardausrüstung jeder hochtechnisierten Werkstatt gehören?

Wieder verliefen wir uns im Irrgarten der Absurdität. Robert Lazars Erlebnisse waren reines Theater gewesen.

»Wie lange haben Sie dort gearbeitet?« fragte ich.

»Bis Mai 1988. Nein, Moment, es kann auch Mai 1989 gewesen sein.«

»Welcher denn nun?«

»Ich weiß es nicht mehr. Ich bin mit der Zeit durcheinandergekommen.« Diese Unsicherheit war viel zu schwerwiegend, um als einfache Zerstreutheit erklärt zu werden.

»Hatten Sie einmal den Eindruck, daß Ihre Erinnerung an die Ereignisse schlechter ist, als sie sein müßte?«

»Mag sein, daß man in meinem Gedächtnis herumgepfuscht hat«, sagte er traurig.

»Was meinen Sie damit?«

»Hinter der Anlage war eine Art Krankenstation. Dort wurden alle möglichen Tests mit mir gemacht.«

»Können Sie die Tests beschreiben?«

»Zum Beispiel nahmen sie mir eine große Menge Blut ab. Sie sagten, das sei wegen der Dinge, an denen ich arbeitete, notwendig.«

»Was noch?«

»Ich mußte ein Glas mit einer gelben Flüssigkeit trinken, die nach Kiefer roch. Und sie haben mich, glaube ich, mehrmals hypnotisiert. Den Grund dafür weiß ich nicht.«

»Wieviele Ärzte waren dort?«

»Zwei Frauen, eine Ärztin und eine Schwester.«

»Wer hat Sie bezahlt?«

»Die Naval Intelligence.«

»Warum haben Sie aufgehört?«

»Ich hatte kein gutes Gefühl bei diesem Projekt.«

»Wie waren die Papiere aufgemacht, die Sie zur Einweisung erhielten?«

»Es waren dünne Hefte in der Größe von Briefbögen. Es gab mehr als zweihundert.«

»Welches Kontrollverfahren wurde für die Dokumente benutzt?«

»Sie trugen keine Nummern, wenn Sie das meinen.«

»Welche Behörde hat sie herausgegeben?«

»Es gab keine Hinweise auf den Ursprung. Reiner Text.«

»Welche Geheimhaltungsstufe?«

»Sie trugen nicht den ›Geheim‹-Stempel.«

»Waren einige Seiten mit Worten wie ›Vertraulich‹ oder ›Nicht für Dritte‹ gekennzeichnet?«

»Nein.«

Auch das war absurd. Jedes Dokument in einem geheimen Projekt wird durch ein Kontrollsystem überwacht. Die fraglichen Hefte, die vermutlich das geheimste Projekt der Geschichte beschrieben, hätte man streng überwachen müssen. Wie es aussah, hätte Lazar sich jederzeit eins einstecken und ohne Angst vor

Strafe davonmarschieren können. Hatte er nicht sogar eine Probe des sagenhaften Elements 115 erhalten? Ich fragte ihn auch danach.

»Ist das Element 115 nicht radioaktiv?«

»Offensichtlich nicht. Ich hatte es bei mir zu Hause.«

»Ich glaube nicht, daß superschwere Elemente stabil sind«, widersprach ich.

»Die meisten nicht. Aber über der Ordnungszahl 110 gibt es eine Stabilitätsinsel.«

Auch in diesem Fall stellte Lazar wieder sein Wissen über die Atomphysik unter Beweis – ein Wissen, das Laien nicht ohne weiteres zugänglich ist. Ein Artikel, der – zufällig im Mai 1989 – im *Scientific American* veröffentlicht worden war, behandelte diese superschweren Elemente und erklärte, die Physiker erwarteten, daß die höheren Elemente relativ stabil seien. Genau zu dieser Zeit tauchte Lazar in Las Vegas auf.

Doch was heißt Stabilität bei Elementen, die so flüchtig sind, daß die größten je von Menschen gebauten wissenschaftlichen Anlagen benutzt werden müssen, um sie durch den Zusammenprall schwerer Kerne und durch Kernfusion zu erzeugen?

Die Antwort lautet, daß ihre Zerfallsprodukte, wenn der Experimentator Glück hat, so lange existieren, daß extrem schnelle Sensoren sie in einem Sekundenbruchteil aufspüren können.

Ein Nebenprodukt des Zerfalls ist ein Alphateilchen, und Lazar, der erklärte, er verkaufe Alphadetektoren an Los Alamos, müßte das wissen. Als er erzählte, er habe ein Stück des Elements 115 zu Hause aufbewahrt – wie sich herausstellte in einer leeren Filmdose – standen wir wieder in einer Sackgasse. Trotz seiner Aufrichtigkeit konnte Robert Lazar uns keine nützlichen Hinweise geben.

Doch es gab noch einen Punkt, zu dem wir unbedingt eine Antwort bekommen wollten. Deshalb stellte ich ihm die Frage, die ich auch schon Lear, Cooper und vielen anderen gestellt hatte.

»Haben Sie je einen Außerirdischen gesehen?«

»Nein«, lautete seine Antwort.

Wieder waren wir einem Phantom hinterhergejagt.

»John Lear kam zu mir nach Hause zum Abendessen und sagte mir ins Gesicht, sein Informant Dennis habe einen Außerirdischen gesehen. Sie sind dieser Dennis.«

Lazar rutschte unbehaglich auf seinem Stuhl hin und her.

»Nun, einmal, da sagte ein Mitarbeiter zu mir, wenn ich wirklich etwas sehen wollte, dann sollte ich mit ihm ohne stehenzubleiben einen Flur hinuntermarschieren. Ich blickte da durch eine Tür mit Maschendraht im Glas und sah den Hinterkopf von etwas, und daneben saßen zwei Soldaten. Es hätte alles mögliche sein können, sogar eine Puppe.«

An diesem Abend, nachdem uns die Wachen in der Nähe des Luftwaffenstützpunktes aufhielten, wie ich im Prolog beschrieben habe, aßen wir im Rachel Café zu Abend. Ein Mann wanderte von Tisch zu Tisch. Er hatte einen eigenartigen Gegenstand dabei: Ein stiefelförmiges Gewirr aus erstarrtem Glas mit Stücken kleiner Äste und einem Loch an einem Ende.

»Das ist ein außerirdisches Vogelnest«, sagte er. »Es stammt von einem anderen Planeten.«

Diese Behauptung hatte mit großer Wahrscheinlichkeit den gleichen Wahrheitsgehalt wie alles andere, das wir an diesem Tag über neun fliegende Untertassen in den geheimen Hangars des Stützpunktes in Nevada gehört hatten.

Ich hatte Lazars Kollegen meine Privatanschrift gegeben. Nur wenige Tage später bekam ich seltsame Briefe von einem Colonel in Las Vegas, der mich einlud, einen ganzen Monat – unter Übernahme aller Kosten – bei einer Gruppe von zwölf Menschen zu verbringen, die an der Durchsetzung einer wichtigen Veränderung des Glaubenssystems in Amerika arbeiteten. Mein Werdegang, schrieb er, sei »von großem Vorteil«. Die Aufgabe der Gruppe bestehe darin, Kontakte mit Außerirdischen herzustellen. Den ersten Brief ignorierte ich. Auf ihm war das Abzeichen der Gruppe abgedruckt, ein Neonazisymbol – ein Adler, der das

SS-Symbol umklammert, dazu einige Blitze. Daraufhin schickte mir der Colonel einen zweiten Brief, in dem er noch konkreter wurde. »Wenn Sie ernsthaft an einem Kontakt mit ihnen interessiert sind, dann können wir darüber sprechen, aber nur, wenn keine Regierungsstellen beteiligt sind.«

Um mir zu zeigen, daß er es ernst meinte, gab mir der Briefschreiber genaue Informationen: Länge und Breite einer gewissen UFO-Sichtung im Mai 1943. Ich hatte das Gefühl, daß das Projekt in eine neue und gefährliche Phase eintrat. Diese Ahnung sollte sich bald verstärken, als eine ganze Serie neuer Enthüllungen kamen, nachdem Lazar in Mißkredit geraten war.

Das Puppentheater

Eines Abends Mitte 1990 rief mich ein freiberuflicher Radiojournalist daheim in San Francisco an. Atemlos erklärte er mir, ein Mann habe sich mit sensationellen Enthüllungen an ihn gewandt. Der Mann habe zunächst mit Stanton Friedman gesprochen und ihn nach einem Journalisten gefragt, mit dem er vertraulich sprechen könne. Der Journalist, der mich anrief, hatte mit einem Brief auf das Gesprächsangebot reagiert, doch dieser Brief war nie beim Empfänger angekommen. Hatte die Regierung ihn abgefangen?

»Ich fürchte, ich habe sein Leben in Gefahr gebracht«, sagte der Journalist offensichtlich verstört.

Er erzählte mir, was er über diesen mysteriösen Informanten wußte. Ohne zu sehr in die Details zu gehen – ich wäre auch nicht gern dafür verantwortlich, daß sich ein Team von Killern für ein bestimmtes Opfer interessiert! – will ich nur sagen, daß der Mann auf einem großen Luftwaffenstützpunkt in Kalifornien beschäftigt war. Dort, behauptete er, arbeiteten viele Menschen, die mit Majestic 12 zu tun hatten, und dort würden regelmäßig fliegende Untertassen beobachtet. Amerikanische Düsenjäger fingen sie über dem Nordpol ab und begleiteten sie bis zur Area 51 in Nevada. Dort gingen auch noch andere Dinge vor, die wie üblich viel zu schrecklich waren, um sie zu beschreiben.

Das Telefon des Mannes wurde natürlich überwacht, und vor dem Haus parkte oft ein auffällig-unauffälliges Auto.

Als ich einige detaillierte Fragen zu dieser Geschichte stellte, die auf den ersten Blick wirklich faszinierend klang, erfuhr ich, daß unser Informant den Burschen, der sein Telefon abhörte, sogar kannte. Sein Codename war Spiderman. Sie trafen sich in einer Bar, als Spiderman im Ruhestand war, und hatten eine freundschaftliche Unterhaltung:

»Sie sind ein guter Mann«, sagte Spiderman. »Wir sind froh, daß Sie zu uns gehören. Aber passen Sie auf, daß Sie nie den Medien etwas sagen.«

Eine solche Unterhaltung wirkt so plausibel wie Robert Lazars Behauptung, er habe versucht, Antischwerkraftantriebe mit Hilfe eines Voltmeters zu verstehen. Als der Journalist dann noch hinzufügte, sein mysteriöser Kontaktmann höre immer wieder ein Klicken in der Leitung, und als ich dann noch herausfand, daß der Mann mit mindestens vier weiteren Leuten in Kalifornien gesprochen hatte, die direkte Verbindungen zu den Medien oder zu UFO-Gruppen hatten, sagte ich ihm, daß er nach Hause fahren und ruhig schlafen solle. Nur wegen eines verlorenen Briefes brauchte er sich keine Sorgen zu machen, daß sein Informant bald ermordet werden könne.

»Das klingt alles ziemlich sinnlos«, sagte ich ihm. »Wenn wir vom heutigen Stand der Technik ausgehen, müßte jemand, wenn er das Telefon abhört, das Klicken absichtlich einspeisen, damit Sie überhaupt etwas bemerken. Die Zeiten, in denen die Spezialisten die Telefonleitungen noch berühren mußten, um sie abzuhören, sind lange vorbei. Und was Ihren Informanten angeht – es ist unvorstellbar, daß er auf einem Stützpunkt der Luftwaffe arbeitet und in Sicherheitsfragen so lax ist, selbst wenn er nicht die Absicht hat, die größten Geheimnisse der Welt über UFOs zu enthüllen!«

244

Doch als diese Quelle wieder verstummt war, tauchte ein weiterer atemloser Informant auf. Es war ein Pilot aus dem mittleren Westen. Er hatte einen Freund bei der Luftwaffe, der eine unglaublich schreckliche UFO-Geschichte zu erzählen hatte. Natürlich konnte er mir den Namen nicht nennen, er hatte auch keine überprüfbaren Tatsachen, keine Daten und keine Orte...

Dann ist da noch die Enthüllung durch den Journalisten Howard Blum, die er 1987 in seinem Buch *Out There* veröffentlichte. Dort hieß es, ein gewisser Colonel Harold E. Phillips habe im Februar 1987 einen UFO-Arbeitsstab zusammengerufen. Blum vermittelt dem Leser den Eindruck, er habe die geheime Organisation gefunden, deren Existenz die Ufologen schon lange vermuten. Phillips habe die Anweisung gegeben, die Existenz der Gruppe vor der Öffentlichkeit und allen anderen Behörden geheim zu halten. Ihre Aufgabe bestünde darin, die Existenz von außerirdischem Leben zu beweisen.

Als die Ufologen diese neuen Enthüllungen einfach akzeptierten, geschah etwas, das Psychiater als »mangelnde Fähigkeit, logische Sprünge zu erkennen« bezeichnen.

Blums Buch (erschienen bei Simon & Schuster) trägt den Untertitel *The Government's Quest for Extraterrestrials* [Die Suche der Regierung nach Außerirdischen]. Es läßt sich über die Tatsache aus, daß die amerikanische Regierung während der letzten vierzig Jahre in der Tat ausgesprochen blind, dumm oder gar beides gewesen sein muß, wenn erst 1987 eine Gruppe eingerichtet wird, um das Phänomen zu untersuchen – eine Gruppe, in der außerdem auch noch technische Analytiker versammelt waren, die mit dem fraglichen Thema nicht besonders vertraut waren.

Will man verstehen, was es mit dem Phillips-Arbeitsstab auf sich hat, dann ist der Schlüssel vielleicht die Art und Weise, wie diese Enthüllung ans Licht kam: Ein Angestellter der NSA wandte sich an Blum, der gerade an einem Buch über den Spionagefall Walker arbeitete. »Es gibt in der NSA viel Gerede über den Weltraum. Verrückte Sachen. UFOs.« Und der Mann fuhr fort: »Sie haben eine Art fächerübergreifende Arbeitsgruppe gebildet. Ein Komitee mit Kapazitäten, das sich auf UFOs konzentrieren soll.« Eine solche Aussage von einem Angestellten der NSA ist ungefähr genauso wahrscheinlich wie ein Anruf des Papstes beim *Playboy* mit der Bitte, einen Reporter zu schicken und in der nächsten Ausgabe ein Interview über das päpstliche Sexleben zu veröffentlichen. Es sei denn natürlich, irgend jemand wollte die UFO-Forscher aus dem Tritt bringen und sie wieder einmal auf eine Schnitzeljagd nach ein paar harmlosen Technokraten schicken.

Die wirkliche Geheimgruppe muß seit den vierziger Jahren existieren. Ich persönlich vermute, daß sie Anfang der fünfziger Jahre wahrscheinlich reorganisiert wurde und seitdem ununterbrochen arbeitet. Warum kann ich das sagen? Einfach weil ich genug vertrauenswürdige Menschen kennengelernt habe, die mir Geschichten über beschlagnahmte Fotos erzählten und über Zeugen, die von Offizieren angewiesen wurden, zu vergessen, was sie am Himmel gesehen hatten.

In einem Fall wandten sich zwei Männer aus der örtlichen amerikanischen Botschaft an einen südamerikanischen Ingenieur, nachdem dessen nahe Begegnung in einer Kurzmeldung der Tageszeitung erwähnt worden war. Der Mann, den ich bei einem Aufenthalt in Costa Rica ausführlich befragen konnte, berichtete mir Einzelheiten seiner Zusammenarbeit mit einer amerikanischen UFO-Forschungsgruppe, die ihn nach Washington fliegen ließ. Der Bericht, den er mir gab – die Beschreibung des Hauses, die Umgebung, die Verhörtechniken, das Verhältnis der verschiedenen Spezialisten untereinander – konnte nicht erfunden oder ihm aus anderer Quelle bekannt sein. Dies geschah 1974, viele Jahre bevor Colonel Phillips angeblich im Pentagon den Vorsitz bei einem Treffen führte, dessen Teilnehmer praktisch nichts über das Thema, über seine Entwicklung, seine Geschichte und über Alternativen zur Hypothese der Außerirdischen wußten.

Die geheime Gruppe des Colonel Phillips ist nicht die wirkliche geheime Gruppe. Sie ist nur eine neue Möhre, die der Öffentlichkeit, die immer auf neue Enthüllungen aus ist, vor die Nase gehalten wird.

Im Juli 1990 verließen sechs bei einer Aufklärungseinheit in Deutschland stationierte amerikanische Soldaten ihre Posten und verschwanden. Man griff sie in Gulf Breeze in Florida wieder auf, wo sie darauf warteten, daß fliegende Untertassen kämen und sie mitnähmen. Harmagedon stünde unmittelbar bevor, sagten sie, und Jesus würde mit einem UFO kommen, um die Verzückung über sie zu bringen. Ihre eigene Mission sei es, den Antichristen zu töten.

Anscheinend glaubten die Soldaten auch, die UFOs würden sie zu einem geheimem Untertassenstützpunkt in New Mexico bringen. Es gibt unendlich viele solcher Geschichten, und es gibt immer bereitwillige Menschen, die sie gern glauben wollen, die aber keine Möglichkeit haben, sie zu überprüfen. Ist dies die Art und Weise, wie ein echter Deep Throat handeln würde? Kaum anzunehmen. Doch diese bizarren Stücke Desinformation bilden zusammen ein interessantes Muster, und sie könnten durchaus erfunden worden sein, um etwas wirklich Wichtiges zu verbergen – etwas, das sich über die ganze Welt bis zur Sowjetunion erstreckt.

9
RIESEN IM PARK

Am 8. Oktober 1989, einem stillen Sonntagnachmittag, klingelte in meinem Haus in San Francisco das Telefon. Eine befreundete Journalistin rief aus New York an, weil sie gerade von Associated Press eine ungewöhnliche Meldung auf den Tisch bekommen hatte.

»Die *New York Times* bringt es morgen auf der Titelseite«, sagte sie. »Es kommt von Tass über das Büro von Associated Press in Moskau. Es ist ein Bericht über eine Landung in Rußland, die irgendwann zwischen dem 21. September und dem zweiten Oktober stattgefunden haben soll. Ich dachte, das könnte Sie interessieren.«

Ein paar Minuten später traf der komplette Text per Fax bei mir ein. Er schilderte einige ungewöhnliche Ereignisse in der Sowjetunion.

»Wissenschaftler bestätigten, daß vor kurzem ein unidentifiziertes Flugobjekt in der russischen Stadt Woronesch gelandet ist«, hieß es in der Meldung. »Sie konnten den Landeplatz ausfindig machen und haben Spuren von Außerirdischen gefunden, die einen kurzen Spaziergang durch den Park machten.«

Im Tass-Bericht konnte man weiterhin lesen, daß mehrere Einwohner eine große leuchtende Kugel oder Scheibe über dem Park hatten schweben gesehen. Sie sahen das UFO landen, und dann stiegen drei menschenähnliche Wesen aus, die von einem kleinen Roboter begleitet wurden.

»Die Außerirdischen waren drei bis vier Meter groß, hatten aber sehr kleine Köpfe. Sie liefen in der Nähe der Kugel oder der

Scheibe herum, dann verschwanden sie wieder in ihrem Inneren.«

Der Bericht erwähnte, daß einige Wissenschaftler, unter ihnen Professor Genrikh Silanow, Direktor des Geophysikalischen Labors in Woronesch, das knapp 500 Kilometer südöstlich von Moskau liegt, den Fall untersuchten. Der Weg, den die Aliens gegangen seien, sei »mit Hilfe der *Biolokation*« nachgezeichnet worden.

Die Leute, die die Außerirdischen gesehen hatten, wurden »von einer Angst überwältigt, die mehrere Tage anhielt«.

Als der Bericht am 9. Oktober in der *New York Times* erschien, war das Wort *Biolokation* zu *Bilokation* verstümmelt worden, was überhaupt keinen Sinn ergab. Die Redakteure hatten nicht erkannt, daß »Biolokation« in der sowjetischen parapsychologischen Literatur ein Fachbegriff ist, der sich auf das Rutengehen (*Radiästhesie*) bezieht, eine Technik, mit deren Hilfe versteckte Mineralien, Wasseradern oder Lebewesen auf paranormalem Wege entdeckt werden. Die Radiästhesisten benutzen meist Pendel oder Ruten.

Die Russen schienen damit anzudeuten, daß ein offizielles Team von Wissenschaftlern die UFOs mit Hilfe von Techniken der Parapsychologie untersuchte, doch die so kluge und aggressive amerikanische Presse unter Führung der *New York Times* begriff die wirkliche Geschichte nicht.

In den folgenden Tagen wurde die Situation dank der westlichen Medien immer undurchsichtiger. Statt die ursprünglichen Angaben zu überprüfen und aufzuklären, konsultierten Radio- und Fernsehsender in den USA alle möglichen Experten, die ihr Fachwissen einsetzten, um die Sichtung lächerlich zu machen. Paul Kurtz, Vorsitzender des Committee of Skeptics, erklärte deshalb, die Berichte seien »überwiegend nicht bestätigt«.

Im Radiosender KCBS in San Francisco monierte Kurtz scharf den Mangel an eindeutigen Beweisen und erklärte, die beiden seltsamen Felsbrocken, die von den Russen am betreffenden Ort gefunden worden seien, könnten einfach außerirdische Exkremente sein, mit anderen Worten, Alienmist. Ein weiterer Experte wies darauf hin, daß Gorbatschow ein solches Ereignis, hätte es wirklich stattgefunden, mit Sicherheit selbst verkündet hätte, denn es sei zu wichtig, um es Untergebenen wie Professor Silanow allein zu überlassen. Um der Sache noch eine komische Seite abzugewinnen, befragte der Reporter anschließend zwei Angehörige der Aetherius Society, eines amerikanischen Kultes.

Selbst die psychosoziologischen Erklärungen erlebten eine neue Blüte: Einige Mediengurus interpretierten die Sichtungen damit, daß die russische Phantasie bekanntermaßen eine blühende sei. Die UFO-Geschichte brächte nur das Bedürfnis der Menschen zum Ausdruck, in eine schönere Welt zu fliehen, nachdem die jahrelangen Repressionen endlich von ihnen genommen wurden. Die UFO-Forscher wußten auch nichts Besseres anzubieten: Das Center for UFO Studies in Chicago ließ durch seinen Vizepräsidenten erklären, daß es die Antwort kenne. »Ich bin sicher, daß es ein Schwindel war«, wurde der Mann am 11. Oktober in der aktuellen Ausgabe des *Hartford Courant* zitiert. Er hatte Tausende »viel besser bewiesener Sichtungen« in seinen Akten, aus denen hervorginge, daß die Besucher aus dem Weltraum 90 bis 120 Zentimeter klein seien und große Köpfe und dürre Körper hätten. »Die Berichte entsprechen einander bis in die kleinsten Details«, sagte er. Dies ginge so weit, daß das Zentrum inzwischen einige wenig bekannte Details der Anatomie der Außerirdischen benutze, um zu überprüfen, ob die Sichtungen echt seien. Die großen Insassen, die im Fall von Woronesch beschrieben wurden, paßten nicht zu den Akten des Zentrums, deshalb mußte der Fall ein Schwindel sein.

Diese Haltung zeigt klar das Dilemma, in dem sich die amerikanische Ufologie heute befindet. Es sind überhaupt keine bösartigen Manipulationen der Forscher notwendig, um Verwirrung zu stiften. In ihrer Begierde, irgendwelche Gemeinsamkeiten festzuhalten, die sie oft selbst erst herstellen, indem sie die hypnotisierten Zeugen mit Suggestivfragen bombardieren, sorgen viele Forscher dafür, daß die Fälle stets den bisherigen Erfahrungen entsprechen. Diese Perversion wissenschaftlicher Methodik kann nur zu absurden Resultaten führen.

Skeptische amerikanische Wissenschaftler und die wahren Gläubigen demonstrierten mit schnippischen Kommentaren abermals ihre Ignoranz, während ein großer Teil Osteuropas einer Welle von UFO-Sichtungen ausgesetzt war, die in ihrer Bedeutung an die größten bisher dokumentierten Wellen heranreicht. Das französische CNES verzichtete auf vorschnelle Schlußfolgerungen und machte sich die Mühe, Dr. Silanow unter Einbeziehung eines Dolmetschers anzurufen. Der russische Professor bestätigte die Fakten und fügte hinzu, daß in der Sowjetunion eine umfassende wissenschaftliche Untersuchung im Gange sei und daß man bisher mehr als vierzig Zeugen interviewt habe.

Die Glasnost-Welle

Die russische Welle könnte bereits Anfang 1989 begonnen haben. Am 24. April flog ein Objekt, »dreimal so groß wie ein Flugzeug«, über Tscherepowez, wie ein Zeuge namens I. Veselova erklärte, der das Objekt um 22.55 Uhr in ein paar hundert Metern Höhe schweben sah.

In Zentralrußland, in der Region Wologda, sahen am 6. Juni 1989 mehrere Schulkinder in der Nähe des Dorfes Konantsewo im Distrikt Kharaowsk einen leuchtenden Punkt am Himmel. Der Punkt wurde immer größer, bis er als leuchtende Kugel zu erkennen war. Das Objekt landete in einer Wiese und bewegte sich in Richtung eines nahegelegenen Flusses, während die Kinder aus einer Entfernung von etwa 400 Metern zusahen. Die Kugel schien zu zerfallen, und »etwas wie ein Mensch ohne Kopf in dunkler Kleidung« erschien. Die Hände hingen bis über die Knie hinab. Die Kugel und das Wesen wurden bald darauf unsichtbar.

251

Drei weitere Kugeln, eine von ihnen mit Wesen besetzt, landeten später auf der gleichen Wiese.

Am 11. Juni sah eine Frau namens O. Lubnina um 21.20 Uhr über Wologda ein leuchtendes Objekt. Es blieb siebzehn Minuten sichtbar.

In Shewtschenko auf der Halbinsel Mangyschlak im Kaspischen Meer hatten Zeugen im August 1989 mehrmals ein Objekt beobachtet, daß größer war als ein Passagierflugzeug. Es verschwand über dem Meer in den Wolken, doch die Lichter blieben noch lange danach sichtbar. In der Gegend der Autobahn nach Kasturskoje in der Nähe von Moskau fanden Zeugen im August 1989 einen merkwürdigen verbrannten Flecken auf einer Wiese.

Am Abend des 11. Oktober 1989 sahen die sowjetischen Fernsehzuschauer das Bild eines der Wesen in einer Nachrichtensendung, die die Landung in Woronesch behandelte. Es war eine Gestalt mit zwei Augen, einer Nase und einem breiten Mund, die sich im Innern eines glühenden, auf zwei Beinen stehenden ovalen Objekts befand. Als ich die Zeichnung später im gleichen Monat im französischen Fernsehen sah, fiel mir auf, wie sehr die Proportionen des Objekts dem silbernen Ei ähnelten, das 1964 in Socorro in New Mexico beobachtet wurde.

Minus siebenundzwanzig

Ich werde noch lange brauchen, um all die Daten durchzusehen, die ich während meines Aufenthaltes in der Sowjetunion im Januar 1990 sammelte, und ich werde noch länger brauchen, um die Dinge, die ich sah und hörte, ins Gesamtbild des UFO-Phänomens einzuordnen. Es war das erste Mal seit dem Beginn von Glasnost, daß ein westlicher Wissenschaftler und UFO-Forscher die Sowjetunion besuchte. Ich hatte das Glück, daß Martine Castello, eine kluge und gut informierte Wissenschaftsjournalistin des führenden französischen Blattes *Le Figaro*, mich begleiten konnte. Wir fühlten uns bald überwältigt von den zahlreichen Informationen, die uns mit so großer Freundlichkeit gegeben wurden, und von der aufrichtigen Wißbegierde über die allgemeine Natur des Phänomens. Unsere Koffer quollen über vor Berichten und Fotos. An der Realität der Landungen von Woronesch bestand kein Zweifel. Ebensowenig bestand ein Zweifel an der massiven UFO-Welle, in der Woronesch nur eine einzige Episode darstellte.

Die Temperatur lag bei minus siebenundzwanzig Grad, und ein bitterkalter Wind fegte über den Roten Platz, als wir zu den Büros von Novosti fuhren, um uns mit Professor Wladimir Azhazha zu treffen, dem Direktor der Sowjetischen Kommission für das Studium Paranormaler Phänomene. Den größten Teil des Tages verbrachten wir mit ihm. Unsere Diskussionen drehten sich um viele verschiedene Dinge, die über das Thema dieses Buches hinausgehen, doch wir kamen immer wieder auf Woronesch zurück.

»Wie Ihnen sicher klar ist, haben die Ereignisse von Woronesch viele Leute im Westen neugierig gemacht«, sagte ich, während ich vor ihm Ausschnitte aus der *New York Times* und dem *San Francisco Chronicle* ausbreitete. »Wir wollen in Erfahrung bringen, was dort wirklich geschehen ist. Einige amerikanische Forscher haben den Fall einfach verworfen, weil die Außerirdischen angeblich zu groß seien«, fuhr ich fort. »Können Sie die Beschreibungen der Zeugen bestätigen, daß die Wesen etwa vier Meter groß waren, oder handelt es sich dabei um einen Druckfehler?«

»Das war kein Druckfehler. Die Humanoiden unterscheiden sich in ihrem Aussehen sehr stark. Es gibt zwanzig Zentimeter kleine Wesen und wahre Giganten. Diese Unterschiede sind einfach ein Charakteristikum des Phänomens. Wir müssen es akzeptieren, wie wir seine polymorphe Struktur akzeptieren müssen.«

»Es gab einen etwas unklaren Bericht darüber, daß einer der Zeugen verschwunden sei«, fuhr ich fort.

»In Woronesch sind Leute verschwunden und später wieder aufgetaucht«, erklärte Azhazha beiläufig. »Anscheinend ist ihnen nichts weiter zugestoßen. Solche Dinge sind auch an anderen Orten passiert. In Wologda wurde eine Frau aus dem Dorf beobachtet, die sich einem der Insassen näherte. Beide verschwanden vor den Augen einer Gruppe von Zeugen. Die Frau kehrte ebenso plötzlich zurück, wie sie verschwunden war. Sie weinte und war verwirrt und konnte sich nicht erinnern, was mit ihr geschehen war. Wir haben zahlreiche Fälle dieser Art in unseren Akten.«

Es war schon dunkel, als wir die Büros von Novosti wieder verließen. Autos rutschten auf dem vereisten Schnee. Martine knöpfte ihren Kragen zu, rückte ihre Nerzmütze auf dem Kopf zurecht und fragte mich ironisch: »Was hat das UMMO-Symbol auf einem eiförmigen Raumschiff zu suchen, das mitten in einer russischen Stadt landet?«

Das war eine Frage, die mich jede Nacht in Moskau quälte, wenn ich aufgrund der Zeitverschiebung wach im Bett lag und bis zum Morgengrauen zuhörte, wie die Glocken des Kremls die Stunden schlugen. Ich beschäftigte mich schon zu lange mit diesem Phänomen, um mich noch über seine Fähigkeit zu wundern, sich unseren Versuchen, es zu analysieren, zu entziehen, und ich muß offen zugeben, daß ich bis heute keine befriedigende Erklärung für die Vorfälle von Woronesch habe. Doch als wir die Forscher selbst interviewten, kamen einige neue Elemente ans Licht.

Das Kollektiv von Woronesch

Die vier Männer, mit denen wir uns am nächsten Tag trafen, waren zähe, gut informierte und technisch ausgebildete Forscher, die auf dem Gebiet der UFOs alles andere als Anfänger waren. Zu der Gruppe gehörten Alex Mosolow, ein Luftfahrtingenieur, Venceslaw Martinow, leitender Ingenieur der Flugzeugfabrik von Woronesch, und Professor Yuri Lozotsew, der an der Universität von Woronesch einen Lehrstuhl für Festkörperphysik hat.

Mit fast einer Million Einwohnern ist Woronesch eine wichtige Industriestadt, die knapp 500 Kilometer südöstlich von Moskau liegt.

»Es gibt in Woronesch keinen Brennpunkt, an dem sich die UFO-Aktivitäten häufen«, erklärte mir Lozotsew. »Die Sichtungen ereigneten sich an mehreren Orten, im Stadtpark, in einer Umspannstation und im Atomkraftwerk.«

»Wie erfuhren Sie von der wichtigsten Sichtung, von der am 30. September 1989?«

»Mosolew lebt in dieser Gegend«, lautete die Antwort. »Eine Mutter erzählte ihm, eins ihrer Kinder habe in der Nähe der Schule eine Landung beobachtet. Am nächsten Tag fuhren wir hin.«

»Sie sagten, es habe mehr als eine Sichtung gegeben. Wann haben die Aktivitäten begonnen?«

»Das begann schon im August. Zwischen dem einundzwanzigsten September und dem zweiten Oktober gab es dann mehrere Landungen.«

»Wie viele Zeugen haben die Phänomene beobachtet?«

»Wenn Sie sich nur auf die Landungen beziehen, dann gibt es mehr als dreißig Zeugen, sowohl Kinder als auch Erwachsene. Im Flug wurden die Objekte von mehreren tausend Menschen beobachtet.«

»Wie sind Sie bei Ihren Untersuchungen vorgegangen?«

»Sobald wir vor Ort eintrafen, haben wir die Zeugen voneinander getrennt«, erklärte Mosolow. Einer seiner Kollegen ergänzte: »Bei der wichtigsten Landung, bei der an der Seite des Objekts das Symbol gesehen wurde, waren die Zeugen Kinder. Viele von ihnen kannten die Schüler aus den anderen Gruppen überhaupt nicht. Wir ließen sie unabhängig voneinander aufzeichnen, was sie gesehen hatten.«

»Und was haben sie gezeichnet? Inwieweit stimmten die Zeichnungen überein?«

Die Männer holten eine Reihe von Zeichnungen. Einige stammten von den Kindern selbst, andere waren nach ihren Angaben angefertigt worden.

»Sie haben Kugeln und Scheiben mit vier Beinen gezeichnet. Die Humanoiden waren auf allen Zeichnungen sehr ähnlich. Sie hatten keine Hälse, der Kopf lag auf den Schultern wie bei einer Zielpuppe auf einem Schießstand.«

»In einigen Berichten, die ich gelesen habe, wurden drei Augen erwähnt«, sagte ich.

»In Wirklichkeit sprachen einige der Zeugen von nur zwei Augen, zwischen denen sich mitten auf der Stirn noch etwas anderes befunden habe. Andere bezeichneten dieses dritte Objekt als Auge.«

»Was ist mit dem Symbol?«

»Es ist den Forschern aus der Umgebung bereits seit 1984 bekannt.«

»Dann macht die UMMO-Geschichte seit einer Weile auch in Rußland die Runde?«

Die Männer sahen einander an. Ein weiterer Forscher, der uns zugehört hatte, Boris Churinow aus Moskau, hob die Hand und sagte: »Ich habe UMMO vor einigen Jahren in einer meiner Veröffentlichungen erwähnt, die unter Forschern in Woronesch verteilt wurde. Es ist nicht ausgeschlossen, daß einige der Zeugen dadurch angeregt wurden. Vielleicht haben sie im naiven Versuch, ihren Beobachtungen mehr Glaubwürdigkeit zu verleihen, das Symbol auf das UFO gezeichnet.«

Die anderen Mitglieder des Woronesch-Kollektivs glaubten dieser Erklärung nicht.

»Die Zeugen haben noch nie etwas von UMMO gehört«, versicherten sie uns. Wir waren nicht sicher, wem wir in dieser Hinsicht Glauben schenken sollten.

Die Forscher brachten uns ein Videoband, das den ganzen Fall dokumentierte. Es zeigte die Schüler, von denen einige sehr energisch sprechende Jugendliche waren, die unter strenger Überwachung der Forscher nur das aufzeichneten, was sie wirklich gesehen hatten. Uns kam es vor, als seien die Berichte wirklich so objektiv verfaßt worden, wie es die Umstände erlaubten. Bedeutete dies, daß das Objekt von Woronesch tatsächlich das Ummo-Symbol getragen hatte? Eine der Zeichnungen zeigte das Symbol sogar an den Gürteln von zwei Aliens.

»Was ist mit den anderen Fällen in dieser Gegend?« fragte ich die Gruppe.

»Die Landungen gingen bis zum zweiten Oktober weiter«, lautete die Antwort. »Doch es gab noch viele andere Sichtungen. In einem Fall bereitete sich eine Frau, die Mutter von zehn Kindern, gerade auf eine Familienfeier vor. Sie sah in Höhe des Hausdachs etwas manövrieren. Es hatte drei blinkende Lichter, rot, gelb und grün. Sie rief die Nachbarn herbei, und bald waren mehr als fünfhundert Menschen da, die das Objekt beobachteten.«

Physische Spuren und Biolokation

Die westlichen Medien hatten im gleichen Atemzug erwähnt, daß das Objekt von Woronesch Spuren im Boden, Radioaktivität und andere Beweise hinterlassen habe, die man mit Hilfe der Biolokation gefunden habe.

»Wir konnten das Gewicht des Objekts anhand der von ihm hinterlassenen Spuren berechnen«, sagte Yuri Lozotsew, der Werkstofftechniker der Gruppe. »Es lag bei 11,5 Tonnen. Dieser Wert paßt zu den Zahlen, die Sie in einem Ihrer Bücher in Zusammenhang mit den Messungen der französischen Luftwaffe in Quarouble genannt haben.«

»Wie sahen die Spuren denn aus?« fuhr ich fort. Ich war beeindruckt, weil sich die Forscher die Mühe gemacht hatten, die UFO-Literatur so gründlich zu studieren, obwohl in ihrem Land kaum UFO-Bücher erhältlich waren. Selbst in den Vereinigten Staaten treffe ich nur selten einen Ufologen, der den Fall von Quarouble kennt, ganz zu schweigen vom Wissen um seine physischen Parameter.

»Es waren zwei Löcher von je achtunddreißig Zentimetern Tiefe«, erklärte mir Martinov. »Sie waren senkrecht und glatt. Wir fanden vier weitere Abdrücke, die in Form einer Raute angeordnet waren. Im Epizentrum bemerkten wir einen Rückgang der Mikroorganismen im Boden. Zwei Wochen nach der Sichtung war die biologische Aktivität in diesem Bereich immer noch zehnmal geringer als normal.«

»Was ist Ihre Biolokation und wie funktioniert sie?« fragte Martine.

»Biolokation meint das Aufspüren bioenergetischer Felder und die praktische Anwendung dieses Vorgangs bei der Analyse von Gelände, auch in der Geologie. Professor Silanow, ein Angehöriger der Gruppe, hat noch aus seiner Zeit, als er in Sibirien Minerale suchte, große Erfahrung auf diesem Gebiet. Es ist eine Technik, die dem ähnelt, was Sie als Rutengehen bezeichnen. Er hat auch das Magnetfeld und die magnetische Kapazität des Bodens am Landeplatz gemessen. All diese Messungen waren konsistent – es gab keine Erhöhung der Temperatur an diesem Ort, doch die Radioaktivität war verdoppelt. Das Gras war plattgedrückt. Die vier größten Abdrücke waren drei bis vier Zentimeter tief.«

»Was hatten die Radaranlagen in der Umgebung zu melden?«

»Sie haben nichts entdeckt«, sagte Mosolow. »Vielleicht sind diese Objekte aber unter bestimmten Bedingungen für das Radar unsichtbar.«

Wir bedankten uns bei den Mitgliedern des Woronesch-Kollektivs, die eine zehnstündige Zugreise auf sich genommen hatten, um in Moskau mit uns zusammenzutreffen. Soweit wir es beurteilen konnten, war der Fall abgeschlossen. Doch am nächsten Abend, als wir mit einer kleinen Gruppe von Forschern im Haus von Professor Azhazha aßen, klingelte das Telefon, und unser Gastgeber entschuldigte sich.

»Der Anruf kam aus Woronesch«, sagte er, als er an den Tisch zurückgekehrt war. »Es hat gerade eine weitere Sichtung gegeben. Ein Objekt schwebte über dem Atomkraftwerk und rich-

tete einen Strahl auf den Boden. Der Strahl hat den Asphalt ver-
brannt.«

Ich wußte, daß es im Westen kluge Leute gab, die trotz allem
behaupten würden, das Phänomen hätte sich nie ereignet, weil
sie dann alle ihre vorgefaßten Ansichten über die Welt einer
schmerzlichen Anpassung unterziehen müßten.

Es wäre angenehm, wenn wir die Hypothese formulieren könnten, daß irgend jemand mit ovalen Ballons, auf deren Seite das
UMMO-Symbol gepinselt ist, in Rußland herumfliegt. Schließlich
war der UMMO-Kult in Spanien das Ergebnis einer psychologischen Manipulation. Dieses Spiel kann jeder in jedem Land spielen. Doch diese Hypothese konnte nicht all die anderen Sichtungen in Woronesch erklären. Nach den Gesprächen wurde uns
wieder einmal klar, wie komplex das Problem in Wirklichkeit ist.

Im Laufe der folgenden Tage besuchten Martine Castello und ich
mehrere Angehörige der sowjetischen Akademie der Wissenschaften. Unter anderem sprachen wir auch mit dem Kosmonau-
ten Valentin Zudow, der die Ausbildung der sowjetischen Raum-
piloten leitet. Ich konnte verschiedene Theorien mit zwei
Dutzend Spezialisten erörtern, die alle möglichen Aspekte der sowjetischen UFO-Forschung bearbeiteten. Diese Unterhaltungen
bestätigten ohne jeden Zweifel, daß die UdSSR das Ziel einer der
massivsten UFO-Wellen seit der französischen Welle von 1954
war. Die Riesen im Park von Woronesch gaben uns eine klare Botschaft: Das UFO-Rätsel ist so lebendig und verwirrend wie eh und
je. Es kann unsere Meßgeräte und unsere analytischen Fähigkeiten zum Narren halten. Doch an seiner physischen Realität
besteht kein Zweifel.

SCHLUSSBEMERKUNG

Lied meiner Seele, meine Stimme ist nun tot!
Stirb denn ungesungen, wie unvergossne Tränen
trocknen und ersterben sollen im verlorenen Carcosa

Cassildas Lied, *The King in Yellow*
1. Akt, 2. Aufzug
Robert W. Chambers

Das letzte Jahrzehnt des zwanzigsten Jahrhunderts hat begonnen. Fundamentalistische religiöse Gruppen erwarten im Nahen Osten ein Harmagedon und eine »Verklärung«, in deren Verlauf Gott die wahren Gläubigen retten und endlich in den Himmel aufnehmen werde. Der Himmel scheint voller verwirrender und wundervoller Dinge zu sein, und in den New Age-Zeitschriften findet man zahlreiche Ankündigungen für Vorträge über UFO-Entführungen, Enthüllungen von Vertuschungsmanövern der Regierung und Spekulationen über die unmittelbar bevorstehende endgültige Landung der Aliens. Warum habe ich trotzdem das Gefühl, daß ich keine echte neue spirituelle Bewegung beobachte, sondern ein gut besetztes Marionettentheater?

Bedenken Sie, wenn Sie wollen, das Schicksal der Informanten, die ich in diesem Buch erwähnte.

Robert Lazar erwies sich, durch mehrere Forscher gründlich befragt, als weniger glaubwürdig, als John Lear unterstellte, indem er ihn als »äußerst vertrauenswürdige Quelle« bezeichnete. Er wurde nicht nur angeklagt, weil er Prostitution betrieben hatte – er war sogar Teilhaber eines Bordells namens Honeysuckle Ranch! –, sondern sein Werdegang als Physiker und Berater in Los Alamos löste sich buchstäblich in Wohlgefallen auf.

Lazar hatte einige häßliche Dinge über sogenannte Singvögel, namentlich Bill Cooper, zu sagen. »Es widerstrebt mir, jemand als Psychopathen zu bezeichnen, aber er benimmt sich wirklich wie ein Irrer«, sagte Lazar in einem Interview mit dem Ufologen Don Ecker (*UFO Magazine*, Ausgabe 5, Nr. 4, 1990, S. 15). »Er scheint so sehr an das zu glauben, was er sagt, daß man fürchtet, er könne körperlich dafür kämpfen und gewalttätig werden.«

Cooper dagegen meint, die meisten Ufologen seien Dummköpfe und hätten seine Behauptungen nicht gründlich genug überprüft. »Sie sitzen nur herum und beschimpfen sich gegenseitig.« Diese Beobachtung ist nicht unbedingt von der Hand zu weisen. Cooper produzierte einen vierstündigen Videovortrag, der vor unbewiesenen, schrecklichen Anspielungen strotzt. Das Band wird über amerikanische New Age-Gruppen verbreitet und trägt dazu bei, die auf diesem Gebiet ohnehin schon grassierende Paranoia weiter zu verstärken. Die Leute werden aufgefordert, Kopien für ihre Freunde herzustellen, ohne jedoch zu verraten, wie sie ihrerseits an die Bänder gekommen sind.

Paul Bennewitz, der so freundlich war, mich bei sich daheim in New Mexico zu empfangen und mir seine Daten zu zeigen, ist inzwischen nicht mehr bereit, mit Ufologen über seine Beobachtungen zu sprechen. Ich will seinem Wunsch, im Hintergrund zu bleiben, entsprechen.

Nur wenige glauben heute noch, daß die Enthüllungen von John Lear und seinen Gefährten über lebendige Aliens in der Wüste eine reale Grundlage haben. Die Folge war, daß viele sich völlig aus der UFO-Forschung zurückzogen. Vielleicht war Ablenkung der wichtigste Zweck der ganzen Übung. Doch wer immer noch an solche Märchen glaubt, wird mit genug Beweisen versorgt, um keine Langeweile zu bekommen. Sobald eine Gruppe von Marionetten die Bühne verläßt, taucht aus dem Gebüsch eine neue auf und hat eine noch aufregendere Geschichte zu erzählen, wie ich zum Abschluß des achten Kapitels bereits aufzeigte.

Was die Erfahrung lehrt

In den beiden ersten Bänden der Trilogie über Kontakte mit Außerirdischen (*Dimensionen* und *Konfrontationen*) zeigte ich, daß es tatsächlich unidentifizierte Flugobjekte gibt. Sie stellen erstaunliche physische Anomalien dar und haben die Fähigkeit, das Zeitgefühl, die räumliche Orientierung und das Bewußtsein jener zu verändern, die ihnen nahe kommen. Sie sollten mit allen der Wissenschaft zur Verfügung stehenden Mitteln untersucht werden. Doch das Phänomen läßt sich nicht einfach damit erklären, daß ein paar Modelle fliegender Untertassen in einem Hangar der Luftwaffe gesehen wurden, der seltsamerweise völlig unzugänglich ist.

Wesen, die in Zusammenhang mit UFOs beobachtet werden, sind nach den Beschreibungen der Zeugen manchmal kleine Humanoide, manchmal große Geschöpfe oder sogar ganz normale Menschen. Die meisten von ihnen aber *passen nicht* zu den üblichen Beschreibungen, die von den Ufologen in ihrer Gier nach Beachtung durch die Medien so populär gemacht wurden. Tatsächlich sind die angeblichen Gemeinsamkeiten in Entführungsfällen, die von bekannten amerikanischen Autoren angeblich entdeckt und die in Fernsehshows unter großem Getöse propagiert wurden, nur durch ein Selektionsverfahren entstanden. Die Zeugen, die sich an diese Forscher wenden, sind kein repräsentativer Querschnitt aller Menschen, die nahe Begegnungen erlebten. Vielmehr haben sie sich im Vorfeld bereits die bekannten Forscher ausgesucht, deren Bücher oder Fernsehauftritte als Vorlage für die eigenen Erfahrungen dienen können. Diese künstlichen, willkürlich entstandenen Gemeinsamkeiten werden mit Hilfe der Hypnose, oft unter skandalösen Bedingungen von inkompetenten Personen eingesetzt, noch verstärkt. Die Statistiken beruhen dann natürlich auf einem Datenbestand, in den nur solche Fälle eingingen, die dem bevorzugten Modell auch entsprechen. Das ist keine Wissenschaft, das ist ein kindisches und sogar gefährliches

Spiel, geht es doch auf Kosten der wirklich tragischen Ereignisse und Ängste im Leben der Zeugen.

Der wichtigste logische Schluß, den wir aus diesen Beobachtungen ziehen müssen, ist der, daß keine der angeblichen Sichtungen von abgestürzten Untertassen, keine Behauptung, an kleinen Außerirdischen seien Autopsien vorgenommen worden und kein einziger Entführungsbericht *in der heute dargestellten Form* auch nur andeutungsweise eine Antwort auf das UFO-Geheimnis insgesamt liefert.

Es sollte klar sein, daß meine Fähigkeit, die Vorgänge zu beschreiben, begrenzt ist. Die Regierung sagt mir nicht, was sie tut. Ich bezweifle nicht die *Möglichkeit*, daß insgeheim Wissenschaftler Forschungen durchführen (abgesehen vom Sammeln von Daten und der Öffentlichkeitsarbeit, die meiner Ansicht nach *ohnehin* schon Realität sind). Warum bin ich also derart mißtrauisch, wenn es um sensationelle Behauptungen der »Singvögel« geht, die behaupten, eine solche Gruppe bloßzustellen? Einfach weil ihre Behauptungen überhaupt keine Substanz haben. Ihr Verhalten entspricht dem von Schauspielern auf einer Theaterbühne, nicht dem von Menschen, die wirklich an wirklichen Operationen teilnehmen.

Dies führt mich zur Schlüsselfrage, die durch solche Enthüllungen aufgeworfen wird: Wenn die Gerüchte über Autopsien und abgestürzte Untertassen maßgeschneiderte Erfindungen sind, wer ist dann für dieses Täuschungsmanöver verantwortlich? Und noch einmal, was könnte das Ziel sein, das man damit erreichen will?

Haben uns Bill English, Bill Cooper, John Lear und sein wichtigster Informant Robert Lazar einfach bewußt angelogen? Ich neige zur Ansicht, daß diese Männer aufrichtig überzeugt sind, daß das, was sie sagen, absolut der Wahrheit entspricht. Der Drang, sich mitzuteilen, läßt sie jedoch über so unbequeme Dinge wie Fakten, Kontrollmechanismen und Hypothesen hinweggehen. Sie glauben aufrichtig, die Wahrheit zu kennen, die einfache, schreckliche

Wahrheit. Und Ihr Drang erweist sich auf allen Ebenen unserer Gesellschaft als äußerst ansteckend – von der einsamen alten Frau, die im Supermarkt einer Kleinstadt im Mittelwesten eine Zeitschrift kauft, bis zum Geschäftsmann, der seine Börsenzeitung einen Augenblick zur Seite legt, um im Fernsehen ein Interview mit einem Entführten zu verfolgen.

Während wir uns der Jahrtausendwende nähern, ist der Glaube an die unmittelbar bevorstehende Ankunft von Außerirdischen eine Phantasie, die so stark wirkt wie jede Droge, so revolutionär wie jede Täuschung, die zu Beginn unseres Jahrhunderts in Mode war, und die so gefährlich ist wie alle großen, irrationalen Strömungen im Laufe der Geschichte.

Die Überzeugung, man gehöre einer überlegenen Rasse an, eine Überzeugung, die im Nazideutschland das Urteilsvermögen vieler Menschen trübte, wurde durch einen ähnlichen Mythos angeregt. Auf dieser Ebene ist auch die Furcht vor Hexen zu erklären, die aufrechte, moralbewußte Christen in England, Deutschland oder Massachusetts dazu brachte, wahllos Tausende unschuldiger Menschen zu töten. Doch das UFO-Phänomen ist unleugbar real. Es ist ärgerlich, es ist beharrlich und quält uns, es ist verlockend und geheimnisvoll – scheinbar immer nur ein paar Zentimeter außerhalb unserer Reichweite. Einen großen Teil seiner irrationalen Kraft bezieht es gerade von den Experten, die es leugnen. Es sind die Rationalisten, die klugen Astronomen, die in Talkshows das ganze Universum wegerklären, die edlen Ritter des rationalen Bewußtseins, die sich für fähig halten, alle Sichtungen mühelos in Begriffen soziologischer, mythologischer, anthropologischer oder psychologischer Theorien erklären zu können, ohne je auch nur mit einem einzigen Zeugen sprechen zu müssen. Doch wenn John Lear und andere die Wahrheit sagen, wie sie sie sehen, was könnte dann das Motiv für diese massive Täuschung sein, der sie selbst und wir zum Opfer fielen?

Ich will meine Vermutungen mit Hilfe des folgenden Szenarios beschreiben. Nehmen wir an, während der letzten dreißig Jahre gaben sich amerikanische Behörden wie die CIA, das NRO und die Luftwaffe große Mühe, das UFO-Phänomen zu verstehen. Nicht, um das Problem wirklich zu lösen, weil eine Lösung nach wie vor über unsere Wissenschaft hinausgehen würde, sondern um fähig zu werden, es zu benutzen, um es zu manipulieren und als *Tarnung für etwas anderes* einzusetzen.

Vielleicht haben unsere Militärtechniker einen Weg entdeckt, fliegende Scheiben herzustellen, die zur Erkundung und zum Gegenterrorismus eingesetzt werden können. Manche meiner Informanten erklärten mir, daß diese Scheiben heute schon fliegen und in ihrer Größe zwischen sechzig Zentimetern – für automatische Kameras – und zehn oder zwölf Metern – für Geräte, mit denen man physiologische Wirkungen erzielen, Menschen in Schlaf versetzen, Feinde lähmen oder feindlichen Truppen Halluzinationen eingeben kann – schwanken. Diese Geräte existieren tatsächlich auf Testgeländen in den USA oder zumindest auf den Zeichenbrettern verschiedener Firmen im Silicon Valley und in den Denkfabriken Washingtons. Diese nicht tödlichen Waffen wurden bei verschiedenen Einsätzen gegen Terroristen auf der ganzen Welt eingesetzt. Natürlich wäre es wichtig, das Wissen um diese Technologie geheim zu halten, auch wenn Hunderte Menschen die Objekte von Zeit zu Zeit zu sehen bekämen. Den Leuten einzureden, sie sähen fliegende Untertassen, könnte ein kluger Schachzug sein. Wir dürfen nicht vergessen, daß Bill Moore, der Urheber des MJ-12-Falls, für Agent Doty von der OSI gearbeitet hat, und daß Doty alias Falcon unter einem Luftwaffenoffizier namens Hennessey arbeitete, der seinerseits beim Stealth-Projekt für Sicherheitsfragen verantwortlich zeichnete. Vielleicht ist diese Verbindung ganz harmlos und reiner Zufall. Aber warum gibt es keine offiziellen Bemühungen, die Sache ein für alle Mal zu klären? Wenn der mysteriöse Falcon nur eine arme Marionette war, könnte man die Welt doch informieren?

Bei der fehlgeschlagenen Operation Desert One, die Carter im April 1980 durchführen ließ, um amerikanische Geiseln aus Teheran zu retten, behaupteten einige Zeugen, eine Scheibe gesehen zu haben, die einem UFO ähnelte. Angeblich soll sie als Träger für nicht tödliche Waffen gedient haben, mit denen die iranischen Wächter gelähmt oder außer Gefecht gesetzt werden sollten. Das Codewort für diese Operation, zu deren Planern Richard Secord und Oliver North gehörten, lautete *Snowbird*, ein Wort, das den Lesern bekannt vorkommen dürfte. Es ist genau das Codeword, das Bill Cooper in Zusammenhang mit einem Geheimprojekt gesehen haben will, bei dem fliegende Untertassen getestet wurden, die man angeblich von Außerirdischen gekapert hatte... abermals müssen wir fragen, was Tarnung ist und was ein echtes Projekt?

Gäbe es für die Erprobung eines solchen Fluggeräts eine bessere Tarnung als das UFO-Phänomen? Gäbe es für die Täuschungsmanöver einen besseren Kanal als die Gruppen von Gläubigen, die ohnehin schon davon überzeugt sind, daß die Außerirdischen jederzeit landen können? Ist dies die wahre Erklärung für das Rätsel des Teesdale-Erbes, für die Erlebnisse Franck Fontaines, für die Simulationen in Bentwaters, für das Spiegelkabinett auf dem Luftwaffenstützpunkt Norton, für die baumelnden Möhren in Hollywood, für die in Holloman versprochenen Filme von der Landung, die im letzten Augenblick zurückgezogen wurden? Ist dies der Schlüssel für Robert Lazars eigenartige Gedächtnislücken? Ist dies der Hintergrund, den Bill Moores Informanten vertuschen wollten?

Diese Überlegungen können einen Teil der bizarren Manipulationen erklären, über die wir sprachen, aber eine vollständige Antwort liefern sie nicht. Was, wenn die Täuschungen ganz anderen, viel weiter reichenden Ziele dienen?

Für die New Age-Idealisten wäre die Erklärung, daß die Außerirdischen schon da sind, der Höhepunkt jahrzehntelang gehegter Träume. Damit bekämen all ihre Meditationen auf Berggipfeln, ihre liebsten Hoffnungen, ihre Gebete um Frieden einen Sinn. Wir alle bekämen etwas, das wir anbeten können, ein Segen in einer Zeit, in der die Oberhäupter der traditionellen Religionen sich lächerlich machen, in einer Zeit, in der die nachwachsenden Generationen kaum noch Helden kennt, zu denen sie aufblicken kann. Dem verhärmten Ufologen würde dies endlich die ersehnte Anerkennung bringen, die Bestätigung, daß seine mit eifrigen, einsamen Forschungen verbrachten Jahre nicht vertan waren, und natürlich die Gelegenheit, Skeptikern wie Philip Klass und Carl Sagan (oder vielleicht auch nur dem kritischen Schwager) zuzurufen: »Ich hab's doch gleich gesagt!«

Die Enthüllung, daß die Außerirdischen schon da sind, daß fliegende Untertassen gekapert wurden, klingt zu schön, um wahr zu sein. Wenn aber diese Behauptungen nur in die Welt gesetzt wurden, um die Entwicklung *echter* fliegender Plattformen zu vertuschen, dann wirken diese Enthüllungen plötzlich sehr sinnvoll. Ingenieure und Offiziere erzählen ihren Kindern auf dem Totenbett von den seltsamen Apparaten, die sie über der Wüste Nevadas im Flug beobachteten, und doch können sie nichts Konkreteres vorbringen als eine undurchschaubare Geschichte von fliegenden Untertassen und außerirdischen Flugobjekten, weil sich die Tarnung eng an die Bilder hält, die von Ufologen in der Gesellschaft verbreitet werden. So ist es kein Problem, das Geheimnis zu hüten. Und es ist möglich, das Bild anzupassen, indem man einige sorgfältig geplante Täuschungsmanöver durchführt, in denen von einem bestimmten Typ von Wesen oder einem bestimmten Flugobjekt die Rede ist.

Der Zwischenfall von Roswell

Aber was ist mit Roswell? Zweifellos ist im Juli 1947 in Roswell etwas abgestürzt. Die Luftwaffe barg es, und die Geschichte wurde gekonnt vertuscht. Das Objekt, das in Roswell abstürzte, war kein Wetterballon. Aber aller Wahrscheinlichkeit nach war es auch keine fliegende Untertasse.

Es gibt übereinstimmende Berichte über die in Roswell gefundenen materiellen Beweise. Es handelte sich dabei um Stäbe aus einem Material, das wie unzerstörbares Balsaholz erschien, um Platten eines metallischen Materials, das unzerreißbar war, und um eine kleine schwarze Kiste. All die anderen Geschichten über die Bergung einer intakten Scheibe und über Leichen von Aliens auf dem Boden tauchten erst später auf und könnten durchaus erfunden sein. Bill Moore selbst sagte mir, daß sie fragwürdig seien. Sicher ist jedoch, daß die Luftwaffe erst von dem Absturz erfuhr, als sich ein Farmer meldete, und daß sie sich sehr beeilte, das Objekt zu bergen und die Sache geheim zu halten, sobald sie sich eingeschaltet hatte.

Dies läßt Raum für eine ganze Reihe von Interpretationen, die nicht unbedingt auf Besucher aus dem Weltraum zurückgreifen müssen.

John Keel, ein erfahrener Forscher, glaubt, daß das in Roswell abgestürzte Objekt ein Fugo-Ballon war. Er erklärte, Hunderte von Menschen hätten an anderen Orten ähnliche Abstürze beobachtet, und die Trümmer hätten den in Roswell gefundenen geähnelt. In vielen Gegenden wurden Schulkinder gewarnt, ja nicht in die Nähe eines solchen Ballons zu kommen, falls sie einen fänden. Ich halte diese Überlegungen für nicht sehr überzeugend. Doch selbst wenn das Objekt ein Fugo-Ballon war, können wir an einige andere Möglichkeiten denken. Roswell war der erste Luftwaffenstützpunkt, der mit Atomwaffen ausgerüstet wurde. Wenn ein spezieller Ballon oder ein unbemannter Flugkörper, der entwickelt wurde, um im Luftraum die Radioaktivität zu messen, über New Mexico herumflog, dann könnte er durch ein Gewitter durchaus zum Absturz gebracht worden sein. Berücksichtigt man die hohe Sicherheitseinstufung aller Vorgänge, die damals mit der Atombombe oder mit Radioaktivität zu tun hatten, war es natürlich naheliegend, daß alle Trümmer eines solchen Geräts unter strengster Geheimhaltung eingesammelt wurden und daß der Vorgang um jeden Preis wegerklärt werden mußte: ein Wetterballon, ein Gerät für Radartests, eine Sonde oder eben *eine abge-stürzte fliegende Untertasse.* Es wäre kein Problem gewesen, ein eiförmiges Objekt in die Wüste zu setzen und die Aufmerksamkeit von den wirklich interessanten Trümmern abzulenken. Man hätte sogar ein paar kleine Körper basteln und als tote Außerirdische im Gelände verteilen können. Die Luftwaffe hatte mehrere Tage Zeit. Vielleicht waren die geheimnisvollen »Archäologen«, die bereits vor Ort waren, als die ersten Bergungstrupps eintrafen, in Wirklichkeit Spezialisten, die die falsche Scheibe und die falschen Leichen ein paar Kilometer vom Ort des Absturzes entfernt auslegten.

Die Tatsache, daß das in Roswell gefundene Material widerstandsfähig und praktisch unzerstörbar war, wie einige Farmer und Soldaten feststellten, beunruhigt mich nicht weiter. Material, das man ohne sichtbare Wirkung mit dem Vorschlaghammer bearbeiten kann, das dennoch biegsam bleibt und nicht brennt, geht keineswegs über die Möglichkeiten unserer Technologie. Sorgen machen mir nur die angeblichen Hieroglyphen, die man auf dem Balsaholz fand. Man sollte doch meinen, daß dem Geheimdienst der Luftwaffe etwas besseres einfallen müßte.

Ein alter Trick

Das letzte Jahrzehnt des zwanzigsten Jahrhunderts scheint eine Zeit der unbegrenzten Möglichkeiten zu sein. Die Technologie verspricht uns Durchbrüche, die sich die fähigsten Wissenschaftler vor dreißig Jahren nicht in den kühnsten Träumen vorstellen konnten. Verbesserung unserer Gesundheit, mehr Freizeit als je zuvor, ein längeres Leben, verschiedene neue Vergnügungen stehen uns offen.

Doch zusammen mit diesen hoffnungsvollen Ausblicken sehen wir uns einer beunruhigenden Schattenseite gegenüber. Es gibt größere Gefahren, mehr Verbrechen, Umweltschäden, mehr

Elend und Hunger denn je zuvor. Es erfordert übermenschliche Anstrengungen, um die funkelnden Versprechungen unserer Technologie mit dem schrecklich entmutigenden Dilemma, der erbärmlichen Realität und der Verzweiflung vieler Menschen in Einklang zu bringen.

Aber halt! Vielleicht gibt es diese übermenschliche Instanz bereits, vielleicht hält sie eine magische, einfache Lösung für unsere Probleme bereit: Die unidentifizierten Flugobjekte, die die Menschen seit dem Zweiten Weltkrieg in zunehmender Zahl sehen, kommen uns vielleicht zu Hilfe. Vielleicht sind die Außerirdischen mit ihren kosmischen Kräften und ihren unbegrenzten Fähigkeiten schon da. Die Ufologen sagen uns, diese Außerirdischen seien so fremdartig, daß sie Menschen entführen, quälen, kratzen und vergewaltigen müssen, um ihre eigenen Endzeitgelüste zu stillen. Doch sie sind uns zugleich so nahe, daß sie überhaupt keine Probleme haben, sich mit unseren Wissenschaftlern in geheimen Gängen unter der Wüste New Mexicos zu verständigen.

Von diesem Glauben aus ist es nur ein kleiner Schritt zu der Vorstellung, das amerikanische Militär habe bereits das Geheimnis ihres Antriebs geknackt. Robert Lazar, der behauptet, als Physiker an einem solchen Geheimprojekt mitzuarbeiten, wenn er nicht gerade mit der Leitung seines Bordells in Nevada beschäftigt ist, erzählte mir, er sei davon überzeugt, daß das Fluggerät eine Antischwerkraftmaschine benutzte, die mit dem sogenannten Element 115 angetrieben würde. Seine Behauptungen klingen beinahe plausibel.

Leider müssen wir aber erfahren, daß uns diese glückliche Lösung all unserer Probleme von bösen Regierungsagenten vorenthalten wird, die auf alles den »Geheim«-Stempel setzen. Sie haben die wundervollen fliegenden Untertassen in Hangars gesteckt, die so sicher sind wie die geheimen Labors, in denen die Autohersteller die neuen Modelle mit noch mehr Chrom und verbesserten Motoren entwickeln. Zugleich erzählen uns die gleichen Forscher mit den besten Absichten, daß wir, das Volk, verlangen müssen, daß diese absurde Geheimhaltung beendet werde. An wen können wir uns wenden, um die ganze Wahrheit zu erfahren, wenn nicht an die paar tapferen, heldenhaften Warner wie Condor und Falcon, die es wagten, uns die schreckliche Wahrheit mitzuteilen? Wir müssen ihnen vertrauen und alles glauben, was sie uns erzählen, aber natürlich dürfen wir ihnen nicht von Angesicht zu Angesicht gegenübertreten, wir dürfen ihre wahren Namen nicht erfahren. Sie müssen hinter einem Schirm sitzen, wenn sie zu uns sprechen, weil ihre Arbeitgeber in Washington sie umbringen lassen, wenn sie bloßgestellt werden...

So sieht das unglaubliche Gebräu aus Lügen und Dummheit aus, das viele Ufologen und viele Bürger in den letzten Jahren zu schlucken bekamen. Bereits die Tatsache zu hinterfragen, daß Außerirdische gefangen und ihre Flugmaschinen von den Behörden der Vereinigten Staaten untersucht werden, ist unter UFO-Gläubigen ein ungeheurer Fauxpas. Meine einfachen, logischen Fragen zu diesem Thema haben viele selbstherrliche Koryphäen dieser seltsamen Disziplin veranlaßt, mich als das sprichwörtliche Stinktier zu verurteilen, das ihnen die hübsche Gartenparty verdirbt.

Ich kann sie gut verstehen. Sie sind zu gut gefahren, um sich mit Details und Ungereimtheiten abzugeben. Mit Großzügigkeit kommt man eben weiter. Es wäre ja wirklich sehr unhöflich, den Werdegang unserer Informanten durchleuchten zu wollen. Die Tatsache, daß sie ihre Ausbildung und ihre angeblichen Dokumente – all ihre erstklassigen Referenzen von MJ-12 bis zum Grudge Report 13 –, direkt von den lügnerischen, diebischen und hinterhältigen Abteilungen, vom verächtlichsten Teils des militärischen Establishments, erhalten haben, sollte uns nicht stören. Natürlich, dies sind genau die Leute, die in früheren Zeiten für Schrecken wie die Gedankenkontrolle, Cointelpro und MK-Ultra, für Watergate und Iran-Contra verantwortlich waren. Sie erinnern uns an die Experten für psychologische Kriegführung, die im Vorstand von NICAP saßen und zivile UFO-Forschungsgruppen ausspähten. Sie tun. es heute noch, wie der Forscher Bill Moore sagt, und übrigens – wer hat ihn dafür bezahlt, es auch zu tun? Welches Geld von welchem Projekt war da im Spiel? Aber es ist zu leicht, zu bequem, zu simpel, ein paar Menschen wie Bill Moore die Schuld am Durcheinander zu geben. Jemand viel weiter oben hat die Aufträge vergeben. Wer hat sie genehmigt? Diese wichtigen Fragen werden nie gestellt, weil wir leicht verzeihen, immer bereit, uns noch einmal hereinlegen zu lassen, immer bereit, die anstrengenden wissenschaftlichen Maßstäbe zu vergessen, die uns doch nur hemmen würden, wenn wir dem leuchtenden Pokal nachjagen. In den letzten Jahren hängt der Status in der Gemeinde der UFO-Forscher direkt vom Zugang zu vertraulichen Informationen ab. Kein Ufologe wagt es, das Material zu hinterfragen, weil er fürchtet, von den faszinierenden geheimen Quellen, die es ausstoßen, abgeschnitten zu werden.

Ein weiterer Aspekt, den viele Forscher auf diesem Gebiet – mit Ausnahme einiger weniger mutiger Menschen – beharrlich ignorieren, betrifft die Verbindung zwischen den Verkündern der unmittelbar bevorstehenden Kontakte mit Außerirdischen einerseits und der extremen Rechten in Amerika andererseits. Als diese unheimliche Verbindung zum ersten Mal offensichtlich wurde, reagierten viele UFO-Gläubige mit scharfer Ablehnung. In den letzten fünfzehn Jahren wurden immer mehr beunruhigende Verbindungen offengelegt, darunter so unterschiedliche Fälle wie Billy Meiers Plejadenschwindel und die Dulce-Papiere.

Es ist gut möglich, daß die Art von Fanatismus, die manche Menschen veranlaßt, sich neonazistischen, antisemitischen oder Weltuntergangsgruppen im amerikanischen Südwesten anzuschließen, sie auch in die Arme jener Gruppen treibt, die an die unmittelbar bevorstehende Landung der Außerirdischen glauben. Es könnte sein, daß die Gruppen, die davon überzeugt sind, daß die Regierung ihre Geheimhaltungspflicht mißbraucht, um politische

Wahrheiten vor der Öffentlichkeit zu verbergen, auch daran glauben, daß uns die Realität der UFOs vorenthalten wird: Denn dieser Glaube hat tatsächlich eine gewisse Berechtigung. Doch es ist auch möglich, daß irgendein Geheimdienst oder eine Gruppe von Schurken innerhalb eines solchen Dienstes die latente Paranoia einiger extremistischer politischer Bewegungen vor den eigenen Karren gespannt hat – auf die gleiche Weise, wie viele Kulte von Jim Jones' People's Temple bis zu UMMO möglicherweise nützliche, bequeme Testgelände für verdeckte psychologische Experimente waren.

Selbst die unerschrockenen Forscher, die ihre Zeit damit verbringen, die amerikanische Luftwaffe unter Berufung auf den Freedom of Information Act zu verklagen und auf Kongreßanhörungen zum Thema der UFOs zu drängen, wagten es nicht, diesen undurchsichtigen und gefährlichen aber dennoch äußerst wichtigen Verbindungen nachzugehen.

Wenn wir die gesellschaftliche Organisation und die politischen Systeme unserer angeblichen Besucher unter die Lupe nehmen, wie wir sie den umfangreichen Texten entnehmen können, in denen außerirdische Zivilisationen wie UMMO oder ERRA beschrieben werden, dann springt uns die paramilitärische Organisation dieser Gesellschaften ins Auge. Elend und Hunger sind auf diesen Welten schon lange besiegt, behaupten die wahren Gläubigen. Doch die Gesellschaft ähnelt eher Adolf Hitlers idealem Reich als einer modernen Demokratie. Auf Billy Meiers Planeten in den Plejaden werden kleine moralische Verstöße mit dauerhaftem Exil bestraft. (Übrigens fragt sich, wer das Geld für die Verbreitung von Meiers glänzenden Fotos aufbrachte?)

Ich wundere mich immer wieder, daß die sanften Anhänger des New Age stets die ersten sind, die sich unter dem Banner von Bewegungen scharen, deren Vision der Zukunft im Grunde eine faschistische ist.

Viele Fragen bleiben offen, ganz egal, wie emsig wir versuchen, sie unter den Teppich zu kehren.

Es spielt keine Rolle, daß die Anonymität von Vögeln wie Condor, Falcon und anderen ein Witz ist, da ihre Identität für ihre Arbeitgeber in Washington mühelos zu klären ist, falls sie wirklich Geheimdienstbeamte sind.

Es spielt keine Rolle, daß bisher noch niemand einen ernsthaften Versuch unternahm, diese Leute zum Schweigen zu bringen, während der Verrat viel unwichtigerer und alltäglicherer Geheimnisse – beispielsweise der Sicherungsmechanismus einer Rakete oder der Schaltplan eines Computerchips – sofort das FBI und die Bundesgerichte auf den Plan ruft. Das FBI ist übrigens tatsächlich den angeblichen Verletzungen der Sicherheitsbestimmungen in Zusammenhang mit den Dokumenten von Majestic 12 nachgegangen, stellte aber bald die offensichtlich sinnlosen Ermittlungen ein und zeigte kein weiteres Interesse an diesem Fall.

Diejenigen, die an die Außerirdischen glauben, sind keiner dieser Fragen nachgegangen. Sie waren viel zu sehr damit beschäftigt, den Aliens hinterherzujagen. Sie waren bereit, ihr kritisches Denken einfach abzustellen für eine Chance, mit den neuen Spielzeugen spielen zu dürfen, einen Blick auf das Modell des nächsten Jahres zu werfen und in den Genuß eines großen Geheimnisses zu kommen.

Es ist ein alter Trick, der immer noch prächtig funktioniert.

Die Botschafter der Täuschung sind wieder da

Irgend jemand gibt sich die allergrößte Mühe, die Welt davon zu überzeugen, daß wir von Wesen aus dem Weltraum bedroht werden. Um diese Idee zu stützen, wurden viele Fakten des wirklichen UFO-Phänomens und seiner wirklichen Geschichte verzerrt, bis selbst die, die an die UFOs glauben, ihre Feldforschungen und die Untersuchung realer Sichtungen von realen Zeugen aufgaben, um im Lehnstuhl über abgestürzte Untertassen und Autopsien an Außerirdischen zu spekulieren.

Die Zeit ist gekommen, Anstrengungen zu unternehmen, um in dieses Forschungsgebiet etwas Vernunft einzubringen. Diese Aufgabe ist wahrscheinlich nicht leicht.

Um Vernunft in dieses Gebiet einzubringen, müssen wir mit den Fakten beginnen, die wir verifizieren können.

Es gibt ein echtes UFO-Phänomen, das sich durch die Enthüllungen angeblicher Regierungsagenten, die komische Codenamen wie Condor oder Falcon tragen, nicht erklären läßt. Auch die Anhänger des UMMO-Kultes haben keine Erklärung.

Das echte UFO-Phänomen hängt, wie ich in *Konfrontationen* bereits zeigte, mit einer nichtmenschlichen Bewußtseinsform zusammen, die Raum und Zeit auf eine Art und Weise manipuliert, die wir nicht verstehen. Keine der Enthüllungen über abgestürzte Scheiben in Hangar 18 oder Area 51 reicht aus, um den gewaltigen Datenbestand zu erklären, den Forscher über reale UFOs sammelten. Doch in der Hitze des Streits werden logische, rationale Maßstäbe beiseite gefegt. Wir haben vergessen, welches Problem wir eigentlich lösen wollten.

Es ist eigenartig anzusehen, daß selbst wissenschaftlich geschulte Forscher, die die Idee multipler Universen akzeptieren, oder die wenigen Ufologen, die verstehen, daß das Raum-Zeit-Gefüge zusammengefaltet werden kann, um praktisch augenblicklich von einem Punkt des Universums zu einem anderen zu gelangen, emotional immer noch an der Vorstellung hängen, eine nichtmenschliche Bewußtseinsform müsse zwangsläufig aus dem Weltraum kommen.

In dieser Hinsicht begehen meine Ufologen-Freunde den gleichen Fehler, den sie den SETI-Forschern vorwerfen: Beide sind nur bereit, Außerirdische zu akzeptieren, die von sehr weit her kommen.

Die einfache Wahrheit ist diese: Wenn es eine Form des Lebens und des Bewußtseins gibt, die auf Ebenen des Raum-Zeit-Gefüges operiert, die wir noch nicht entdeckt haben, dann braucht sie nicht außerirdischen Ursprungs zu sein. Sie könnte von jedem Ort und aus jeder Zeit kommen, selbst aus unserer unmittelbaren Umgebung. Natürlich könnte sie auch von einem anderen Sonnensystem unserer Galaxis oder sogar aus einer anderen Galaxis stammen. Genausogut könnte sie aber unentdeckt neben uns existieren. Diese Wesen könnten jenseits unseres Raum-Zeit-Gefüges multidimensional organisiert sein. *Sie könnten sogar fraktale Wesen sein. Die Erde könnte ihr Heimathafen sein.*

Die Vorstellung, daß wir im Weltraum neuen Feinden begegnen werden, birgt eine unerschöpfliche Kraft. Und die menschliche Gier nach Macht erklärt viele scheinbare Wunder.

Die Behauptungen, in einem Hangar in der Nähe von Las Vegas stünden neun fliegende Untertassen, und unter New Mexico befände sich eine Anlage voller böser, kleiner Grauer, die Menschenfleisch fressen, muß man als faszinierende neue Spielart von Enthüllungen in unserer Kultur betrachten. Wenn Sie ein paar Leute davon überzeugen können, dann werden diese auch alles andere glauben, was Sie ihnen erzählen. Sie werden Ihnen überall hin folgen. Vielleicht ist dies der Schlüssel zu den angeblich so dramatischen Enthüllungen, die einige Botschafter der Täuschung mit den besten Absichten der leichtgläubigen Öffentlichkeit unterschieben. Und die wirkliche Geschichte dieser Täuschung könnte, wie Cassildas Lied, ungehört verklingen. Möglicherweise wird sie nie gehört, weil so viele sich unter lautem Getöse fröhlich darauf vorbereiten, ihre neuen außerirdischen Anführer zu empfangen.

Weitere Informationen

Sie können unter folgender Adresse mit dem Autor Kontakt aufnehmen:

1550 California Street, No. 6L
San Francisco, CA 94109
USA

Viele nützliche Daten finden Sie in:

The Flying Saucer Review
P.O. Box 162
High Wycombe
Bucks, HP13 5DZ
England

und im *Journal of Scientific Exploration,* der besten Publikation
auf diesem Gebiet. Das Blatt wird herausgegeben von:

The Society for Scientific Exploration
c/o Dr. Laurence W. Frederick
Department of Astronomy
University of Virginia, Box 3818
Charlottesville, VA 22903
USA

Anhang 1

*Fünf Argumente gegen die außerirdische Herkunft
der unidentifizierten Flugobjekte*

Jacques Vallée
San Francisco, Kalifornien
(Copyright 1989)

Vorgetragen beim achten Jahrestreffen der Society for Scientific
Exploration im Juni 1989 in Boulder, Colorado.

Zusammenfassung

*Die wissenschaftliche Meinung folgt meist der öffentlichen Mei-
nung in der Hinsicht, daß unidentifizierte Flugobjekte entweder
nicht existieren (die »Hypothese der natürlichen Phänomene«)
oder, wenn sie existieren, Beweise für die Besuche einer weiter
fortgeschrittenen Rasse von Weltraumreisenden sind (die extrater-
restrische oder die »Hypothese der Außerirdischen«, kurz ETH).
Der Autor vertritt die Ansicht, daß die Forschung auf dem Gebiet
der UFOs nicht auf diese beiden Alternativen beschränkt bleiben
muß. Ganz im Gegenteil weisen die bisher gesammelten Daten
mehrere Muster auf, die anzudeuten scheinen, daß UFOs real sind,
daß sie ein bisher ungeklärtes Phänomen darstellen und daß die
Fakten keineswegs die verbreitete Vorstellung stützen, es handele
sich um »Besucher aus dem Weltraum«.
Insbesondere fünf hier zu nennende Argumente widersprechen
der ETH: (I) ungeklärte nahe Begegnungen sind viel zahlreicher,*

als es für eine physikalische Untersuchung der Erde notwendig
wäre; (II) der humanoide Körperbau der angeblichen »Außerirdi-
schen« ist wahrscheinlich nicht auf einem anderen Planeten ent-
standen und ist biologisch nicht an Reisen im Weltraum angepaßt;
(III) das in Tausenden von Berichten über Entführungen geschil-
derte Verhalten widerspricht der Hypothese, eine fortgeschrittene
Rasse führte genetische oder wissenschaftliche Experimente an
Menschen durch; (IV) die Existenz dieses Phänomens während der
gesamten aufgezeichneten Geschichte der Menschheit zeigt, daß
UFOs kein neuzeitliches Phänomen sind; (V) die scheinbare Fähig-
keit der UFOs, Raum und Zeit zu manipulieren, deuten auf völlig
andere und viel interessantere Möglichkeiten, von denen drei in
groben Umrissen am Ende dieser Schrift vorgestellt werden sollen.

Erste Hypothesen

In den letzten vierzig Jahren konnten wir zahlreiche Phänomene im Luftraum beobachten, die allgemein als unidentifizierte
Flugobjekte oder UFOs bezeichnet werden. Nach anfänglichen
Versuchen, die Phänomene als geheime Prototypen oder fortgeschrittene Technologie zu deuten, konzentrierten sich die Öffentlichkeit, die Medien und die Wissenschaftler vor allem auf zwei Erklärungen. Diese beiden Theorien sind einerseits die Hypothese
der natürlichen Phänomene und andererseits die extraterrestri-
sche Hypothese, kurz ETH.
Die meisten Wissenschaftler, die über die Daten von Beobachtungen nur das wissen, was in der Tagespresse veröffentlicht wird,
befürworten nach wie vor die Hypothese der natürlichen Phänomene. Diese Theorie geht davon aus, daß alle Berichte als
Kombination von Fehlern bei der Beobachtung, als bekannte atmosphärische Phänomene und von Menschen hergestellte Objekte zu erklären seien, möglicherweise in Verbindung mit wenig
bekannten psychologischen Illusionen, die aber physikalisch nicht

von Bedeutung seien. Die Schlußfolgerung lautet, daß aus einer weiteren gründlichen Untersuchung der Beobachtungen durch Wissenschaftler kein neues Wissen zu gewinnen sei, abgesehen vielleicht von unbedeutenden Erkenntnissen im Bereich der veränderten Wahrnehmungszustände.

Die Mehrheit der Bevölkerung und praktisch alle UFO-Forscher befürworten die ETH. Diese Hypothese geht davon aus, daß UFOs physische Geräte seien, von intelligenten Wesen von einem anderen Planeten gesteuert, die die Erde im Rahmen wissenschaftlicher Forschungen aufsuchen, ganz ähnlich der Art und Weise, wie wir selbst Expeditionen zu entlegenen Gebieten unseres Planeten schicken. Diese Interpretation des Phänomens unterstellt, strategisch wichtige Orte würden erkundet, es würden Proben von Mineralen und Pflanzen gesammelt, und es fänden komplexe Interaktionen mit Menschen und Tieren auf unserem Planeten statt.

Das augenblicklich große Interesse an den von Zeugen berichteten Entführungen trug zu dem bei, was viele UFO-Forscher als überzeugende Beweise dafür verstehen, daß die außerirdischen Besucher tatsächlich eine Reihe von biologischen Eingriffen vornehmen, die dazu dienen, Proben von menschlichem Gewebe und Körperflüssigkeiten zu sammeln, um aus genetischen Gründen Kreuzungsversuche durchzuführen.

Herausforderungen

Die langsame aber stetige Zunahme unseres Bestandes an detaillierten Berichten und die ständigen Recherchen in alten Fällen ermöglichen es uns, diese Hypothesen vor dem Hintergrund eines gut dokumentierten Fundus an Daten zu überprüfen.

Die Hypothese der natürlichen Phänomene macht bei dieser Prüfung keinen guten Eindruck. Viele Berichte äußern sich sehr konkret zu physikalischen und biologischen Parametern, die sich aus einer Analyse der Interaktion zwischen dem Phänomen und der Umgebung ableiten lassen. Ein Vortrag, den Velasco 1989 bei der SSE-Konferenz hielt, zeigte, daß nicht weniger als 38 Prozent der von der französischen CNES untersuchten Fälle mit natürlichen Effekten nicht erklärbar waren (1).

Zu den am häufigsten erwähnten Einflüssen auf die Umgebung zählen Abschürfungen, Verbrennungen und Auswirkungen auf Pflanzen, Tiere und Menschen. Die Arbeit von Velasco und Bounias in Trans-en-Provence ist ein Beispiel für diese Sichtweise (2, 3), ebenso die kürzlich in Brasilien vorgenommenen Untersuchungen, die ich im Rahmen einer inzwischen zehn Jahre dauernden Feldforschung durchführte (4). Die beobachteten Phänomene umfassen Strahlungseffekte, die sich durch Kombinationen bekannter physischer und psychologischer Ursachen nicht erklären lassen.

Zugleich stellen wir aber fest, daß auch die ETH durch die neuen Muster, auf die die Forscher stoßen, immer mehr in Frage gestellt wird. Fünf wichtige Widersprüche sind eine nähere Betrachtung wert.

Die Häufigkeit naher Begegnungen

Vor ungefähr zwanzig Jahren, als der erste Katalog mit Berichten über nahe Begegnungen zusammengestellt wurde, sah ich zu meiner Überraschung, daß er mehr als 900 Eintragungen umfaßte, eine weitaus größere Zahl, als die meisten Forscher jener Zeit erwartet hätten. Da heute dieser Kategorie von Sichtungen eine noch größere Bedeutung beigemessen wird, gibt es mittlerweile weitaus mehr als die in diesem ersten Katalog aufgeführten ungeklärten nahen Begegnungen. Die Schätzungen schwanken zwischen 3000 und 10000 bisher erfaßten Fällen, je nach angewendeten Kriterien. Einige bekannte Forscher, die wir konsultierten, hielten eine Zahl von 5000 für eine eher konservative Schätzung.

Diese bemerkenswert große Zahl sollten wir als Herausforderung an die Hypothese der natürlichen Phänomene verstehen: Wenn UFOs einfach nur seltsame atmosphärische Effekte wären, beispielsweise Entladungen von Plasma, dann müßte man die meisten der noch nicht geklärten Fälle auf diese Weise erklären können. Wir müssen betonen, daß es hier nicht um das Auftauchen eines Flugobjekts am Himmel geht, sondern ausschließlich um nahe Begegnungen, um dramatische Episoden, deren Zeugen ein Phänomen beschreiben, das sie in ihrer unmittelbaren Umgebung erlebten.

Doch dieses Argument läßt sich auch gegen die ETH verwenden: Man kann kaum behaupten, Forscher aus dem Weltall müßten 5000 mal auf der Oberfläche eines Planeten landen, um seinen Boden zu analysieren, um Proben von Flora und Fauna zu nehmen und um eine vollständige Karte herzustellen. Die ETH konnte möglicherweise die 923 Landungen in unserer Zusammenstellung von 1969 erklären, aber sie ist heute nicht mehr haltbar.

Auch die Zahl 5000 ist keine gute Schätzung. Vieles spricht dafür, daß nur einer von zehn Fällen tatsächlich berichtet wird. Deshalb liegt die Zahl von nahen Begegnungen, die wir erklären müssen, wahrscheinlich eher in der Größenordnung von 50000. Dabei ist noch nicht berücksichtigt, daß unsere Quellen vor allem in Europa, auf dem amerikanischen Kontinent und in Australien beheimatet sind. Es ist logisch anzunehmen, daß es sich hier um ein weltweites Phänomen handelt. So müßte die wirkliche Größenordnung des Phänomens um den Faktor 2 größer sein. Damit kämen wir zu einer Zahl von 100000 Ereignissen.

Wenn wir uns streng an die ETH halten wollen, ist auch diese große Zahl noch zu klein, um die Anzahl der Landungen wiederzugeben. Sollten wir nicht annehmen, daß außerirdische Forscher bei ihren Landungen auf unserem Planeten keinen großen Wert auf die Gegenwart menschlicher Zeugen legen? In der Tat fanden Poher und ich heraus (indem wir unabhängige Datenbanken benutzten), daß die geographische Verteilung naher Begegnungen darauf hinweist, daß Ballungszentren gemieden werden. Landungen traten häufiger in Wüsten und unbewohnten Gebieten auf als anderswo (5). Wenn wir diese Gedanken weitertreiben, könnten wir vorsichtig sein und unsere Zahl nur mit dem Faktor zehn multiplizieren, um zu berücksichtigen, daß viele Landungen in dünn besiedelten Gebieten stattfinden. Damit wären wir bei einer Million zu erklärenden Landungen. Mit anderen Worten: Wären menschliche Zeugen gleichmäßig über die Landmasse verteilt und würden sie jede beobachtete nahe Begegnung auch melden, dann müßten wir eine Million Fälle in den Akten haben.

Diese Zahl berücksichtigt noch nicht eine weitere wichtige Facette des Phänomens: Es tritt vor allem nachts auf. Die 1963 erstmals veröffentlichte Verteilungskurve zeigt keine nennenswerte Abweichung zwischen älteren und neueren Fällen. Die Verteilung bleibt sogar dann gleich, wenn eine sehr homogene Reihe von bisher nicht veröffentlichten Fällen aus nur einer ganz bestimmten Gegend analysiert wird.

Abbildung 1 zeigt die Häufigkeit naher Begegnungen auf der Zeitachse für drei verschiedene, einander nicht berührende Testgebiete. (A) ist ein internationaler Katalog von 362 Fällen, der vor 1963 entstand, (B) ist ein internationaler Katalog mit 375 Fällen für die Zeit von 1963 bis 1970 und (C) entspricht 100 Fällen aus Spanien und Portugal.

Aus diesen Kurven geht hervor, daß die Anzahl der nahen Begegnungen bei Tageslicht sehr niedrig ist. Um etwa 17.00 nimmt die Zahl zu und erreicht um etwa 21.00 Uhr ihr Maximum. Dann fällt sie stetig bis 1.00 Uhr ab, um gegen 3.00 Uhr eine zweite, kleinere Spitze zu erreichen. Um sechs Uhr ist der normale niedrige Stand für den Tag wieder erreicht.

Seit diese Kurven veröffentlicht wurden, führten andere Forscher eigene Untersuchungen durch und kamen zu ähnlichen Ergebnissen. Besonders Fred Merritt, der mit David Saunders' UFOCAT-Akten arbeitete, stellte fest, daß Fälle von magnetischen Effekten,

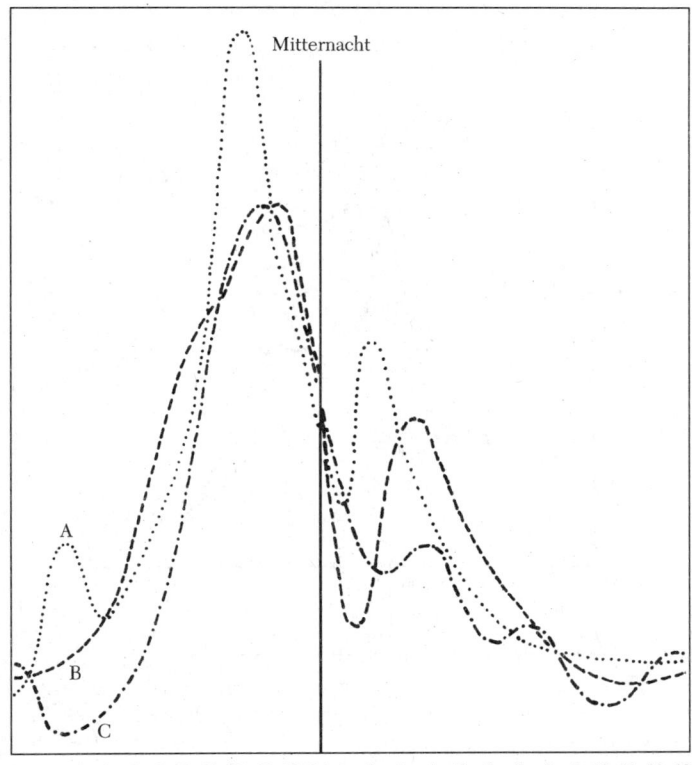

Abbildung 1. Häufigkeitsverteilung der nahen Begegnungen im Verhältnis zur Tageszeit.

A: 362 Fälle vor 1963, alle Länder
B: 375 Fälle zwischen 1963 und 1970, alle Länder
C: 100 Fälle aus Spanien und Portugal

Berichte über physische Spuren und Berichte über Insassen der Objekte ihren Gipfel um 21.00 Uhr erreichten, während der Durchschnitt bei Tageslicht niedriger lag (6). Die Berichte über

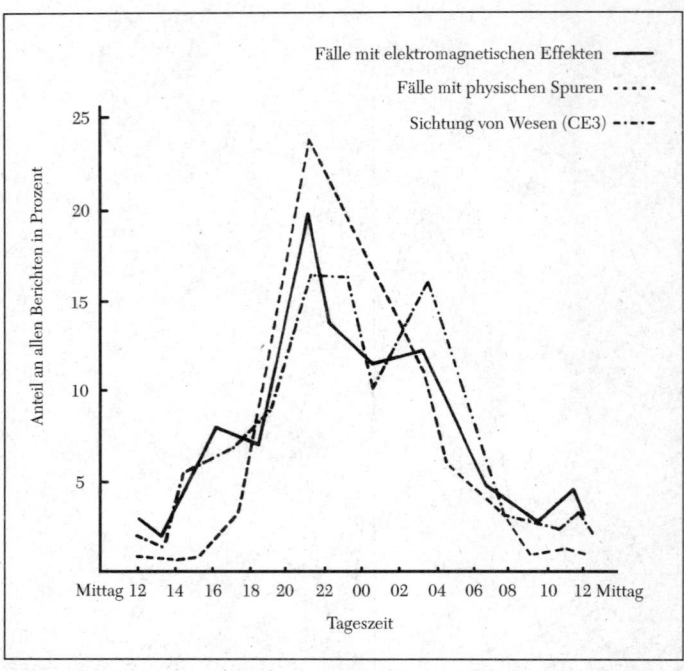

Abbildung 2. Häufigkeit der Fälle von nahen Begegnungen und elektromagnetischen Effekten bezogen auf die Tageszeit (F. Merritt unter Benutzung von UFOCAT)

Insassen wiesen um 3.00 Uhr morgens ebenfalls eine zweite Spitze auf (Abbildung 2).

Die Forscherin Jenny Randles führte anhand von 223 Fällen aus den Akten zweier britischer Forschungsgruppen (7) eine eigene Untersuchung durch, und auch sie stellte einen ganz ähnlichen Verlauf fest: Nachts war die Aktivität höher, am Abend gab es eine und kurz vor der Morgendämmerung eine zweite kleinere Spitze. Bei Entführungsberichten lag die Spitze jedoch um Mitternacht (Abbildung 3).

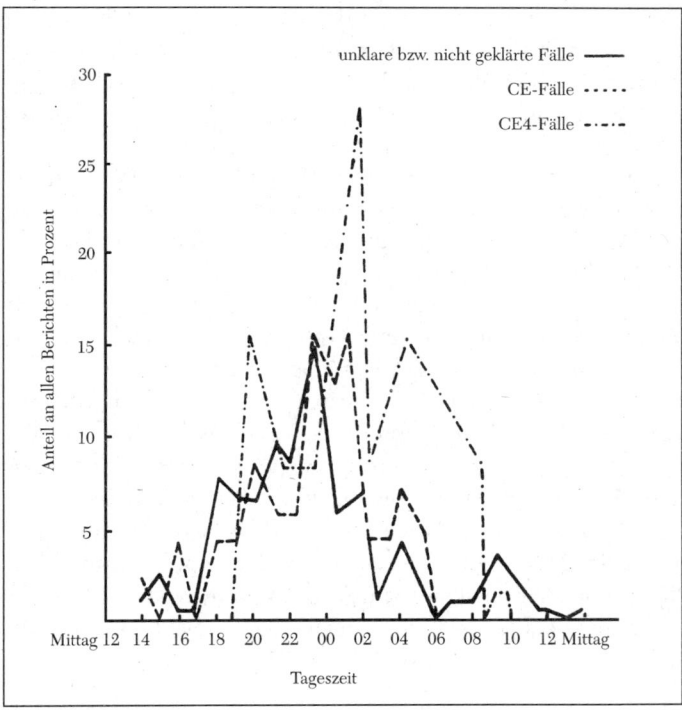

Abbildung 3. Häufigkeit der Fälle von nahen Begegnungen einschließlich Entführungen auf die Tageszeit bezogen (J. Randles)

Da der Verlauf sich als derart stabil erweist, müssen wir uns fragen, wie die Verteilung auf die Stunden des Tages aussehen würde, wenn wir jederzeit über eine konstante Anzahl potentieller Zeugen verfügten, mit anderen Worten, wenn die Leute nachts nicht schlafen würden. Die Antwort kann näherungsweise gefunden werden, wenn wir die Durchschnittswerte für den Aufenthalt von Menschen im Freien zu verschiedenen Tageszeiten heranziehen und auf die Kurve der Sichtungen umsetzen. Diese

Berechnung liefert uns eine Aktivitätskurve, die während der ganzen Nacht kontinuierlich ansteigt und um 3.00 Uhr morgens ihren Höhepunkt erreicht. Wir sehen dabei auch, daß die Gesamtzahl bei schätzungsweise 14 Millionen Landungen in vierzig Jahren liegen muß, wenn wir uns streng an die ETH halten.

Die Frage, die sich uns nun stellt, ist die folgende: Welche Absichten könnten außerirdische Besucher verfolgen, wenn es für sie nötig ist, 14 Millionen Mal auf unserem Planeten zu landen?

Wir dürfen nicht vergessen, daß die Oberfläche der Erde im Gegensatz zu jener der Venus oder anderer Planeten, die in dichte Wolken gehüllt sind, aus dem Weltraum deutlich zu sehen ist. Außerdem senden wir seit fast einem Jahrhundert mit Radiowellen und seit vierzig Jahren mit Fernsehsendern Informationen über alle Aspekte unserer verschiedenen Kulturen aus. Die meisten Angaben über unseren Planeten und unsere Zivilisation sind ohne weiteres durch unauffällige, ferngesteuerte technische Geräte zu bekommen. Das Sammeln physikalischer Daten würde Landungen erfordern, doch auch dies könnte mit wenigen, sorgfältig geplanten Missionen von der Art unserer Viking-Sonde, die auf dem Mars landete, sehr unauffällig erreicht werden. Alle diese Überlegungen scheinen der ETH zu widersprechen.

Physiologie

Die große Mehrheit der erwähnten »Außerirdischen« hat eine humanoide Gestalt, sprich zwei Beine, zwei Arme und einen Kopf, der die gleichen Wahrnehmungsorgane in der gleichen Anzahl und Anordnung trägt wie wir. Ihre Sprache funktioniert im gleichen Frequenzbereich wie die unsere, und ihre Augen sind an das gleiche Segment des elektromagnetischen Spektrums angepaßt wie unsere. Dies spricht für eine genetische Struktur, die höchstens um ein paar Prozent von der unseren abweicht.

Diese Beobachtung – wenn die Wesen tatsächlich Produkte einer unabhängigen Entwicklung auf einem anderen Planeten als der Erde wären, wie es die ETH formuliert – würde unser Verständnis der Biologie auf eine schwere Belastungsprobe stellen. Wir Menschen teilen die einzigartige Kombination von Schwerkraft, solarer Strahlung, atmosphärischer Dichte und chemischer Zusammensetzung der Erde mit einer Vielzahl von Geschöpfen, mit denen wir aufgrund der Evolution sehr eng verwandt sind und die dennoch – wie Delphine – keine Arme und Beine besitzen beziehungsweise Facettenaugen haben wie die Spinnen.

Außerdem dürfen wir nicht vergessen, daß sich die menschliche Gestalt als Reaktion auf sehr enge Beschränkungen entwickelt hat. Sie könnte in dieser Form beispielsweise nicht existieren, wenn die Erde ihre Entwicklung mit der doppelten ursprünglichen Masse begonnen hätte, so daß die Schwerkraft 1,38 mal höher wäre als jetzt. Diese Umgebung hätte die Entwicklung eines stärkeren Skeletts erfordert und hätte möglicherweise die Entwicklung zum Zweifüßer ausgeschlossen. Ein Planet mit der halben Masse der Erde und einer Oberflächenschwerkraft von nur 0,73 hätte unsere Gestalt ebenfalls nachhaltig verändert. Wie Stephen Dole erklärte (8), wären die jahreszeitlichen Veränderungen für uns nicht mehr erträglich, wenn die Achsenneigung der Erde bei 60 Grad anstatt der jetzigen 23,5 Grad läge. Das Leben hätte sich nur mühsam ausbreiten können, und die Menschen hätten sich in unterschiedlicher Weise entwickelt. Wenn der Tag 100 statt 24 Stunden lang wäre, hätte sich die Menschheit in der jetzigen Form nie entwickeln oder behaupten können.

Wie können wir also erwarten, daß außerirdische Besucher von einem völlig andersartigen Planeten uns nicht nur ähnlich sehen, sondern auch unsere Luft atmen und sich normal auf der Erde bewegen können?

Selbst wenn sich die Außerirdischen aufgrund eines bisher nicht bekannten Prinzips der Exobiologie zu humanoiden Wesen entwickelt hätten, stellt sich die Frage, ob sie nicht ihre Körper mit Hilfe der Gentechnik verändert hätten, um sich an die Arbeit und das Überleben im Weltraum anzupassen, wie es auch wir Menschen im nächsten Jahrhundert möglicherweise tun müssen?

Man kann diesem letzten Einwand begegnen, indem man unterstellt, die »Besucher« seien aufgrund eben solcher Genmanipulationen entstanden und mit einer Form versehen worden, mit der wir in Wechselwirkung treten können. Doch wenn dies der Fall ist, warum produzieren sie dann keine Wesen, die biologisch von der Erdbevölkerung nicht zu unterscheiden sind? Die ETH kann diese Fragen nicht überzeugend beantworten. Noch interessanter ist die Beobachtung, daß die angeblichen »Außerirdischen« menschliche Regungen wie Verwirrung, Interesse oder Belustigung zeigen (wie im Falle von Betty Hill oder im Fall von Valensole im Jahr 1965). Dies läßt auf nicht bloß biologische Ähnlichkeiten, sondern auf eine umfassende soziale Anpassung schließen.

Entführungsberichte

Ein großer Teil der UFO-Forscher nimmt die wachsende Zahl von Entführungsberichten als weiteren Beweis dafür in Anspruch, daß wir tatsächlich von Außerirdischen besucht werden, auch wenn deren Ursprung noch nicht geklärt ist. Eine sorgfältige Untersuchung der Angaben über das Verhalten der angeblichen Ufonauten weist jedoch in die genau entgegengesetzte Richtung.

Den UFO-Zeitschriften und entsprechenden Büchern können wir entnehmen, daß die Anzahl der gemeldeten und dokumentierten Entführungen mittlerweile in die Tausende geht. Typisch für diese Berichte ist, daß die Zeugen erklären, sie seien in hohle, kugelförmige oder halbkugelförmige Räume gebracht worden, wo man sie medizinischen Untersuchungen unterzog. Oft (aber nicht immer) werden dabei Blutproben genommen, es kommt zu verschiedenen sexuellen Handlungen, und die Zeugen verlieren ihr Zeitgefühl. Die ganze Episode wird oft aus der bewußten Erinnerung gelöscht und läßt sich nur unter Hypnose wieder herstellen.

Zum Zeitpunkt, da ich dies schreibe, wurden mehr als 600 Entführte von UFO-Forschern manchmal unter Einbeziehung von Psychiatern befragt. Zwar lassen sich diesen Fallstudien keine konkreten Hinweise auf Ursprung und Absichten der Besucher entnehmen, doch die Forscher, die diese Untersuchungen vornehmen, behaupten nachdrücklich, die Entführungen seien klare Beweise für die ETH.

Um diese Behauptung zu überprüfen, wollen wir annehmen, daß eine außerirdische Intelligenz tatsächlich die Fähigkeit entwickelt hat und den Wunsch verspürt, die Erde zu besuchen. Es ist eine vernünftige Annahme, daß diese Besucher in grundlegenden wissenschaftlichen Disziplinen wie der Physik und der Biologie mindestens genauso viel wissen wie wir. Nur wenige Ufologen erheben gegen diese Annahme Einwände.

Vor allem aber wüßten diese Besucher wahrscheinlich ebenso viel über medizinische Techniken und Prozeduren wie unsere Ärzte. Jeder Arzt kann heute Blut, Samen und Eier oder Gewebe von seinen Patienten entnehmen, ohne dauerhafte Narben zu hinterlassen oder Traumata zu verursachen. Die heutige Molekularbiologie – die auf der Erde noch in den Kinderschuhen steckt – erlaubt es bereits, aus solchen Proben den genetischen »Fingerabdruck« eines Menschen zu ermitteln. Es wäre außerdem kein Problem, die Eier zu befruchten und im Reagenzglas Embryos zu erzeugen. Durch Klonen könnten diese Wesen beliebig vervielfältigt werden.

Ein Team von Wissenschaftlern, das mit der heute den UFOs zugeschriebenen Technologie ausgerüstet ist, wäre ohne weiteres in der Lage, sich der Blut- und Samenbanken zu bedienen oder sich die Embryos anzueignen, die in allen wichtigen der Forschung dienenden Kliniken oder Einrichtungen aufbewahrt werden, ohne die massiven Eingriffe verursachen zu müssen, die von den Forschern in Zusammenhang mit Entführungen geschildert werden. Sie wären fähig, dies ohne Gefahr der Entdeckung zu tun. Ausgerüstet mit unseren heutigen medizinischen Techniken wäre es denkbar, die ganze menschliche Rasse im Laufe der Zeit aus dem Pool des genetischen Materials neu zu erzeugen. Genthera-pie und die Erzeugung von Hybridwesen ist heute schon im Be-reich des theoretisch Möglichen, selbst wenn die Praxis noch in den Kinderschuhen steckt. Keines dieser Verfahren würde das Verhalten der »außerirdischen Ärzte«, wie es von den Forschern in Zusammenhang mit Entführungen beschrieben wird, nötig machen.

Auch die Mittel, mit denen man das Gedächtnis der Opfer per-manent löschen kann, sind für uns heute schon verfügbar. Was immer die angeblichen Außerirdischen tun, wenn sie das tun, was wir als schockierend unbeholfene und grausame Nachäffungen biologischer Experimente an den Körpern der Entführten ver-stehen, es ist mit großer Wahrscheinlichkeit keine wissenschaft-liche Mission, die den Zielen der außerirdischen Besucher dienen kann. Die Antworten müssen auf einer anderen Ebene gesucht werden.

Geschichte

Die ETH wurde erstmals in einer Phase formuliert, in der die frühesten bekannten Sichtungen aus der Zeit des Zweiten Welt-krieges stammten. Man könnte natürlich vorbringen, daß dieser große Konflikt aus dem Weltraum sichtbar war und daß die Be-obachtung von Atomexplosionen auf der Erde die Außerirdischen bewogen habe, die Untersuchung unseres Planeten zu beschleu-nigen, vielleicht um zu versuchen, das Bedrohungspotential der menschlichen Rasse für andere intelligente Lebensformen ein-zuschätzen.

Die Beweise für das Vorkommen ähnlicher Phänomene nicht nur vor 1945, sondern im ganzen neunzehnten Jahrhundert und sogar bis zurück zu den Anfängen unserer Kultur sind recht überzeu-gend, auch wenn einige Ufologen sich ihre Argumente bei den

Skeptikern ausborgen und erklären, die Daten dürften nicht berücksichtigt werden.

Wenn wir nachweisen können, daß das Phänomen so alt ist wie die menschliche Geschichte, daß es nur seine äußere Form, nicht aber seine innere Struktur an die Erwartungen der jeweiligen Kultur anpaßt, dann können wir kaum noch sagen, daß wir es mit Außerirdischen zu tun haben, die die Erde untersuchen. Wir haben es auch nicht mit fortschrittlichen Prototypen zu tun. Auch hier müssen wir wieder nach einer komplexeren Erklärung suchen, als sie uns die ETH und die Hypothese der fortschrittlichen Technologien zu bieten haben.

In früheren Werken erklärte ich, daß Phänomene im Luftraum, die unseren heutigen UFOs sehr ähnlich sind, bereits im neunten Jahrhundert dokumentiert wurden. Man sprach von Booten im Himmel, in den Tagen von Jules Verne waren es Luftschiffe, 1946 waren es Geisterraketen und in jüngerer Zeit sind es Raumschiffe – als bemühten sie sich, den Erwartungen der Menschen gerecht zu werden. Immer hat es den Anschein, als sei das UFO-Phänomen der menschlichen Technologie gerade einen Schritt voraus. In den letzten zehn Jahren, da die Molekularbiologie die Elektronik oder gar die Raumfahrt in den Schatten drängt, überrascht es nicht, daß die »Außerirdischen« gentechnische Eingriffe nachäffen. Die Befürworter der ETH sind möglicherweise in die Falle getappt, die Botschaften des Phänomens allzu wörtlich zu nehmen.

Tabelle I
Zusammenfassung der wichtigsten Hypothesen
Hypothese der fortschrittlichen Technologie
Hypothese der natürlichen Phänomene
Hypothese der Außerirdischen
Psychosoziologische Hypothese

Diese historischen Bezüge in Verbindung mit intensiven Recherchen in der Mythologie und volkstümlichen Überlieferung (9) führten europäische Forscher wie Bertrand Meheust und Hillary Evans zu der Ansicht, das ganze UFO-Phänomen sei eine Projektion des Bewußtseins der Zeugen. Sie erklären, daß auch Science Fiction-Geschichten und Legenden den wissenschaftlichen Errungenschaften der Menschen stets einen Schritt voraus sind. Diese psychosoziale Hypothese stieß unter amerikanischen Ufologen auf großen Widerspruch und hat zu einer Spaltung zwischen europäischen und amerikanischen Ufologen geführt. Erstere setzen sich für eine Deutung auf einer höheren Ebene, für eine *symbolische* Deutung der von den Zeugen geschilderten Erlebnisse ein.

Die Berichte über Entführungen sind für die Befürworter der psychosozialen Theorie besonders interessant: Es ist schwer, eine Kultur auf der Erde zu finden, die keine Überlieferungen von kleinen Wesen kennt, die durch die Luft fliegen und Menschen entführen. Es ist gang und gäbe, daß sie ihre Opfer in kugelförmige Räume führen, die gleichmäßig beleuchtet sind, um sie dort verschiedenen Foltern, etwa Operationen an inneren Organen, und »Astralreisen« in unbekannte Landschaften zu unterziehen. Sexuelle und genetische Handlungen sind in diesem Teil der Überlieferung ein verbreitetes Thema.

Physikalische Überlegungen

Da die Zeugen bereitwilliger als früher über ihre Erfahrungen berichten, scheint die Annahme, die UFOs seien »die Raumschiffe von Fremden« (wie Stanton Friedman sich ausdrückte) – wobei unterstellt wird, daß sie überlegene Antriebssysteme benutzen –, immer schwerer haltbar und wissenschaftlich immer weniger plausibel als andere Mutmaßungen. Doch auch die anderen Erklärungsversuche, vor allem die psychosoziologische Hypothese, sind in gleicher Weise in Frage gestellt.

Die Phänomene, die es zu erklären gilt, schließen nicht nur seltsame fliegende Objekte ein, die von den Zeugen als physisch reale Objekte beschrieben werden, sondern auch Objekte und Wesen, die anscheinend die Fähigkeit besitzen, plötzlich aufzutauchen und wieder zu verschwinden, die fließend ihre Gestalt verändern und mit anderen physischen Objekten verschmelzen können. Diese Berichte scheinen im Lichte der uns bekannten Physik absurd, weil sie eine Beherrschung von Zeit und Raum voraussetzen, die für unsere physikalische Forschung unerreichbar ist. Wenn diese Sichtungen durch direkte Beobachtungen, Fotos oder das Gewicht von Statistiken belegt werden können, dann geben sie uns jedoch möglicherweise die Chance, neue Konzepte der physischen Realität zu prüfen, zumal viele Theoretiker bereits über die mögliche Existenz n-dimensionaler Universen diskutieren, wobei n eine Zahl größer als vier ist.

Neue Hypothesen

Es ist sicher nützlich, über verschiedene Hypothesen zu spekulieren, die über die vorhin in Tabelle I zusammengefaßten Ausgangsszenarios hinausgehen und die in verschiedenem Maße die fünf aufgeführten Punkte berücksichtigen. Diese neuen Hypothesen sollen zunächst nur als Anregung für weitere Diskussionen und nicht als formale Vorschläge verstanden werden.

Eine Spekulation wurde von Devereux (10) vorgetragen, der UFOs als Lichter der Erde bezeichnete, als unerkannte, physische und terrestrische Phänomene, die das Bewußtsein der Zeugen beeinflussen; im Bewußtsein der Menschen nehmen sie die Gestalt geistiger Bilder oder auch mythologischer Figuren an. John Derr und Michael Persinger führten Devereux' Ideen weiter.

Mitte der siebziger Jahre schlug ich vor, das UFO-Phänomen als Kontrollsystem zu verstehen und das Urteil, ob es menschlichen, außerirdischen oder einfach natürlichen Ursprungs sei, zunächst aufzuschieben. Wir finden viele derartige Kontrollsysteme in unserer Umgebung. Es gibt terrestrische, ökologische und ökonomische Gleichgewichtsmechanismen, die viele natürliche Vorgänge regeln und die teilweise von der Wissenschaft recht gut durchschaut werden. Diese Theorie läßt zwei interessante Varianten zu: (i) Eine fremde Intelligenz, die ihren Sitz möglicherweise auf der Erde hat, will uns zu neuen Verhaltensweisen erziehen. Sie könnte als Besucher-Phänomen bei Whitley Strieber oder als »Überwesen« im Sinne der Gaia-Hypothese auftreten. (ii) Folgen wir der Jungschen Interpretation des gleichen Themas, dann könnte das kollektive Unbewußte der Menschen für sich selbst die Bilder projizieren, die notwendig sind, damit wir auf lange Sicht überleben und die großen Krisen des zwanzigsten Jahrhunderts meistern.

Tabelle II
Neue Hypothesen
Erdlicht-Hypothese
Kontrollsystem-Hypothese
Hypothese der Reisen durch Wurmlöcher

Die britische Forscherin Jenny Randles zeigte in ihrer Arbeit mit Entführten, daß die Analyse der Äußerungen dieser Menschen immer wieder eine Bruchstelle der Zeit offenbart, von der an der Zeuge die normale Realität verläßt. Auf der »anderen Seite« dieser Grenze funktioniert die normale Raum-Zeit-Physik nicht mehr, und der Betreffende bewegt sich wie in einem Wachtraum (oder einem Alptraum), bis er in die normale Welt zurückkehrt. Randles nennt dieses Phänomen den Oz-Faktor. Auf dieser Beobachtung aufbauend könnten wir die Theorie formulieren, daß es bemerkenswerte psychische Kräfte gibt, die bei Menschen, die ihnen ausgesetzt werden, die Wahrnehmung der physischen Realität verändern und zugleich sichtbare Spuren und Leuchtphänomene hervorbringen, die für andere Zeugen, deren Bewußtseinszustand sich nicht verändert, sichtbar sind.

Schließlich könnten wir hypothetisch von außerirdischen Reisenden ausgehen, die auf ganz ungewöhnliche Weise das Raum-Zeit-Gefüge manipulieren. Beispielsweise könnten sie vierdimensionale Wurmlöcher benutzen, um im Raum und möglicherweise auch in der Zeit zu reisen (11). Diese Reisenden könnten viele jener physikalisch meßbaren Dinge tun, die wir den Ufonauten zuschreiben, und sie könnten sich simultan in verschiedenen Perioden unserer Geschichte manifestieren. Diese Hypothese wäre eine Ergänzung der ETH, denn in diesem Fall könnten die »Außerirdischen« von überallher und sogar von der Erde selbst kommen (12).

Schlußfolgerung

So aufregend der Besuch Außerirdischer auf der Erde auch wäre, das bisher Gesagte zeigt, daß das UFO-Phänomen aufgrund unseres bisherigen Wissens nicht mit der bisher akzeptierten Version dieser Geschichte übereinstimmt. Die Theorie, alle UFOs ließen sich als Kombination natürlicher Effekte oder als psychosoziologische Prozesse erklären, läßt sich aufgrund der Beobachtungen ebenfalls nicht halten. Ich schlage deshalb vor, bei zukünftigen Forschungen auf diesem Gebiet weitere Hypothesen in Betracht zu ziehen, etwa solche, die sich um natürliche oder künstliche Kontrollsysteme drehen.

Die hier vorgetragenen Argumente sollen die ETH nicht völlig außer Kraft setzen. Solange Natur und Ursprung des UFO-Phänomens nicht völlig geklärt sind, bleibt die Hypothese, daß außerirdische Faktoren, darunter bisher nicht entdeckte Bewußtseinsformen, bei der Manifestation des Phänomens eine Rolle spielen, im Rennen. Doch jede zukünftig aufzustellende Theorie sollte die hier vorgetragenen Fakten auf konstruktive Weise einbeziehen. Zumindest sollte die Vorstellung, wir hätten es mit den Eingriffen Außerirdischer zu tun, überarbeitet werden, bis sie heutige theoretische Spekulationen über »Wurmlöcher« und andere Modelle des Universums einbezieht.

Anmerkungen und Quellen

(1) Velasco, Jean-Jacques, Methods, processing and analysis of data concerning unidentified aerospace phenomena. *SSE Conference,* Boulder, Colorado, Juni 1989.

(2) Velasco, Jean-Jacques, Report on the analysis of anomalous physical traces: The 1981 Trans-en-Provence UFO Case. Veröffentlicht im *Journal of Scientific Exploration.* Der vollständige Bericht über Trans-en-Provence ist bei der CNES in Toulouse unter folgendem Titel erhältlich: *Enquête 81/01. Analyse d'une Trace. Note Technique Numero 16* (März 1983).

(3) Bounias, Michel, Biochemical Traumatology as a potent tool for identifying actual stresses elicited by unidentified sources: evidence for plant metabolic disorders in correlation with a UFO landing. Veröffentlicht im *Journal of Scientific Exploration.* Der Originalbericht ist Teil der *Note Technique Numero 16* und bei der CNES in Toulouse erhältlich.

(4) Vallée, Jacques, *Konfrontationen,* Frankfurt am Main, Zweitausendeins, 1994. Eine Zusammenfassung der brasilianischen Fälle wurde beim MUFON-Treffen im Juli 1989 in Las Vegas, Nevada, vorgetragen.

(5) Poher, Claude, und Vallée, Jacques: Basic Patterns in UFO Observations. *American Institute of Aeronautics and Astronautics, 13th Aerospace Sciences Meeting,* Pasadena, Kalifornien, 20. Januar 1975, AIAA-Papier 75–42.

(6) Merritt, Fred, *Statistical Notes on the UFO Phenomenon.* CUFOS Bulletin, Winter 1977.

(7) Randles, Jenny, *UFO Study.* London, Robert Hale, 1981.

(8) Dole, Stephen, *Habitable Planets for Man.* New York, Blaisdell, 1964.

(9) Meheust, Bertrand, *Science-Fiction et Soucoupes Volantes* (1978) und *Soucoupes Volantes et Folklore* (1985). Beide Bücher sind in Paris bei Mercure de France erschienen.

(10) Devereux, Paul, *Earth Lights.* Wellingborough, Turnstone Press, 1982.

(11) Zu diesem Thema siehe Morris, Michael S., Thorne, Kip S. und Yurt-sever, Ulvi: »Wormholes, Time Machines and the Weak Energy Condition« in *Physical Review Letters* Band 61, Nr. 13, 26. September 1988. Zu multidimensionalen Modellen siehe »The Self-Reproducing Universe« von Mallove, Eugene F., *Sky and Telescope,* September 1988, S. 255.

(12) Die Argumente für eine Betrachtung des UFO-Phänomens als multidimensionales Phänomen wurden vom Autor im Buch *Dimensionen* entwickelt.

Anhang 2

Verbotene Wissenschaft:
Das UFO-Phänomen und die wissenschaftliche Forschung

**Vortrag vor der MUFON-Konferenz 1992 in Albuquerque,
New Mexico**

Wahrscheinlich bin ich der einzige, der nicht weiß, was UFOs
sind. Die meisten Ufologen wissen (oder glauben zu wissen), daß
UFOs außerirdische Raumschiffe oder anders gesagt, Raumschiffe von einem anderen Planeten sind. Wir hören, daß sogar die
Frage ihrer Motive beantwortet sei: Sie kommen zu uns, um genetisches Material zu stehlen (1). Neun Millionen Amerikaner wurden angeblich Opfer von Entführungen (2).

Zugleich aber betrachtet die große Mehrheit der Wissenschaftler
und Techniker all dies als völligen Unsinn: Möglicherweise räu-
men sie ein, daß ein eigenartiges Phänomen existiert, doch sie
wissen (oder glauben zu wissen), daß es heute ebensowenig einer
Untersuchung wert ist wie vor dreiundzwanzig Jahren, als die
Nationale Akademie der Wissenschaften und die Universität von
Colorado den Condon-Bericht herausgaben.

Noch nie waren die Ansichten so stark polarisiert. Noch nie war es
schwerer, gute Forschungsarbeit zu leisten.

Als Wissenschaftler bin ich zur Schlußfolgerung gelangt, daß es so
etwas wie ein UFO-Phänomen tatsächlich gibt. Es ist physischer
Natur, und es ist nicht erklärt. Deshalb werde ich damit fortfah-
ren, entsprechende Sichtungen vor Ort zu untersuchen, und ich
halte meine Behauptung aufrecht, daß sie der Wissenschaft zugleich eine Chance und eine Herausforderung bieten. Auch wenn
ich es nicht beweisen kann, wage ich die Spekulation, daß eine

nichtmenschliche Form der Intelligenz beteiligt ist. Wenn ich dies sage, wecke ich möglicherweise den Widerspruch der Skeptiker. Doch zugleich weigere ich mich, der allgemein akzeptierten Annahme, es handele sich um Außerirdische, zuzustimmen. Ich weiß, daß meine Haltung unbequem ist, und selbst wenn ich es für einen Augenblick vergessen würde, man würde mich sofort daran erinnern, denn der Glaube an die Außerirdischen ist tatsächlich genau das: eine Glaubensfrage und kein Gebiet, auf dem offen und wissenschaftlich gestritten wird.

In dieser Hinsicht ist die Forschung in der Ufologie eine *verbotene* Wissenschaft, und das hat Gründe: Die Skeptiker sind gegen unabhängige Untersuchungen, weil diese ihre rationale Welt gefährden könnten. Viele Befürworter sind ebenfalls dagegen, weil die systematische Anwendung wissenschaftlicher Werkzeuge auf das Problem ihre eigene Inkompetenz als Forscher bloßlegen würde, denn dabei würde herauskommen, daß das UFO-Phänomen viel komplexer, aufregender, erschreckender und auch wichtiger und geheimnisvoller ist, als ihre allzu spezifischen, beschränkten Erklärungen vermuten lassen.

Die Spannung zwischen diesen beiden Positionen, zwischen dem blinden Leugnen der Skeptiker und dem vorbehaltslosen Glauben, liefert die Dynamik, die wir in der Entwicklung des UFO-Phänomens von Kenneth Arnold bis Travis Walton und von Roswell bis Woronesch sahen. Diese Spannung hat im übrigen auch im Laufe der Jahre unsere Daten verzerrt, beeinflußt und zensiert. Der unabhängige Wissenschaftler steht mitten im Kreuzfeuer zweier extremer Positionen und hat große Schwierigkeiten, zuverlässige und kundige Forscher zu finden, mit denen er zusammenarbeiten könnte.

Um zu versuchen, unsere unglückliche Lage zu klären, habe ich diesen Anhang in drei Teile untergliedert: zunächst ein kurzer, eher flüchtiger Blick auf unsere mißliche Beziehung zur offiziellen Wissenschaft, dann das Thema der Entführungen, das ich als letztes Beispiel einer langen Reihe verpaßter Gelegenheiten sehe, und schließlich ein optimistischer Ausblick auf die praktischen Schritte, die wir unternehmen könnten, um der Ufologie eine größere Glaubwürdigkeit zu verleihen.

1. Wissenschaftler und UFOs

1958 reisten zwei prominente amerikanische Wissenschaftler nach Frankreich, um den französischen Autor und Philosophen Aimé Michel aufzusuchen, der gerade seine ersten Forschungen über die europäische Welle von 1954 veröffentlicht hatte. Es waren die Astronomen J. Allen Hynek und Gerard de Vaucouleurs. Beide waren neugierig und unverhohlen skeptisch, als sie von zahlreichen Landungen und den Beschreibungen von Humanoiden in vielen Berichten hörten. (3)

Allen Hynek ließ Aimé Michel gegenüber keinen Zweifel daran, daß er es erstaunlich fand, in *Flying Saucers and the Straight Line Mystery* (4) derart viele Fälle erwähnt zu sehen, und er hatte Zweifel, ob es tatsächlich greifbare Daten für sie gebe. Falls sie existierten, fügte Vaucouleurs hinzu, würde man gerne Fotos von ihnen machen. Er hatte einen entsprechend ausgerüsteten Forschungsassistenten mitgebracht.

> Ich mußte lachen (berichtet Aimé Michel), weil ich schon seit 1945, lange vor Kenneth Arnold, die westeuropäische Presse dank des gut funktionierenden Dokumentationsdienstes des französischen Rundfunks (RTF) nach ungewöhnlichen Berichten durchforstete. Hynek, de Vaucouleurs und sein Assistent verbrachten mehrere Tage damit, meine Dokumente durchzusehen und abzufotografieren.

Wie die Leser meiner Veröffentlichungen in Zeitschriften wissen (5), mußte Dr. Hynek zugeben, daß die Berichte existierten, doch er blieb noch lange nach seinem Besuch in Frankreich skeptisch, was die Realität der Landungen anging: »Diese Episoden lesen sich wie Gespenstergeschichten«, sagte er zu mir, als wir 1963 zum ersten Mal über dieses Thema sprachen. Erst als ich ihm Tag um Tag zeigte, wie sich die bei den westeuropäischen Sichtungen in den fünfziger Jahren festgestellten Muster in den amerikanischen Akten wiederholten, begann er seine Meinung zu ändern. Doch er starb, bevor er seine Kollegen in der Astronomie überzeugen konnte, die Daten näher zu untersuchen. In seinen letzten Briefen an de Vaucouleurs, der heute einer der großen Kosmologen ist und der amerikanischen Akademie der Wissenschaften angehört, zeigte er sich immer noch nicht endgültig überzeugt. Er glaubte, die UFO-Berichte zeigten nur, zu welch seltsamen Kapriolen das menschliche Bewußtsein fähig sei. Damit drückte er das aus, was die meisten Wissenschaftler über das Thema dachten. Die Wahrheit ist, daß Technik und Wissenschaft ganz allgemein dem UFO-Problem eher gleichgültig gegenüberstehen.

Die wenigen Wissenschaftler, die sich die Mühe machten, die Daten näher zu untersuchen (man kann sie an den Fingern einer Hand abzählen), widersprechen dieser Einschätzung natürlich. Wir haben zu viele aufrichtige Zeugen und zu viele Fälle gesehen, in denen es greifbare Spuren gab. Doch die unter uns, die sich jahrelang mit dem Phänomen beschäftigten, waren leider nicht imstande, ihre Kollegen davon zu überzeugen, daß man Zeit und Energie aufwenden sollte, um das Geheimnis zu lüften. Für diesen Stand der Dinge sehe ich sechs Gründe.

1. Die Debatte ist festgefahren, weil die absurde Annahme vorherrscht, wenn es denn UFOs gebe, dann müßten sie außerirdische Raumschiffe sein. Jeder unvoreingenommene Forscher, der es wagt, diese Ansicht in Zweifel zu ziehen, weckt den Zorn und setzt sich der Zensur der UFO-Enthusiasten aus. Doch jedem Wissenschaftler, der die heutigen Spekulationen in der Physik kennt, ist klar, daß noch viele weitere und viel elegantere Möglichkeiten existieren.

2. Die technologische Arroganz, mit der das Problem angegangen wurde (und noch angegangen wird) hat im Prinzip wertvolle Versuche, die wichtigsten Faktoren des UFO-Phänomens zu verste-

hen, schwer in Mitleidenschaft gezogen. Typischerweise versammeln sich Gruppen von Ingenieuren oder Physikern, oft unter den Fittichen einer Regierungsbehörde oder einer Luftfahrtgesellschaft, um für mehrere Monate oder Jahre fieberhaft unter der Annahme zu arbeiten, daß sie das Problem, mehr oder weniger im geheimen, lösen können, wenn sie nur ausreichend Daten und etwas Zeit bekommen.

Sie erwarten, sie könnten das kaum faßbare »Antriebssystem« entdecken, eine unendliche, kostenlose Energiequelle, oder das Geheimnis der Schwerkraft lösen. Ihr Ziel ist entweder, einen militärischen Durchbruch vor einem anderen Land zu erzielen oder ein neues Gerät zu patentieren und sehr reich zu werden. Ich weiß von mindestens vier Gruppen, die seit den sechziger Jahren aus genau diesem Grund ins Leben gerufen wurden. Gelegentlich nehmen auch Techniker mit mir Kontakt auf, die ähnliches im Sinn haben. Sie sind sehr enttäuscht, wenn ich ihnen sage, daß die Lösung des UFO-Problems mehr erfordert, als die Maschinen Außerirdischer zu zerlegen.

3. Ab und zu gibt es wirklich brillante Versuche, fächerübergreifende Forschungen und Analysen durchzuführen. Leider werden aber die Ergebnisse solcher außergewöhnlicher Untersuchungen stets von den Entscheidungsträgern ignoriert, die entweder auf rasche technologische Durchbrüche aus sind oder sich einfach über die politischen Konsequenzen Sorgen machen. Ich glaube, genau dies ist auch mit den außergewöhnlichen Empfehlungen im »Pentacle memo« passiert, das seiner Zeit um Jahrzehnte voraus war, wie ich in *Forbidden Science* erklärte (5).

4. Die Erwartung, Außerirdischen zu begegnen, ist ein soziologisches Phänomen, das für sich genommen bereits für die ganz irdische psychologische Kriegführung ausgenutzt werden kann, und dies geschieht tatsächlich. Für die UFO-Forschung wurde einerseits nicht viel Geld bereitgestellt, doch man gab sich andererseits große Mühe, den Glauben an Außerirdische zu untersuchen, zu dokumentieren und auszubeuten. Irgend jemand benutzte (und

benutzt immer noch) die soziologische Wirkung des Phänomens zu ganz eigenen Zwecken, trübt das Wasser und macht den objektiven Forschern das Leben schwer.

5. Uns fehlt jene unvoreingenommene, sachkundige Diskussion, ohne die keine neue Wissenschaft blühen kann. Wir haben zwar das *Journal of Scientific Exploration,* eine geschätzte Publikation, die Artikel über die UFO-Forschung verbreitet, ohne mit einer bestimmten UFO-Gruppe in Verbindung zu stehen oder gar kontrolliert zu werden. Doch das JSE muß andererseits eine große Bandbreite anderer Themen ansprechen (6). Das Bedürfnis nach einem Medium, in dem unabhängige Forscher wie ich ihre Überlegungen zu ihren Feldforschungen austauschen und veröffentlichen können, ist nach wie vor ungestillt.

6. Das Problem erwies sich ganz einfach als komplexer, als wir alle uns in den sechziger und siebziger Jahren vorstellen konnten. Eine neue Generation von Ufologen, die mit der gleichen Arroganz auf die Bühne trat wie einst wir selbst, hat sich in widersprüchlichen Berichten und verwirrenden Statistiken verstrickt und lernt heute die Lektion, die wir damals lernen mußten.

Viele Ufologen kritisierten meine Arbeit folgendermaßen: »Einmal reden Sie über UFOs als seien sie reale, physische, materielle Objekte. Im nächsten Satz argumentieren Sie, als seien es psychische Effekte, paranormale Phänomene im Bewußtsein der Zeugen und in ihrer Umgebung.« Diese Kritik ist berechtigt. Ich kann darauf nur antworten, daß ich tatsächlich zwiespältige Gefühle habe, die jedoch auf der Zwiespältigkeit der Daten beruhen.

Diese Zwiespältigkeit wird nirgends deutlicher als in den Berichten über Entführungen.

2. Entführungen

Wenn man sich ansieht, wie außerordentlich komplex die UFO-Daten sind, scheint es relativ leicht, sich eine bestimmte Theorie oder einen persönlichen Glauben zurechtzulegen und ihn mit einer bestimmten Auswahl von Fällen zu »beweisen«. Um Kritiker zum Schweigen zu bringen, braucht man einfach nur alle Daten unter den Teppich zu kehren, die nicht ins Schema passen. Sobald eine solche Theorie einmal aufgestellt ist, fällt es ihren Befürwortern relativ leicht, entgegengesetzte Ansichten auszuschließen und den Anschein der Übereinstimmung herzustellen. Das ist gutes Marketing, aber leider keine gute Wissenschaft.

Wir sahen bereits, wie gut dieser Trick funktionierte, als das Condon-Komitee die Daten selektiv verarbeitete, um zu beweisen, daß UFOs nicht existierten. Der gleiche Trick wird heute von den Befürwortern der Theorie der Entführungen durch Außerirdische benutzt.

Eine kurze persönliche Anekdote soll diesen Vorgang illustrieren. Sie entwickelte sich auf recht eigenartige Weise, als ich von der ersten TREAT-Konferenz über Entführungsberichte wieder ausgeladen wurde. Zunächst sagte man mir, ich käme für eine Einladung nicht in Frage, weil ich nicht beruflich mit der Gesundheitsfürsorge zu tun habe. Als ich dem entgegenhielt, daß die meisten der etwa fünfzig Teilnehmer keinen wissenschaftlichen Hintergrund hatten, von einem medizinischen Abschluß ganz zu schweigen, sagte man mir, ich käme nicht in Frage, einfach weil man mich nicht vorgeschlagen hätte. Als herauskam, daß mehrere Teilnehmer durchaus meinen Namen genannt hatten, räumten die Geldgeber ein, daß ich wegen meiner kritischen Äußerungen zur Theorie der Entführungen durch Außerirdische ausgeschlossen werden sollte, und weil ich die Art und Weise, wie bei der Entführungsforschung die Hypnose verwendet wurde, in Frage stellte.

Nichts von alledem kam den wirklichen Gründen auch nur annähernd nahe.

Die wahren Gründe sind ganz einfach. Wie einige andere Forscher habe ich Beweise in Form von Augenzeugenberichten, die den Entführungstheorien, wie sie von manchen verkauft werden, widersprechen.

Es ist leicht zu verstehen, warum so viele Ufologen und so viele neugierige Mitbürger von den Geschichten über Entführungen und deren Nachwirkungen und dem scheinbaren Versprechen, endlich eine Lösung des ganzen Geheimnisses zu finden, so angetan sind. In einer beeindruckenden Reihe von Büchern und Fernsehsendungen sahen wir elegante Darstellungen handverlesener Fälle, die zu beweisen schienen, daß wir tatsächlich von Außerirdischen von anderen Planeten besucht werden. Wir hören, daß sie herkommen, um biologisches Material zu sammeln. Die Medien lieben den Sensationsgehalt solcher Geschichten und lassen natürlich keine Gelegenheit aus, sie zu senden.

Der normale Zuschauer und auch der interessierte Ufologe, der diese Bilder im Fernsehen sieht, weiß nicht unbedingt, daß die Feldforschung viele weitere Informationen ans Licht bringt. Viele Entführungen folgen eben *nicht* dem klaren Muster, das von manchen Autoren beschrieben wurde. Viele Entführungen verlaufen nicht traumatisch. An vielen Entführungen sind keine kleinen grauen Wesen beteiligt. Viele Entführungen gipfeln nicht in medizinischen Untersuchungen. Bei vielen Entführungen sind keine Geräte zu sehen, die an Raumschiffe erinnern.

Abgesehen von diesen Beobachtungen muß ich leider auch sagen, daß mir privat viele Klagen von Zeugen zugetragen wurden, die sich durch die Voreingenommenheit der Forscher und durch deren amateurhaftes Verhalten verletzt fühlten. Die Aussagen, die ich sammelte, legen ein schreckliches Zeugnis von Fällen ab, in denen die Ufologen die Qualen der Opfer sogar noch vergrößerten und sie zwangen, sich an anderer Stelle um professionelle Hilfe zu bemühen. Ich hörte Aussagen wie diese: »Ich mache gerade bei (Name des Therapeuten ist bekannt) eine Therapie. Er glaubt, daß (der Entführungsforscher) durch die Hypnose nicht nur seine eigene, vorgefaßte Meinung bestätigte, sondern auch das verfälschte, was ich zu berichten hatte« (ein Beispiel ist der Film über die Geschichte von Betty und Barney Hill) (7). In einem anderen Brief schreibt ein Entführter: »Die

Methoden dieses Mannes sind unredlich... mein Streß beruht zum geringeren Teil auf der Begegnung mit den sogenannten Aliens und zum größeren Teil auf der mit jenen, die behaupteten, sie wollten mir helfen, mit diesem Phänomen fertig zu werden.« (8) Ein weiterer Entführter, dessen Fall in die Datenbanken über Entführungen einging, beklagte sich in einem Brief: »Ich habe so vieles in mir, das ich nicht verstehe!... und so vieles, das nicht im Buch steht! Um eine Art Ordnung aufrecht zu erhalten, um die Leser nicht zu verwirren, wurde vieles (was der fragliche Entführungsforscher) für 'unwesentlich' hielt, ausgelassen. Dabei habe ich das Gefühl, daß *alles* wichtig ist.« (9) Solche Sätze lese ich immer wieder in Briefen, die die Leute mir schreiben. Manche gehen über Klagen sogar hinaus und formulieren konkrete, verzweifelte Vorwürfe. Dies sind die Einzelheiten über Entführungen, die man nie zu hören bekommt. Doch damit nicht genug. Einige faszinierende Episoden lassen, wenn man sie gründlich untersucht, andere Interpretationen zu, die erschreckend irdischer Natur und in ihren Konsequenzen sogar noch beunruhigender sind als die Vorstellung, Außerirdische wollten menschliche Embryos sammeln. Einer der Fälle in meinen Akten schlägt die Brücke zwischen UFO-Erfahrungen und rituellem Mißbrauch (10). Anscheinend wurden dieser Frau die Bilder von Außerirdischen absichtlich eingegeben, um eine schreckliche Erfahrung zu überlagern, an die sie sich nicht bewußt erinnern sollte. In einem anderen Fall wurde ein junger Mann einer seltsamen Organisation gefügig gemacht, indem man Bilder von Außerirdischen in sein Unterbewußtsein pflanzte (11). Er erkannte die Wesen wieder, als er das Titelbild des Buches *Die Besucher* sah. Die Hypnotherapie führte genau zum Gegenteil dessen, was Entführungsforscher erwartet hätten: Die UFO-Episode wurde anscheinend fabriziert, um Suggestionen zu kodieren und zu verschleiern, die diesen Mann über mehrere Jahre zum sklavischen Anhänger eines Kultes gemacht hatten. Kein Wunder, daß solche Informationen bei Clubtreffen von Entführungsforschern nicht willkommen sind. Doch auch unter den UFO-Forschern allgemein stoßen sie auf wenig Gegenliebe. Vor kurzem wurde unter einem hochtrabenden Titel eine Konferenz einberufen, auf der alle strittigen Themen besprochen werden sollten. Doch statt des freimütigen, akademischen Klimas, das man hätte erwarten können, wurden die möglichen Teilnehmer eindringlich aufgefordert, ihre Daten vorher einem Komitee von Juroren zu übergeben, die überwiegend Gläubige waren und die alle Eingaben gründlich prüften, bevor sie die Gäste einluden. Dies ist ein klassisches Manöver, um abweichende Meinungen auszugrenzen und ihre Bedeutung für die Debatte herunterzuspielen. Dieser alte Trick wurde sehr erfolgreich auch vom Condon-Komitee eingesetzt, bis jemand Alarm schlug.

Sind wir wirklich so naiv zu glauben, daß man widersprechende Daten ewig ignorieren kann? Wie können wir glauben, der Wissenschaft sei nicht bewußt, daß sie nicht die ganze Geschichte erfährt? Sind wir blind gegenüber der Tatsache, daß die Politiker, wenn sie sich einschalten würden, sofort alle Daten verlangen würden, die dann von unabhängigen Wissenschaftlern wie mir sofort bestätigt werden könnten?

Bedenken Sie die folgenden Tatsachen:

1. Der amerikanischen Öffentlichkeit wird eingeredet, die Landung von Außerirdischen, von kleinen grauen Wesen mit großen dunklen Augen, stehe unmittelbar bevor. Die Tatsache, daß wirkliche UFO-Zeugen eine ganze Bandbreite verschiedener Körperformen beschreiben, wird so sehr unterdrückt, daß manche Forschungsgruppen diese abweichenden Erscheinungsformen nicht einmal in ihre Datenbanken aufnehmen.

2. Der Bevölkerung wird eingeredet, die einzige angemessene Reaktion auf ein UFO-Ereignis sei Angst und Schrecken. Mehrere kürzlich ausgestrahlte Fernsehsendungen, in denen es um populäre Bücher über Entführungen ging, ließen die Zuschauer wissen, daß die Erlebnisse stets entsetzlich waren.

3. Zwischen den Zeilen wird der Öffentlichkeit eingeredet, daß UFOs, wenn sie schon existieren, auf jeden Fall die Fahrzeuge Außerirdischer und keinesfalls etwas anderes seien. Hier greifen die Ufologen tatsächlich zur schlimmsten Waffe ihrer skeptischen Erzfeinde, indem sie alle abweichenden Meinungen lächerlich machen und deren Vertreter aus ihren Reihen verbannen. Doch einige wichtige Wissenschaftler, die sorgfältig die Daten prüften, Männer wie Allen Hynek und Charles Poher, vertraten bereits Mitte der siebziger Jahre die Ansicht, daß die Theorie der Außerirdischen unbefriedigend sei.

4. Die Daten über Entführungen wurden noch nie einer größeren Untersuchung zugänglich gemacht. Dan Wright sagte einmal: »Natürlich wurden Bücher geschrieben, aber es gab keine Ermittlungsberichte«, und »wir haben keinen Zugang zu zwei Datenbanken mit Entführungsberichten, die im Laufe der letzten Jahre angeblich außerhalb unserer Organisation (MUFON) zusammengestellt wurden.« (12)

5. Selbst die offensichtlichen Widersprüche in der Theorie der Entführungen durch Außerirdische wurden unter den Teppich gekehrt, und viele Fälle lassen sich aufgrund fehlender biologischer Daten nicht hinreichend erklären. Ich wurde von vielen kritisiert, als ich erklärte, daß, nimmt man die Hypothese der Außerirdischen als gegeben, auf der ganzen Welt um die 14 Millionen Landungen stattgefunden haben müßten. Diese Zahl wurde von einigen Kollegen, namentlich Dr. Robert Wood, für zu hoch gehalten (13, 14, 15). Doch um ihre Theorie, daß die UFOs außerirdische Raumschiffe seien, zu stützen, behaupten die Entführungsforscher nun, allein in den Vereinigten Staaten habe es neun Millionen Entführungen gegeben. Diese Zahl kann man auf zweihundert Millionen Entführungsfälle auf dem ganzen Planeten hochrechnen. Solche Statistiken beweisen genau das Gegenteil dessen, was sie eigentlich beweisen sollen. Die Außerirdischen wären erbärmliche Wissenschaftler, wenn sie derart viele Eingriffe vornehmen müßten, um das Material zu sammeln, das eine geschickte Kranken-

schwester in wenigen Stunden zusammentragen könnte, ohne bei den Patienten ein Trauma auszulösen.

Die Ansicht, UFOs seien im üblichen Sinne des Wortes außerirdischen Ursprungs, muß in Zweifel gezogen werden. Im Oktober 1976 sagte Dr. Hynek:

> Ich kann mich mit der Idee, UFOs seien tatsächlich Raumschiffe von anderen Welten, immer weniger anfreunden (...) Viel zuviel spricht gegen diese Theorie. Mir scheint es lächerlich, daß eine überlegene Intelligenz Autos anhält, Bodenproben nimmt und Leute erschreckt. Ich glaube, wir müssen eine Neubewertung der Beweise vornehmen. Wir müssen uns in unserer engeren Umgebung umsehen.

Doch kein Entführungsforscher hat diese Worte je zitiert.

Zu den Dingen, die eine überlegene außerirdische Zivilisation, die einiges über Biologie weiß, sicher nicht tun müßte, zählt die Entnahme von Hautproben und Embryos von Millionen erschreckter Amerikaner. Die Entführungstheorien haben im Fernsehen einen hohen Unterhaltungswert, von wissenschaftlichem Nutzen sind sie nicht. Tatsache ist, daß Menschen Entführungen erleben und Traumata davontragen. Doch wir haben nicht einmal damit begonnen, ihr Leiden zu verstehen und zu lindern. Diese Arbeit wird auch nicht beginnen, solange diejenigen, die im Besitz aussagekräftiger Daten sind, diese Daten nicht in einer offenen, sachkundigen Diskussion prüfen lassen, bei der es *keinerlei* Vorauswahl oder Zensur gibt.

3. Praktische Schritte

Wir wollen uns nun dem Rätsel zuwenden, vor das die UFO-Beobachtungen den interessierten Forscher stellen. Im Gegensatz zu dem, was die meisten Ufologen heute noch glauben, wendet sich die offizielle Wissenschaft nicht einmütig gegen jede Spekulation auf diesem Gebiet. Meiner eigenen Erfahrung nach hat eine Debatte über das Phänomen nichts mit der Frage zu tun, ob es existiert oder nicht. Einige Spezialisten für hochmoderne Technologien haben sogar offen ihre Meinung zum Ausdruck gebracht, daß die Sichtungen mit einer objektiven Realität korrespondierten. Sie stellen jedoch die Fähigkeit der modernen Wissenschaft in Frage, mit dieser Realität auch umzugehen. In privaten Gesprächen mit Professor Condon im Jahre 1967 hörte ich, wie er ähnliche Ansichten formulierte. Er hielt eine Untersuchung der UFOs für Zeitverschwendung – nicht weil sie nicht existierten, sondern weil sie außerhalb des Reichs der Wissenschaft existierten.

In diesem Punkt stimme ich mit ihm nicht überein, denn wie ein französischer Astronom einmal sagte, ist kein Problem seinem Wesen nach wissenschaftlich oder unwissenschaftlich. Diese Begriffe beziehen sich immer nur auf die Art und Weise, wie man es angeht. Die Herausforderung besteht nun darin, einen rationalen, überprüfbaren Ansatz für die Lösung des UFO-Problems zu finden. Ich kann nicht behaupten, die Lösung für dieses Problem schon zu haben, aber ich möchte für die zukünftige Forschung acht einfache Richtlinien vorschlagen.

1. Das Bewußtsein, daß es bei dieser Forschung um Menschen geht und ein entsprechendes Verhalten. Ein UFO-Bericht beruht immer auf der Wahrnehmung eines Menschen und ist geprägt durch die unendliche Bandbreite menschlicher Vorstellungen von der Realität. Das Erlebnis beeinflußt das Leben des betreffenden Menschen. Diesen Einfluß zu ignorieren, ist verantwortungslos und unmoralisch. Die erste Regel bei jeder Untersuchung sollte lauten, daß wir die Zeugen als Menschen achten und ihnen keinen Schaden zufügen.

2. Bessere Kriterien für die Untersuchung und die Berichte sollten entwickelt werden. Ich habe ein sehr einfaches System (die »SVP-Bewertung«) vorgeschlagen, mit dem man die Glaubwürdigkeit der Berichte bewerten kann. Ich möchte an dieser Stelle noch einmal auf das System verweisen (16). Es geht im wesent-

lichen von drei Fragen aus: Kennen wir die Quelle des Berichts? Wurde eine Ortsbesichtigung durchgeführt? Welche alternativen Erklärungen sind für das Ereignis möglich? Solange wir ein solches Bewertungssystem nicht in Kraft setzen, bleiben die UFO-Datenbanken und Kataloge, die heute bereits existieren, kaum mehr als große Eimer voller willkürlich gesammelter Gerüchte.

3. Wichtig ist ein besserer Austausch von Daten. Kein unabhängiger Forscher verfügt über eine einzige Quelle, die er als objektiven Maßstab zur Bewertung früherer oder heutiger Aktivitäten des Phänomens heranziehen könnte. Verschiedene UFO-Gruppen haben komplizierte Untersuchungs- und Berichtsstrukturen aufgebaut, doch sie horten alle Fälle, die ihnen zugetragen werden, in ihren Aktenschränken. In zehn oder zwanzig Jahren könnten Lucius Farish's Newsclippings die einzige beständige Quelle für UFO-Meldungen sein, die auf Voreingenommenheiten und Interpretationen verzichtet.

4. Zur groben Einordnung der berichteten Ereignisse sollte ein Klassifizierungssystem eingeführt werden. Ausgehend von den Vorgaben von Hynek und anderen machte ich einen entsprechenden Vorschlag (16). Die Suche nach dem besten System ist eine dumme Ablenkung, eine sinnlose Übung. Kein System kann perfekt sein, aber ein nicht perfektes System kann durch Erweiterung der Codes, die auf die jeweiligen Untersuchungen anzuwenden wären, verbessert werden. Ohne ein allgemeines Klassifizierungssystem ist es unmöglich, eine übergreifende Statistik zu entwickeln. Und ohne eine übergreifende Statistik sind wir wie im Blindflug. Wir sind nicht fähig, wichtige Gemeinsamkeiten der Ereignisse festzustellen.

5. Eine kleine aber dennoch sehr interessante Gruppe von Berichten erwähnt physische Spuren, vor allem metallische Rückstände, die nach UFO-Ereignissen gefunden wurden. Diese Proben sollten gesammelt und mit Hilfe moderner Analysetechniken untersucht werden. Es gab erste bescheidene Schritte in diese Richtung, doch es bleibt noch viel zu tun. Viele dieser Fälle sind

alles andere als sensationell. Doch es wäre unkonstruktiv, einfach auf den nächsten Absturz in Roswell zu warten.

6. Eine weitere kleine aber ebenso interessante Gruppe von Berichten wird durch brauchbare Fotos ergänzt. Auch hier sollten wir uns bemühen, das Material gründlich auszuwerten. Beispielsweise hat die digitale Bildverarbeitung in den letzten fünf Jahren große Fortschritte gemacht, so daß wir heute viel leichter als früher Fälschungen aufdecken und bessere Informationen bekommen können.

7. Bessere Feldforschungen sind nötig, und auf dieser Ebene können Organisationen wie MUFON die größte Wirkung entfalten. Natürlich besteht immer die Gefahr, daß die hitzigen Debatten über einige sensationelle Dinge wie MJ-12 die Forscher von der schweren, mühsamen aber notwendigen Feldforschung ablenken.

8. Die Untersuchungsverfahren bei Entführungen sollten nachhaltig verbessert werden. Sensationelle Theorien (die in wissenschaftlichem Sinne nicht einmal Theorien, sondern eher nachdrücklich vertretene Überzeugungen sind) sollten gedämpft werden. An ihre Stelle sollten ernsthafte Nachforschungen treten, wie Dr. Wright bereits vorschlug. Wann immer Hypnose angewendet wird, sollte sie meiner Ansicht nach nur unter Aufsicht von Psychiatern oder Psychologen stattfinden, die über eine gewisse Erfahrung mit dieser Technik verfügen und die dem UFO-Phänomen offen und eben nicht mit vorgefaßten Meinungen gegenüberstehen.

Das Ergebnis einer solchen gründlichen Untersuchung könnte eine Neubewertung der ganzen Thematik sein. Vielleicht tauchen auch einige überraschende Einsichten wieder auf, die früher allzu rasch verworfen wurden. Die Geschichte der Feldforschung ist voller solcher vergessenen Zwischenspiele.

Einige sehr interessante Briefe des bekannten Autors Philip K. Dick bestätigen dies. In einem nicht fiktiven Bericht beschrieb er detailliert Erlebnisse, die denen vieler UFO-Zeugen und Entführungsopfer ähnelten. Er begegnete einem Wesen, das ihn nachts mit »heftigem Phosphoreszieren« wachhielt (17). Das Wesen war »anscheinend nicht an Zeit oder Raum gebunden... es teilte sich mir direkt in meinem Kopf mit einer Stimme wie von einem Computer oder einer künstlichen Intelligenz mit. Es klang nicht wie eine menschliche Stimme, es war weder männlich noch weiblich. Es war eine sehr angenehme Stimme, das schönste Geräusch, das ich je gehört habe.« (10. Februar 1978)

Er fügte noch hinzu, es sei »eine ionisierte, atmosphärische, elektrische Lebensform [gewesen], die nach Belieben durch Zeit und Raum reisen konnte... und die [sich] tarnte, um nicht von uns gesehen zu werden«. Die Folgen seines ersten Erlebnisses schilderte er so: »Im Laufe der nächsten Tage... führte die Überlagerung – das ist das richtige Wort dafür – die Überlagerung einer anderen Persönlichkeit über die meine zu verblüffenden Veränderungen meines Verhaltens.« Er schloß, daß er »nicht Wahrnehmungsfähigkeiten hinzugewonnen, sondern Wahrnehmungfähigkeiten zurückgewonnen« habe, denn »... wir sind durch unsere verstümmelten Fähigkeiten gefangen: Die Verstümmelung selbst läßt uns übersehen, wie deformiert wir sind«. (20. Februar 1978)

Im Laufe von vier Jahren schrieb Philip Dick um die 500000 Worte über seine »paranormalen« Erlebnisse nieder. Er kam zu dem Schluß, daß »ich nie erfahren werde, was da wirklich geschehen ist. Irgendein lebendes, hochintelligentes Wesen manifestierte sich in mir und in meiner Umgebung, doch was es war, welche Absichten es verfolgte und woher es kam – ich versuchte mich an Tausenden von Theorien, und alle klangen gleich gut, doch alle ließen verschiedene Daten unerklärt... und *ich weiß, daß sich dies nicht ändern wird* [Hervorhebung von P. K. Dick]. Ich habe den Eindruck, daß da ein meisterlicher Magier, Zauberer und Trickser im Spiel ist«. (23. Februar 1978)

Wenn wir versuchen, die UFO-Erfahrungen ins enge Gewand unserer Theorie der Außerirdischen zu zwängen, verlieren wir den Blick für andere, viel lohnendere Wege der Forschung. Wir ließen uns von den Entführungsforschern in eine Sackgasse treiben. Wir haben die kostbare Chance vertan, unser Bewußtsein für neue Modelle der Realität zu öffnen.

Schlußbemerkung

Ich weiß nicht, was Ihnen das alles sagt. Ich kann Ihnen keinen Rat und keine Methodik geben, abgesehen von den paar Richtlinien, die ich gerade erwähnte. Doch ich kann Ihnen verraten, was mir das alles sagt.

Solange sich unsere Debatten und Dispute um die Interpretation der Daten drehten, um die Analyse der Sichtungen und Erklärungsversuche, waren unsere Meinungsverschiedenheiten ein natürlicher, selbstverständlicher Ausdruck unserer gegensätzlichen Standpunkte. Doch heute befinden wir uns auf einer anderen Ebene. Selbst die Rufmorde, die faustdicken Lügen und die häßlichen Gerüchte, die heutzutage unter UFO-Gruppen den Alltag bestimmen, könnte man noch als Verzweiflungstaten von Menschen verzeihen, denen die rationalen Argumente ausgegangen sind. Leider aber ist es noch schlimmer: Die Traumata, die Emotionen der Zeugen, werden schamlos ausgenutzt, um vorgefaßte Theorien zu stärken.

Wenn aufrichtige Zeugen unter Hypnose dazu gebracht werden, dogmatische Vorstellungen über das Phänomen zu bestätigen, wenn manipulierte Statistiken aus Katalogen entwickelt werden, aus denen vorher »unpassende« Daten entfernt wurden, wenn man versucht, Therapeuten zu beeinflussen, damit diese bei ihren Befragungen der Zeugen vorgefaßte Meinungen bestätigen, *dann ist für jeden Forscher, der seine intellektuelle Integrität wahren will, der Augenblick gekommen, sich abzuwenden und sich neue Aufgaben zu suchen.*

Glücklicherweise gibt es neue Felder. Massive UFO-Wellen, ähnlich denen, die ich in den letzten Jahren in Brasilien und Rußland untersuchte, wurden von den Medien nicht zur Kenntnis genommen. Dieses veränderliche, unendlich faszinierende Phänomen paßt sich unserer Wahrnehmung an und gibt uns immer wieder Hinweise. Es fleht darum, untersucht zu werden. Vor diesem Hintergrund kann ein Wissenschaftler viel wirkungsvoller arbeiten, wenn er seine Forschungen weitab von der UFO-Szene durchführt.

Seit mehr als vierzig Jahren werfen wir den Kritikern vor, sie trügen die Schuld daran, daß sich die professionelle Wissenschaft nicht um uns kümmert. Wir zeigten mit dem Finger anklagend auf die Regierung (wer auch immer das ist), während es uns selbst an Einsicht mangelte und während wir selbst uns weigerten, ordentliche Feldforschungen durchzuführen. Es ist Zeit, diese kindischen Verhaltensweisen abzulegen.

Vielleicht wird die Enthüllung der letzten Wahrheit über UFOs immer ein unmittelbar bevorstehendes Ereignis von großer Wichtigkeit für das Schicksal der Menschen bleiben. Und ich fürchte, daß die ernsthafte Untersuchung des Phänomens für immer eine verbotene Wissenschaft bleiben wird.

Quellen

(1) David Jacobs, Secret Life, Simon & Schuster, 1992.

(2) Ansprache von Budd Hopkins vor der MUFON-Gruppe in New Jersey. New Jersey Chronicle Vol. 2 No. 3, Jan.–Feb. 1992. Die Schätzung von neun Millionen Entführungen in den USA beruht auf einer Befragung von 6000 Menschen durch die Roper-Organisation, die auf Anregung von Hopkins und Jacobs durchgeführt wurde.

(3) Persönliche Korrespondenz des Autors mit Aimé Michel, Brief vom 22. Januar 1992.

(4) Aimé Michel, Flying Saucers and the Straight-Line Mystery, New York, Criterion Books, 1958.

(5) Jacques Vallée, Forbidden Science: Journals 1957–1969, Berkeley, North Atlantic, Juni 1992.

(6) JSE erscheint vierteljährlich bei der Society for Scientific Exploration. Probehefte können schriftlich in der Redaktion angefordert

werden: Editorial Office, ERL 306, Stanford University, Stanford, CA 94305-4055, USA.

(7) Blue files, persönliche Mitteilung, Fall F184.

(8) persönliche Mitteilung, Fall F186.

(9) persönliche Mitteilung, Fall F185.

(10) Manuskript, persönliche Mitteilung, M48 (1990).

(11) Manuskript, persönliche Mitteilung, M50 (1990).

(12) Dan Wright, Abductions: Our Dirty Secret. MUFON UFO Journal, Nr. 287 (März 1992), S. 10.

(13) Jacques Vallée, Five Arguments Against the Extraterrestrial Origin of UFOs. Journal of Scientific Exploration 4, Nr. 1 (1990), S. 105–117. Oben als Anhang 1 nachgedruckt.

(14) Robert Wood, The Extraterrestrial Hypothesis Is Not That Bad, Journal of Scientific Exploration 5, Nr. 1 (1991), S. 113–120.

(15) Jacques Vallée, Toward a Second-Degree Extraterrestrial Theory of UFOs, Journal of Scientific Exploration 5, Nr. 1 (1991), S. 113–120.

(16) Jacques Vallée, »Ordnung ins Chaos bringen«, Anhang zu Konfrontationen, Frankfurt am Main, Zweitausendeins, 1994.

(17) Philip K. Dick, Korrespondenz mit Ira Einhorn, nicht veröffentlicht, private Mitteilung. (Blue File, F183). Mehrere Biographien über Philip K. Dick enthalten ähnliche Hinweise.

Personen- und Sachregister

319

ÜBER DEN AUTOR

Dr. Jacques Vallée, früher beim US-Verteidigungsministerium zuständig für Computernetzwerke, wurde in Frankreich geboren und erhielt dort eine Ausbildung in Astrophysik. 1962 kam er in die USA und promovierte 1967 an der Northwestern University über Computerwissenschaften. Dort arbeitete er viel mit dem mittlerweile verstorbenen Dr. J. Allen Hynek zusammen. Vallée, der zahlreiche Artikel und drei Bücher über Themen des High-Tech-Bereichs verfaßte, entdeckte sein Interesse für UFOs, als er Zeuge wurde, wie in einem angesehenen Observatorium Bänder mit Bahndaten unbekannter Objekte vernichtet wurden. Seine Forschungen führten ihn an viele Orte innerhalb der USA und in zahlreiche Länder der Erde, zum Beispiel nach Frankreich, Schottland, Australien, Brasilien und Rußland. Diese jüngste Reise regte ihn zu dem bahnbrechenden Werk *UFO Chronicles of the Soviet Union* an.

Sein einzigartiger Ansatz zur Erklärung des Phänomens kristallisierte sich während der Vorbereitungen zu Steven Spielbergs *Unheimliche Begegnung der dritten Art* heraus. Vallée tritt in diesem Film zwar nicht selbst auf, aber er ist gewissermaßen das lebende Modell für den französischen Forscher in *Unheimliche Begegnung der dritten Art*, der von François Truffaut gespielt wird.

Dr. Vallée lebt mit seiner Frau und seinen zwei Kindern in San Francisco.

Dieses Buch
wurde auf Recyclingpapier gedruckt.
Es besteht zu 100% aus bedrucktem Altpapier.

Das Vorsatzpapier ist
aus 100% nicht deinktem Altpapier.
Das Bezugspapier des Einbands
ist aus 100% Recyclingpapier.
Der Karton des Einbands
ist aus 100% Altpapier.

Das Kapitalband und das Leseband
sind aus 100% ungefärbter und
ungebleichter Baumwolle.